日本音響学会 編
The Acoustical Society of Japan

音響サイエンスシリーズ **21**

こどもの音声

麦谷綾子
編著

保前文高　廣谷定男
佐藤　裕　白勢彩子
田中章浩　山本寿子
梶川祥世　今泉　敏
立入　哉
共著

コロナ社

音響サイエンスシリーズ編集委員会

編集委員長
産業技術総合研究所
学術博士　蘆原　郁

編 集 委 員

熊本大学
博士(工学)　　　川井　敬二

九州大学
博士(芸術工学)　　河原　一彦

千葉工業大学
博士(工学)　　　菅木　禎史

小林理学研究所
博士(工学)　　　土肥　哲也

神奈川工科大学
工学博士　　　　西口　磯春

日本電信電話株式会社
博士(工学)　　　廣谷　定男

関西大学
博士(工学)　　　山本　健

(五十音順)

(2018 年 12 月現在)

刊行のことば

　昨今，ハゲタカジャーナルと呼ばれる粗悪な論文誌の乱立，基礎研究の衰退，若手研究者の就職難など，研究の質的な低下や空洞化への懸念は募る一方です。科学をとりまく状況は決して明るいものではありません。だからこそひとりでも多くの方々に科学への興味，関心を抱いていただくことが重要になっているのだと感じます。

　2010年刊行の「音色の感性学―音色・音質の評価と創造―」に始まる音響サイエンスシリーズは，文字どおり"音にまつわる科学"をテーマに掲げており，初代編集委員長のことばを借りるなら，「音響学の面白さをプロモーションする」ために刊行されてきました。音響学の面白さ？，ひと言ではとても言い尽くせません。音響学に携わる技術者，研究者の一人ひとりがそれぞれ独自の面白さを追求していると言っても過言ではないでしょう。

　精密計測ともなれば大掛かりで高価な施設や装置が必要になりますが，通常，大げさな装置などなくても，ある程度の音は鳴らせます。マイクロフォンがあれば観測もできます。音響学には，手軽で安全に，しかも安価に実験を始められるという面白さがあるのです。また，音の信号は比較的容易にディジタル化できるため，ディジタル信号処理の初学者には格好の教材となります。

　物理的な側面から見れば，音は媒質中を伝わる波であり，音響学は波の原理や性質を追求する学問になります。そこでは波の振る舞いを，振り子の運動，ばねの振動などに置き換え，運動方程式を解いていくというきわめて論理的な面白さに出会えます。波であるという点では，電磁波（電波や光）との共通点も少なくありません。このため電磁気学の知識が音響学に活かせたり，逆に音響学の知識を電磁気学に応用させたり，というスリリングな面白さも味わえるでしょう。

一方，電磁波の伝搬には媒質が必要とされない（真空中でも伝わる）のに対し，音波の伝搬には媒質が必要であるとか，電磁波が横波なのに対し音波は縦波である，といった違いを意識する瞬間があるのも学問の醍醐味です。また空中と水中など，媒質が異なるだけで方程式のパラメータが劇的に変化する点にも音波の興味深さがあります。音は生体組織，さらにはコンクリートのような固体の中も伝わることから，医療診断や非破壊検査に広く利用され，商業的な価値という意味での魅力もあります。

音には，物理的な側面と同時に，生物が感覚器を通して知覚，認識するという生理学的，認知心理学的な側面もあるため，音響学では，方程式で解けない問題も扱わなければなりません。そこでは地道な観察や実験データの積み重ねによって未知の法則を見つけ出す，といった謎解きの興奮を体験できるでしょう。鼓膜の振動を内耳に伝えている小さな骨（耳小骨）はもともと顎の骨だったことが知られています[†]。これは微弱な音をとらえるために発展してきた哺乳類特有のメカニズムであり，奇跡的とも言える進化の賜物なのです。このようなエキサイティングな事実を発見するのは，生理学者，生物学者の特権とも言えるでしょう。

音響学の面白さのほんの一端を紹介しましたが，音響学は広範な学問分野を含んでいます。それは本シリーズの既刊タイトルを眺めていただくだけでもわかるとおりです。音響学の面白さも人によって千差万別です。音響サイエンスシリーズを手にしていただいたみなさんに，その人独自の音響学の面白さを発見していただくことができたら，そしてそれが科学への興味や関心を呼び覚ますきっかけになれば，編集に携わる者として無上の喜びです。

2019年1月

音響サイエンスシリーズ編集委員会

編集委員長　蘆原　郁

[†] ニール シュービン 著，垂水雄二 訳：ヒトのなかの魚，魚のなかのヒト，最新科学が明らかにする人体進化35億年の旅，早川書房（2013）

まえがき

　本書では，こどもの音声発達をテーマの中心に据えている。こどもの音声については，研究対象が乳幼児であることならではの研究の難しさがある一方で，脳機能計測に代表される新たな研究手法の導入により，近年の研究の進展が目覚ましい。そこで得られた知見は言語獲得と絡める形で，これまでも種々の書籍において解説されてきた。音響サイエンスシリーズにおいても，「視聴覚融合の科学」，「音声は何を伝えているか—感情・パラ言語情報・個人性の音声科学—」，「聞くと話すの脳科学」といった巻でこどもの音声発達を取り上げている。さらに，音響学会誌上では 2012 年に「こどもの音声」，2015 年に「子どものための音環境」の特集が組まれ，このトピックへの関心は年々高まっているように感じられる。一方で「音声発達」そのものに焦点を当て，一冊のすべてを充てた本は，これまでほとんど存在しなかった。そこで，2012 年の音響学会誌特集「こどもの音声」に共著で寄稿した廣谷定男 氏とともに企画したのが本書である。

　1 章では，こどもの音声発達をどのような手段を用いてひもといていくのか，という方法論を取り上げる。従来から行われてきた行動実験や音響分析に加え，近年では乳幼児を対象とした脳機能計測が盛んになり，さらに計算機シミュレーションを用いたアプローチも可能になってきた。こうした新しい手法も含めた解説となっている。

　2 章から 4 章までは，言語音声，感情，音楽について，生成と知覚の二つの側面から得られている知見を概観する。2 章では特に，乳幼児期の音声獲得を中心に，母音，子音といった音素レベルから，アクセントやイントネーションのような韻律情報（プロソディ）を含めた言語音声の獲得過程を概観している。

　3 章では，音声が伝える情報の中でも感情や情動といった側面をクローズ

アップし，パラ言語情報，表情の知覚とともに，感情を伝える発声の発達についても併せて解説する。

4章では，こどもの発達と親和性の高い音楽を取り上げる。ピッチの知覚，生成だけでなく，音楽がこどもの発達にもたらすもの，環境からの音楽入力がこどもに与える影響なども含めて，こどもと音楽をめぐる最近の知見を包括的に解説する。

5章は，音声発達における障害について，自閉症スペクトラム障害（ASD），発達性吃音といった発達障害および聴覚障害を取り上げて解説している。

本書は，音響系，言語系，医学系，心理系，臨床系の研究者・大学院生や大学生，および音声に興味を持つ幅広いバックグラウンドの読者を想定した。そのため，各著者は，できるだけ平易な表現を使い，各分野について最新の知見を含めた包括的なレビューとなるように尽力した。本書が，「こどもの音声」に興味を持つ読者の知的好奇心をくすぐり，示唆を与えるものとなれば，とても嬉しく思う。

2019年1月

麦谷綾子

執筆分担

麦谷綾子	1.1節，1.3節，2.2節
保前文高	1.2節
廣谷定男	1.3節，2.2節
佐藤　裕	2.1節
白勢彩子	2.3節
田中章浩	3章
山本寿子	3章
梶川祥世	4章
今泉　敏	5.1節
立入　哉	5.2節

目　　次

第 1 章　こどもの音声研究手法

1.1　行動指標を用いた音声知覚研究法 ………………………………………… *1*
　1.1.1　なぜ行動を測るのか …………………………………………………… *1*
　1.1.2　乳児に適応可能な音声知覚計測手法 ……………………………… *3*
　1.1.3　幼児に適応可能な音声知覚計測手法 ……………………………… *8*
　1.1.4　行動実験における留意点 …………………………………………… *10*
1.2　脳機能計測を用いた音声知覚研究手法 …………………………………… *13*
　1.2.1　なぜ脳の活動を測るのか …………………………………………… *13*
　1.2.2　脳機能計測が測ること ……………………………………………… *15*
　1.2.3　こどもの音声知覚と脳機能計測 …………………………………… *20*
1.3　生成発達の研究手法 ………………………………………………………… *24*
　1.3.1　ラベリング，音声（音響）分析 …………………………………… *25*
　1.3.2　音声言語獲得シミュレーション …………………………………… *30*
引用・参考文献 …………………………………………………………………… *31*

第 2 章　言　語　音　声

2.1　乳幼児の音声知覚の発達 …………………………………………………… *37*
　2.1.1　胎児期から誕生までの聴覚器官と音声知覚の発達 ……………… *38*
　2.1.2　音韻と韻律の知覚発達 ……………………………………………… *42*
　2.1.3　日本語音声の知覚発達 ……………………………………………… *52*
2.2　乳児期の生成発達 …………………………………………………………… *60*
　2.2.1　声帯，声道の発達に伴う音響変化 ………………………………… *61*

2.2.2 乳児期の音声生成発達 ……………………………………… 65
2.2.3 生成発達に影響する要因 ………………………………… 74
2.3 幼児期の音声生成 ……………………………………………… 79
2.3.1 母音，子音の発音 …………………………………………… 81
2.3.2 音節構造の発達 ……………………………………………… 90
2.3.3 アクセントの発達 …………………………………………… 95
2.3.4 音声連続について …………………………………………… 99
引用・参考文献 ……………………………………………………… 102

第3章 感　　　情

3.1 感情は音声のどこに現れるか ……………………………… 117
3.1.1 なぜ音声から感情がわかるのか ………………………… 117
3.1.2 感情とプロソディとの対応 ……………………………… 119
3.1.3 感情音声の普遍性 ………………………………………… 121
3.2 乳児はいつから感情音声を聞いているのか ……………… 122
3.2.1 感情音声に対する敏感性の萌芽 ………………………… 122
3.2.2 乳児は感情音声をどこまで理解しているのか ………… 123
3.2.3 乳児の感情音声に対する敏感性のまとめ ……………… 128
3.3 幼児期，児童期を通した感情音声理解の発達 …………… 128
3.3.1 幼児期における感情音声知覚の「谷」とその後の発達 ……… 129
3.3.2 幼児期から児童期にかけての感情音声の発達 ………… 131
3.3.3 言語情報が示す感情とパラ言語情報が示す感情 ……… 132
3.3.4 顔が示す感情と声が示す感情 …………………………… 133
3.3.5 乳児研究と幼児研究の矛盾はどう説明できるか ……… 134
3.3.6 感情音声知覚の発達に見られる文化差 ………………… 138
3.4 感情音声の産出に見られる発達的変化 …………………… 139
3.4.1 感情音声の産出を追うことの難しさ …………………… 140
3.4.2 乳児の音声に含まれる感情情報 ………………………… 141

3.4.3　幼児期から児童期の演技音声における感情情報 ……………… *143*
　　　3.4.4　感情音声の産出におけるまとめ ………………………………… *144*
引用・参考文献 ……………………………………………………………………… *145*

第4章　音　　　　　楽

4.1　音楽との出会い ……………………………………………………………… *153*
　　4.1.1　養育者による対乳児歌唱 ……………………………………………… *153*
　　4.1.2　視聴覚メディアによる音楽 …………………………………………… *159*
4.2　知覚と認知―聞　く― …………………………………………………… *160*
　　4.2.1　リズムとテンポ ………………………………………………………… *160*
　　　4.2.2　ピッチ（音程） ……………………………………………………… *164*
　　　4.2.3　協和音と不協和音 …………………………………………………… *164*
　　　4.2.4　メロディの記憶 ……………………………………………………… *165*
　　　4.2.5　音楽の感情価の認知 ………………………………………………… *166*
4.3　生　成―歌　う― ………………………………………………………… *167*
　　4.3.1　音楽的発声の始まり …………………………………………………… *167*
　　　4.3.2　歌　　　　　唱 ……………………………………………………… *170*
4.4　発達と音楽 …………………………………………………………………… *173*
　　4.4.1　音楽と言語の関わり …………………………………………………… *173*
　　4.4.2　音楽行動と社会性の発達 ……………………………………………… *176*
引用・参考文献 ……………………………………………………………………… *179*

第5章　障 害 と 音 声

5.1　発達障害における音声コミュニケーション
　　　　　：自閉症スペクトラム障害（ASD）と発達性吃音 ……… *187*
　　5.1.1　自閉症スペクトラム障害（ASD） …………………………………… *189*

5.1.2　発達性吃音 ……………………………………………… 196
5.2　こどもの聴覚障害と音声 ………………………………………… 204
　　5.2.1　聴力障害と聴覚障害 ……………………………………… 205
　　5.2.2　聴覚障害児に対する補聴デバイス ……………………… 209
　　5.2.3　聴覚障害による二次的障害 ……………………………… 217
　　5.2.4　聴覚障害児教育における発音発語指導略史 …………… 221
引用・参考文献 ………………………………………………………… 222

あとがき ……………………………………………… 231
索　引 ………………………………………………… 238

第1章 こどもの音声研究手法

　こどもを対象とした音声研究には，特有の難しさがある。調査の手続きや注意事項を言語教示として与えたり，特定の発声を繰り返させる，言語回答を得る，といったこと自体が難しい。さらに，金銭的見返りや義務感によって，長時間の退屈なタスクでも最後まで集中力やパフォーマンスを維持することを，乳幼児に期待することはできない。人見知りや部屋見知りといった発達上の特性によって，実験や調査の環境下では普段の状態が発揮できないということも多々ある。そのため，こどもの音声発達を検討するには，こどもにも適応可能な計測手法と解析を設計する必要がある。本章では，音声知覚の研究法として行動指標と脳機能計測を，音声生成の研究法として音声分析とシミュレーションを取り上げ，こどもの音声研究手法について解説する。

1.1　行動指標を用いた音声知覚研究法

1.1.1　なぜ行動を測るのか

　音声知覚の発達については，おもに行動実験と脳機能計測による検討が行われている。特定の音声を提示することに対する行動上の反応を計測する行動指標は，1970年代から開発が始まり，長い歴史の中で，こどもの音声知覚についての多くの発見をもたらした（2.1節参照）。さらにコンピュータの高速・大容量化，ソフトウェアやプログラミング言語の多機能化に伴い，比較的簡単に実験環境を構築・制御できるようになったことは，最近の大きな変化だといえる。一方，1.2節で取り上げる脳機能計測では，神経システムの中での音の処理過程も含めた検討が可能である。計測手法やその解析の多様化に伴い，近

年になって多くの知見が蓄積されるようになってきた。

　音声知覚研究に行動計測を用いる利点はおもに二つある．一つは，音どうしの聞き分け（弁別）や，ある特定の音に対する注意の向け方（選好反応）を客観的に検討できることにある．弁別や選好を客観的に検討することは，自然環境下での観察だけでは不十分であり，なんらかの実験的操作が必要になる．また，脳機能計測では音声に対する脳内での処理過程を明らかにできる一方で，選好反応のような「機能的な聞こえの状態」を明らかにすることは難しい．つまり，音声の知覚処理過程と，処理した結果として現れる認知や行動のうち，

> **コラム 1**
> **行動実験を応用する**
>
> 　選好振り向き法のバリエーションに，単語抽出実験がある．Jusczyk らは，英語を母語とする乳児は，英単語に頻出する第一音節が強く第二音節が弱い，強弱のストレスパターンを持つかたまりを単語として切り出しているのではないかと考え，検証を行った[1]†．まず学習セッションで，乳児に，強弱ストレスパターンを持つある単語（例：kìngdom）を繰返し含む文章の読み上げを提示する（例："Your kingdom is in …. sail to that kingdom when … saw a ghost in this kingdom…"）．その後，文章の中に含まれていたターゲット単語（例：kìngdom）と，文章に含まれていなかった単語（例：dòctor）に対する選好を選好振り向き法で検討する．もし乳児が事前に聴いていた文章の中からターゲット単語を切り出しているのなら，"kingdom" と "doctor" の聴取時間には差が生じることが予想される．提示する文章や単語の条件をさまざまに変えて綿密な検討を行った結果，生後 7 か月半の乳児は確かに強弱ストレスパターンを持つかたまりを文中から切り出すことが示された．このような実験から，いまでは乳児が連続音声から切り出すことのできる音のパターンや特徴がいくつも見つかっている．
>
> 　行動計測に実験的操作をうまく組み合わせた例として，乳児の舌の動きを制限するおしゃぶりを吸わせながら，刺激交替法で音の聞き分けを検討した研究がある[2]．おもしろいことに，乳児は舌の動きを抑制されると，通常なら聞き分けることのできる音の組合せを聞き分けられなくなった．調音器官に対する物理的な運動制限が，間接的に音声知覚を変容させる興味深い結果である．

† 肩付き数字は各章末の引用・参考文献番号を表す．

特に後者を検討するためには行動計測が欠かせない。

　行動計測を行うもう一つの理由は，手法の柔軟性にある。計測前の学習フェーズを操作したり，複数の手法や指標を組み合わせたりすることにより，新たな発見が可能になる（コラム1）。このようなアレンジの柔軟性が，行動実験の大きな利点である。

1.1.2　乳児に適応可能な音声知覚計測手法

　おおむね2歳以下の乳児に適用可能な手法として，「馴化-脱馴化法」，「選好法」，「条件付け振り向き法」などが挙げられる。また，計測対象となる行動として，「吸啜」と「注視」が多用される。ここでは，各手法の簡単な手続きと行動指標との組合せ方，および特徴をまとめておく。

〔1〕　馴化-脱馴化（habituation-dishabituation）法

　行動計測の初期から用いられてきた手法である。乳児にある特定の音声指摘を繰り返し提示すると，乳児はしだいに飽きてくる。この「刺激への馴れ（飽き）」を「馴化（habituation）」と呼ぶ。乳児が刺激に馴化した状態となったら，今度は刺激を変化させる。乳児が変化に気付くと「脱馴化」が起こり，馴れから回復する。逆に乳児が刺激変化に気付かなければ，「馴化」したままとなる。つまり，脱馴化反応の有無によって，二つの音声刺激の弁別を検討することができる。

　新生児でも可能な数少ない随意運動の一つに，ものを吸うこと（吸啜）がある。低月齢児では，この吸啜行動を利用して脱馴化反応を取得する。まず，乳児に圧センサの付いたおしゃぶりを吸わせ，おしゃぶりを吸う回数（吸啜回数）と吸う力の強さを計測する。乳児が一定以上の強さでおしゃぶりを吸うたびに特定の音声を提示すると，吸啜行動が強化され，おしゃぶりを吸う回数も一時的に増加する。その後も同じ音声が繰り返し提示されると，乳児はしだいに刺激に飽きて馴化が生じ，吸啜回数も少なくなる。あらかじめ設定した基準（例えば「最初の2分間の吸啜回数」の75%）まで吸啜回数が減ったところで，音声を変化させる。乳児が馴化した音声と，新たに提示された音声を聞き

分けることができれば脱馴化が起こり、吸啜回数は再び増加する。

吸啜行動は新生児でも計測可能であるという大きな利点がある。半面、圧センサ付きのおしゃぶりやアンプといった特殊な機材が必要となり、適用できる月齢の上限も5か月齢程度と短い。家庭でおしゃぶりや哺乳瓶を使っていない乳児の場合、おしゃぶりをくわえること自体に拒否感を示すことが多く、日本のようにおしゃぶりをあまり使わない育児文化では失敗率が高いことが予想される。

より月齢の高い乳児では、聴覚刺激と同時に提示される視覚刺激への注視時間を計測することで、脱馴化反応の有無を検討できる（**図1.1**（a））。特定の音声刺激をチェック柄のような単純な視覚刺激とともに繰り返し提示し、乳児

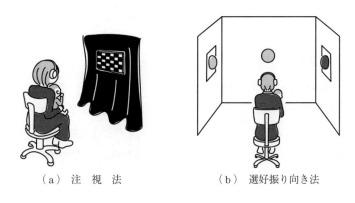

（a）注視法　　　（b）選好振り向き法

（c）条件付け振り向き法

図1.1 各実験法の様子

が視覚刺激を注視していた時間を，同時に提示される音声を聞いていた時間として測定する。このとき，視覚刺激を単純で退屈なものにするのは，乳児の飽きを促す狙いがある。乳児が刺激に馴化するとしだいによそ見をしはじめ，注視時間が減少する。あらかじめ設定した基準（例えば最初の 3 試行の平均注視時間の 50 %）まで減少したら，音声を変化させる。乳児がこの変化に気付くと脱馴化が起こり，注視時間は回復する。注視反応を指標とする馴化-脱馴化法は，失敗率が低く，実験環境の設定が比較的簡易であり，2 歳前後までの長期間にわたって適用できる点で優れている。

最近では，「刺激交替法」もよく使われるようになっている[3),4)]。この手法でも同様に，チェック柄のような単純な視覚刺激とともに音声刺激を提示する。たいていは最初に「**慣化（familiarization）**[†]」段階が設定されていて，一定時間または一定回数，特定の音声刺激（例：A）を提示し，刺激に慣れさせる。その後のテスト段階では慣化段階で提示した親密な刺激だけを提示する「**交替なし（non-alternative）試行**」（例：A-A-A-A-A…）と，親密刺激と新奇刺激を織り混ぜた「**交替あり（alternative）試行**」（例：A-B-A-B-A-B…）を提示する。乳児は複雑な刺激に強く注意を惹かれるため，もしも刺激 A と B の音の違いを検知すれば，結果として単調な「交替なし試行」に比べて，交互に音が変化する「交替あり試行」で画面への注視時間が伸びることが予測される。一方，刺激 A と B の違いを知覚できなければ，試行間で注視時間は変化しない可能性が高い。

〔2〕 選好（preference）法

2 種類の音声を乳児に提示し，どちらの音声により注意を向けるか（選好反応）を検討する。特定の音声への選好反応が出現すれば，提示した二つの音声を乳児が弁別していることも同時に示される。ただし，選好反応が出ない場合の解釈が難しく，二つの音声の弁別自体が難しいのか，弁別はできても注意の

[†] 前述した「馴化」は飽きて注視反応が乏しくなるまで行うため，馴化するまでにかかる時間は参加者によって異なる。これに対し，「慣化」は単純に刺激に慣れることを目的として行い，参加者間で共通した時間や回数を提示する。

向け方に差がないために選好反応が出現しないのかを判断できない。

　低月齢の乳児では，馴化-脱馴化法と同じく，吸啜行動により選好反応を検討できる。乳児が一定以上の強さでおしゃぶりを吸うたびに音声を提示すると，乳児は吸啜と音声提示の因果関係を学習し，注意を惹く音声を提示するために頻繁に吸啜を行うようになる。したがって，音声Aを提示する試行と音声Bを提示する試行を交互に繰り返すと，選好する音声が提示される試行で吸啜回数がより多くなる。

　高月齢の乳児では注視行動を指標とし，一般に，選好振り向き法がよく用いられている。選好振り向き法では，乳児の正面と左右の壁にカラーランプを設置した実験室を準備する（図1.1（b））。実験では最初に，正面に設置されたランプを点滅させ乳児の注目を惹き付ける。乳児が正面を向いたらランプの点滅を消し，今度は左右のランプの一方を点滅させる。乳児が振り向いて点滅するランプに注目したら，点滅ランプの下に設置したスピーカから音声Aを提示する。乳児がある一定の時間（多くは2秒）点滅から目をそらすか，その音声が最後まで再生されたら音声提示を中止し，再度正面のランプを点滅させる。そしてまた左右のランプのいずれかを点滅させ，今度は音声Bを提示する。左右ランプの点滅順序や音声の提示方向はランダム化して音声の提示を繰り返し，乳児が点滅しているランプに注目している時間を同時に提示される音声を聴取している時間として計測する。実験後に音声AとBの平均聴取時間を比較して，特定の音声に対する選好の有無を確認する。または，馴化-脱馴化法と同様に，ディスプレイに視覚刺激を提示しながら音声AとBを交互に提示し，各音声の提示に伴う視覚刺激への注視時間を比較する，といったシンプルな実験でも選好反応を検討できる。

〔3〕 条件付け振り向き（**conditioned head turn**）法

　音の変化に付随した反応を示すよう条件付けすることで，乳児の音声弁別を検討する手法であり，生後半年から1歳半程度のこどもに適用できる（詳しい解説はWerkerら（1997）[5]を参照）。通常，実験室内（図1.1（c））で第1実験者が保護者に抱かれた乳児と向かい合い，音の出ない小さなおもちゃなどで

乳児の注意を惹く。乳児が振り向かないと視界に入らない位置に，強化子（例：太鼓を叩くクマのぬいぐるみ）の入ったブラックボックスを置く。実験室外にいる第2実験者は，実験全体を制御する。実験室内には音声Aが繰り返しスピーカから提示される。最初の段階では，音の変化と強化子の関係を印象付けるため，連続提示される音声Aを散発的に音声Bに変化させると同時にブラックボックスに光を当てて強化子を動かす。やがて乳児は「音が変化する（→振り向く）→強化子が動く」という一連の関係を学習する。音が変化してから強化子が動くまでの時間を少しずつ長くしていくことで，音の変化を感知したら強化子が動くよりも先に振り向き行動が起きるように反応形成する。この反応が形成されたら，ターゲットとなる音声を使った本試行を行い，音の変化に伴う強化子への振り向きを指標に音に対する感受性があるかどうかを検証する。

この手法の長所は，個々の乳児の弁別能力を検討できる点である。これはほかの手法にはない特徴であり，聴覚障害のスクリーニングなどへの応用が可能である（コラム2）。また，測定感度が高いという点でも優れた手法である。

コラム2

聴覚検査

　音声知覚の発達研究はほとんどの場合，個人の聞こえ方ではなく，対象とする母集団から抽出したサンプル集団の聞こえを統計的検定によって検討する。これに対し，聴覚検査は音声言語の主要な周波数帯域における聞こえを検討するためのものであり，こども一人ひとりの聴力を把握することが重要である（5.2節参照）。こどもの聴力検査では，大きな音に対してびくっとする反射（モロー反射），音の方向に顔を向ける行動などを指標にする**聴性行動反応検査**（behavioral observation audiometry）や音の提示とともに強化子（例：光るおもちゃ）を提示し，音源スピーカへの注視を条件付ける**条件検索反応聴力検査**（conditional orientation audiometry），音の提示に応じてボタンを押すとプレイボックスの中が明るくなり中を走る電車が見える**遊戯聴力検査**（play audiometry）などがあり，こどもの発達段階に応じて適用される。また，**聴性脳幹反応聴力検査**（ABR；auditory brainstem response）や**耳音響放射**（OAE；otoacoustic emissions）のように，行動観察によらない検査も用いられている[6]。

一方で、反応形成からテストまでに時間がかかる、経験を積んだ実験者が2人必要である、装置の設定が複雑である、失敗率が高いといった点から、最近では使われることが少なくなってきたように感じる。

1.1.3 幼児に適応可能な音声知覚計測手法

こどもの年齢が上がれば上がるほど、体の可動性は高くなり、意思もはっきりとしてくるため、実験中おとなしく親の膝に座っていることはほぼ期待できない。したがって、おおむね2歳以上の幼児では、乳児に適用できる手法を用いることは難しく、成人の手法に類似した（ただし、対象となる幼児の認知や理解に応じかつ極短時間で終わるような）実験設定が必要となってくる。とりわけ、2～3歳の幼児は、認知能力や言語理解の未熟さから適用できる手法は非常に限られているうえに、第1次反抗期（通称イヤイヤ期）の最中にあるため実験への「ノリ」が悪く、実験が成立しないことが多々ある。一方、4歳前後になると、自己抑制がある程度できるようになって言語教示も通りやすくなり、比較的データの取得が容易となる。以下に幼児を対象とした音声弁別課題として用いられる手法を解説する。

〔1〕 AX（same-different）課題

成人ではよく用いる手法であり、二つの音声刺激を連続提示し、同じか違うかを回答させる非常にシンプルな手法となる。ただし、聴覚刺激を対象に「同じか違うか」という異同の判断を求め、さらに言語的に回答させることは幼いこどもにとってはハードルが高く、適用できるのはおおむね3歳以降になる。

判断基準の個人差も結果に大きく影響する。「違う」と判断するための基準が厳しい、すなわち、よほど違いが明確でないかぎりは「違う」と判断しない方略をとる参加者では、判定が「同じ」に偏りやすくなり、逆もまた然りである。よく似た刺激を「同じ」と判断するか、「違う」と判断するかの基準を実験参加者どうしでいかに一致させるかは成人実験でもしばしば問題となる点であり、こどもの実験ではなおさら、一定の基準を理解させ、判断に適用させることは難しい。

〔2〕 **change-no change 課題**

　対提示される音の異同を判定する AX 法とは異なり，複数提示される音が「途中で変化したかどうか」を判定させる課題である．この手法を応用したある研究では，練習試行でこどもにとってなじみが深く，区別がつけやすい動物の鳴き声を利用した．こどもの足もとには，4頭の牛が描かれたパネルと，牛とカエルが2頭（匹）ずつ描かれたパネルが設置され，こどもは音を聞いて，このパネルのどちらかを足で踏むように促される．練習試行では動物の鳴き声が4回提示される．このとき，「モー，モー，モー，モー」と牛の鳴き声のみが提示された場合（no-change 試行）は，4頭の牛が描かれたパネルを踏む．「モー，モー，ゲコ，ゲコ」と牛の鳴き声が途中でカエルの鳴き声に変化した場合（change 試行）は，2頭の牛と2匹のカエルの描かれたパネルを踏む．パネルを足で踏んで回答することにより，言語に頼らずに，こどもの「同じ」，「違う」の判定を観測できるのが，キーポイントである．この練習を何度も繰り返し，音が変化した場合としなかった場合に踏むべきパネルを学習させてから，提示刺激を計測対象としたい音声に変えて本実験を行う．この手法により，言語回答が難しい2歳代の幼児でも音声変化の有無に応じた足踏み行動を行い，有効なデータが取得できることが示されている[7]．

〔3〕 **oddity 課題**

　提示される複数の音の中に一つだけ異なる音を交えて，その音を判定させる（odd-one-out）課題である．例えば，画面上に三体のおばけのアニメーションを出し，それぞれのおばけに音声を発声させる．このとき，三体のうち二体は同じ音声を発し，一体のみが違う音声を発する．実験参加者は三体のおばけのうち違う音声を発声したおばけを指差しなどで回答することで，音声弁別を計測することができる（図 1.2）．「仲間外れを探す」という直感的に理解しやすい回答方法を用いるため，AX 課題に比べるとより負荷の低い課題と言える．さらに三体とも同じ音声を発する試行（no-change 試行）を入れることで，例えば，違う話者が発した同じ母音 /a/ を同じ音韻カテゴリのものとして扱うかといった，音のカテゴリ化も含めて検討することができる[8]．

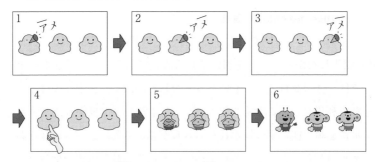

ここでは「雨（アメ）」と「飴（アメ）」のようなアクセントの違いの感受性を計測している。

図 1.2 oddity 課題の実験手続き

1.1.4 行動実験における留意点

　環境の面では，音声知覚を測るという目的上，当然静かな部屋，できれば防音室内で実験を行うのが望ましい。乳児を対象とした実験では親との分離が難しいため，親の膝に抱かれて実験することが多い。その際に，親の無意識の反応が乳児に影響を与えることを防ぐため，実験中は親にヘッドホンを着用させ，こどもに提示している音声を遮断する。幼児の場合は，実験上の特別な目的がないかぎりは，親と分離するか，あらかじめこどもの視界に入らない位置に親を配置する，こどもの行動に影響を及ぼすような振舞いを制限する，といった対応が必要となる。

　ディスプレイを使って視覚刺激を提示する場合は，光過敏性発作[†]に注意して高速で点滅するような刺激の強い映像の使用は控え，実験室内を必要以上に暗くしすぎないよう留意する。また，生後 7 か月から 3 歳程度までのこどもは，人見知りだけでなく実験室に対する場所見知りをすることが多く，事前に実験室で遊ぶフェーズを設けて場所に慣れさせ，さらに日をおいてから実験室を再訪させて本実験を行うこともある。

[†] 激しく点滅する光のような視覚刺激を注視することにより，一時的に意識消失などの「てんかん」に似た症状を起こす発作。

1.1 行動指標を用いた音声知覚研究法

　計測においては，実験者側のバイアスを防ぐための工夫が必要となる．特に乳児実験においてリアルタイムでの計測を行う場合は，可能なかぎり機器のコントロールを実験室外で行い，実験者に提示音声や試行回数がわからないよう配慮する．幼児の実験では，実験者がそばについて声をかけながら遂行することが多い．この場合も，視線や声色などの非言語情報を含めた振舞いに意識的に注意を払い，特定の回答を誘導しない工夫が必要である．注視時間を計測する場合，実験時の映像を人手によってフレームごとに精密にコーディングすることが多い．その際にも，コーダに実験の仮説や，条件がわからないような処理をすることが重要である．近年では，乳児に適用できるアイトラッカーが普及しはじめ，客観的かつ自動的なコーディングも可能になってきている．

　実験全体の構成として，極力短時間（筆者の感覚では年長児でも長くて30分）で終わること，遊びやゲームの要素を取り入れること，ほめる，おもちゃやお菓子を与える，といった適切なリワードやフィードバックを与えることなど，こどもの集中が持続するような工夫が必要となる．実験を計画する際に，何を計測対象とするかをよく考え，こどもの発達段階に応じた反応を注意深く選択することは，信頼性の高い結果を得るために欠くことはできない．なお，同じ目的で実験を行っても，実験手法によって異なる結果が出る場合があることに注意を払う必要がある．例えばGoutらは，語句の区切り検出を選好振り向き法と条件付け振り向き法の2種類の手法で検討し，同じ月齢で異なる結果を得ている[9]．

　音声知覚の発達において，行動計測は長い歴史を持つ．そこで得られた知見については，2.1節「乳幼児の音声知覚の発達」に詳しい．近年では，行動計測と脳機能計測を併せて行う[10]，行動指標と語彙発達や認知能力などのほかの発達指標の相関をとる[11]，同一の乳児から経時的に行動データを取得して個別の発達変化をとらえる[12]といった，多角的な検討を行うことが多くなってきた．また，行動計測や脳機能計測以外にも，心拍などの生理的な指標を用いた実験も行われており，多様な計測方法が提案されている（コラム3）．こうしたアプローチの多様化は，単一の音声の知覚発達過程を明らかにするだけでな

く,その実現のために必要な周辺能力や神経学的基盤も含めて,音声知覚から言語発達へとつながる大きな発達の流れを包括的に理解するために有用である。

一方で,行動実験の信頼性や再現性を見直す動きも見られる。例えば,最近は研究データのオープン化を含め,科学技術をより開かれたものへ変えようとするオープンサイエンスが広まりつつある。その枠組みの中で複数の研究室で同一の実験を行い,再現性や信頼性を検討するプロジェクトがウェブ上で展開され (open science framework),乳児の音声知覚研究についても検討が行われている[13]。知見が蓄積されてきたことで,複数の独立した研究結果を統合して統計的に再分析するメタ分析も盛んに行われるようになり[14],個々の研究の枠組みを超えた,より信頼できるデータに基づいたグローバルな議論が可能になってきている。そういった意味で,行動計測は,いまなお古くて新しい手法だととらえることができる。

コラム3

心拍や視線の動きを用いた音声知覚実験

心拍は胎児期から計測可能であり,音声の知覚処理に伴って変動することから,音声や音楽の知覚研究においてさまざまな利用例がある(2.1節および4章を参照)。アイトラッカーを使って計測される眼球運動(視点の軌跡)や瞳孔の開きも音声知覚の指標となる。McMurrayとAslinは,**予測的眼球運動**(AEM;anticipatory eye movement)を利用した手法を提案している[15]。この研究では,丸印を視覚提示しながら,2種の音声単語A,Bのどちらか一方を乳児に聞かせた。音声単語提示後に丸印は凸型の遮蔽図形の背後を通過して,上方に再度出現する。このとき,単語A(例:lamb)を聴取すると上方左側から丸印が出現し,単語B(例:teak)を聴取すると右側から出現する,という試行を繰り返し提示した(**図**)。その結果,丸印が遮蔽図形の背後にいる段階から,乳児は聴取する単語に応じて左右いずれかに予測的に目を向けるようになる。その後のテスト試行では,ピッチ(音の高さ)または時間長を変えて同じ単語を提示した。すると,ピッチが変化した場合はもとの単語と同じ方向に予測的に目を動かしたが,時間長が変化した場合では注視方向がランダムとなった。この結果から,乳児は音節構造が同じで音の高さが異なる音声はもとの単語と同じものとしてとらえるのに対し,音の長さが異なる音声は違う単語としてとらえていることが示唆される。

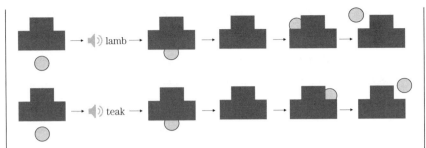

図 予測的眼球運動を利用した実験の刺激提示手順
（文献 15）をもとに作成）

　HochmannとPapeoは，/bababa/のような同じ音節の繰返し音声と，/bababadi/のように最後の音節が変化する音声を生後3か月の乳児に提示し，音声提示に伴う瞳孔径の変化を比較した[16]。その結果，音節変化がある音声を聴取すると瞳孔の開きがより大きくなった。さらに，同じパラダイムを利用して，発声状況によって同じ音でも異なる音響特徴を持つ，いわゆる「**音声信号の不確実性**（lack of invariance problem）」に対応する能力の発達を検討し，生後6か月の乳児が異なる音節構造を持つ/ba//bi//bu/の子音/b/を同じカテゴリに属する音として扱えていることを指摘した。

1.2 脳機能計測を用いた音声知覚研究手法

1.2.1 なぜ脳の活動を測るのか

　こどもと向き合って話をすると，自分が発したことばが声を介して伝わっていることが感じられ，こどもが発したことばを聞き取って意図を理解することができる。このやり取りで成り立つ閉じた系を詳細に観察すれば，こどもの音声知覚と生成の両方を記述することが可能である。一方で，日常生活では観察することが難しい弁別能力を，吸啜や注視などを指標にして明らかにしたのが行動計測であり，脳の活動を指標にすることで弁別していることを示したのが初期の**脳波**（EEG；electroencephalography）を用いた計測であった[17]。脳の活動を計測する最大の特徴はそのままではわからない脳の機能を可視化するこ

とであるが，はたして行動計測では得られない情報を手にすることができるのであろうか。

　脳機能計測をする動機として最初に挙げられるのは，先の例のように弁別などの日常の振舞いには現れにくい能力を，行動計測とは別にとらえることである。例えば，生後8か月齢になると音声で聞こえてくる文の中から文節のまとまりと文節の区切りをとらえていることが，脳波を用いて明らかにされている[18]。これは，周囲の大人は気が付かないうちに8か月児が節の処理を行っていることを示しており，その後の発達過程で区切りの前後に現れやすい名詞や動詞をどのように獲得するのかを検討するうえで重要な知見である。

　2番目に考えられるのは，脳自体を知ることである。すでにこどもの行動として現れていることや，行動計測で実証されていることが，発達中の脳ではどのように扱われているのかを明らかにすることが目的となる。脳の活動に現れるのはどの時期からであるか，その時期は行動として現れる時期とどのような関係にあるのか，さらには，脳のどのような領域（場所）でその処理をしているのか，その領域は大人で調べられている脳の領域と同じかどうかなどが検討される。音声の知覚に限ることではないが，どの領域で処理をするのかを調べること自体が発達過程の脳に機能の分化（役割分担）があるか，それとも脳が全体として機能しているのかという大きな問題に直接向き合うことにもなる。

　上記二つの目的の間に，さらに二つの目的が位置する。脳の活動から処理の時間情報や順番を明らかにすることと，脳活動の結果をもとにして複数の処理の関係性を検討することである。脳波と**脳磁図**（MEG; magnetoencephalography）を用いた研究の結果をまとめて，大人の言語処理については時間的な推移が脳の領域とともに検討されてきた。例えば大人の場合には，提示された音声の音響・音韻的な特徴を提示から約100 ms後には処理をしていて，その後に音声が表している単語や文の局所的な統語情報，語彙意味や意味役割の付与をし，さらに統語情報と意味情報の統合や再解析を行う。これらの処理に平行して韻律情報の処理を進めて600 ms以降に全体的な統合と解釈がなされるというモデルが提唱されている[19]。それでは，こどもではどのような順番で，また，ど

のような時間で文の意味にたどり着くのであろうか。心理言語学的な行動計測を進めるとともに，こどもを対象とした妥当性のあるパラダイムを用いて脳機能計測をすることで，この問いに答えられるようになるであろう。

乳幼児は，音声の抑揚やアクセントなどの韻律情報に特に敏感である。音声のメロディと言えるこのような情報をとらえることと，音楽のメロディをとらえることはどのような関係にあるのであろうか。それぞれの処理に関わる脳の領域や活動を示す時間を調べることで，乳幼児が情報を同じようにとらえているのか否か，違うとしたらなにが違うのかを検討することが可能になる。また，音声を聞いているときに，どのような情報と共通した注意や短期記憶の機構を働かせているのかについても，蓄積されてきている知見と照らし合わせることで検討することができるかもしれない。

これまでに四つの目的を挙げたが，まったく別の方向性の目的としては，こどもが受け止めている情報を脳の活動から再構築することが考えられる。例えば，提示した音声とこどもの「フィルタ」を通したことになる再構築した音声の違いがわかれば，こどもがどのような特徴を優先して処理を進めているかがわかるかもしれない。視覚情報の処理についての検討が先行すると考えられる解析方法であるが，いままでにないこどもの音声言語世界を聞くことができる可能性がある。

脳機能計測は行動計測と補完的な関係にあり，脳の活動を調べることで検討できるこどもの音声処理があることを示してきた。乳幼児期から児童期の音声言語処理に関する脳機能計測についてまとめた概説が増えていることは，その重要性が認識されつつある現状を反映していると考えられる[20)~24)]。以下では，現在の脳機能計測がとらえる信号の源(みなもと)を概観し，脳機能計測によって明らかにされてきていることを紹介する。

1.2.2 脳機能計測が測ること

人間の脳の活動を計測する際に前提となるのは，脳を含めた身体と精神状態に不可逆なダメージを与えないことである。このような計測方法を非侵襲的脳

機能計測と呼ぶが，省略して脳機能計測と記す．大人の男性の脳には約860億個のニューロン（神経細胞）があり，そのうちの19％が大脳皮質にあると報告されている[25]．このほかの知見と合わせると，大脳皮質にあるニューロンは約150億個というのが平均的な値になり，すべてのニューロンの状態を同時にとらえることは到底できない．その逆に，特定の一つのニューロンの状態を非侵襲的に計測することも現時点では不可能である．多数のニューロンの状態の変化の合計やニューロンを取り巻く環境の変化をとらえられるのが，現在の脳機能計測である．

ニューロンが示す最も大きな変化は，電気的な信号である活動電位を発することである．あるニューロンが発した活動電位は，ニューロンの本体部分（細胞体）から電線のように延びる軸索を通り，連絡口であるシナプスを経てつぎのニューロンに伝えられる．後者のニューロンの受け手に相当する樹状突起には電位の変化（シナプス後電位）が生じる．多数の樹状突起から活動を促すようなシナプス後電位が細胞体に送られると細胞体は細胞の外と比較して電位が高まり，ある閾値を超えれば活動電位を発することになる．このような神経活動が脳活動の1次信号であるが，頭部の外側から脳波や脳磁図を用いてとらえられるのは同期して起きた多数のシナプス後電位の変化である（**表1.1**）．シナプス後電位は数十msから100ms程度の持続時間であるため，この精度の時間分解能をもって計測することが可能になる（**図1.3**）．ただし，脳波は大脳皮質から頭皮上までにある，導電率が異なり複雑な形状をした複数の組織を経た電位の変化を計測するために，頭皮上で計測される電位分布は大脳皮質における局所的な活動をそのまま反映するわけではない．頭皮上の電位分布から数学的に脳活動の位置を推定することは行われているが，脳外組織による歪みが少ない磁場分布を用いる脳磁図のほうが，精度の高い推定ができると考えられる．

神経活動を起こす際には酸素と糖が必要になるため，活動領域では代謝と血流に変化が生じる．この変化を2次信号と呼び，おもに血液に含まれる酸素量の相対的な変化をとらえて脳の活動を量化するのが**機能的磁気共鳴画像法**

1.2 脳機能計測を用いた音声知覚研究手法

表 1.1 脳機能計測に用いる装置の比較

	EEG	MEG	fMRI	fNIRS
計測する信号	1次信号	1次信号	2次信号	2次信号
計測装置の大きさ	小	大	大	小
計測機器の装着	頭皮上	頭部の周囲	頭部の周囲	頭皮上
頭部の固定	不要	要	要	不要
計測装置からの照射	なし	なし	静磁場,ラジオ波	近赤外光
計測時の姿勢(言語課題遂行時)	坐位	坐位,仰臥位	仰臥位	坐位
計測に伴う音	なし	なし	あり	なし
時間/空間分解能の優位性	時間分解能	時間分解能	空間分解能	空間分解能
脳深部の活動	特定できないが計測可能	計測不可能	計測可能	計測不可能
長所	睡眠を含めた知見が豊富	信号源の推定が可能	脳の構造の情報が得られる	2種類のヘモグロビン信号が計測可能
短所	信号源が特定できない	脳回の神経活動をとらえにくい	計測が大がかりになる	計測部位が厳密にはわからない

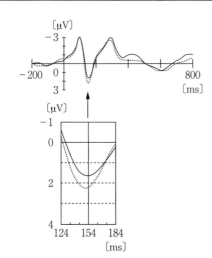

大人が単語を読んだときに,早い場合には提示後 150 ms ほどには単語が表す意味によって波形に違いが現れる。図中の実線は生物を意味する単語の場合,点線は非生物を意味する単語の場合の波形を示している。挿入図で示すとおり,単語が生物を意味する場合(実線)は,波形の変化が小さい(値が 0 に近い)[26]。

図 1.3 脳波の波形

(fMRI ; functional magnetic resonance imaging) と**近赤外光脳機能計測**（fNIRS ; functional near infrared spectroscopy）である。

fMRI では，高磁場を生成する超伝導マグネットの中に頭部を入れて計測し，表面や深部などの脳の領域を問わずに数 mm の空間分解能で変化をとらえることができる（**図 1.4**）。こどもの音声研究を行う際には，計測に伴う音が生じることと，頭部を動かしにくくすることを検討する必要がある。

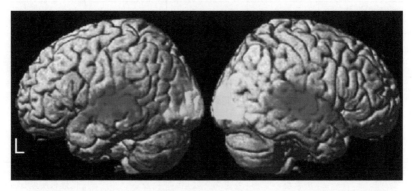

大人が音声を聞いたときに，脳の左右半球どちらにおいても側頭葉にある聴覚野，およびその周辺（それぞれの中央部で色が濃くなっている場所）が活動を示していることがわかる（L ; left）（文献 27）より改変）。

図 1.4 fMRI による聴覚関連領域の可視化

fNIRS では頭部にプローブを着けて近赤外光を照射し，脳表面で反射した光を受光する（**図 1.5**）。光が吸収された割合をもとにして，血液中にある酸素を持ったヘモグロビン（酸素化ヘモグロビン）と酸素を持っていないヘモグロビンのそれぞれについて，計測を始めたある時点からの相対的な濃度の変化を求めることができる（**図 1.6**）。照射と受光のプローブを格子状に配置することで，脳表面の活動を 2 次元のマップとして表す（**図 1.7**）。プローブの間隔で計測の空間分解能が決まり，高い信号ノイズ比で計測ができるのは間隔が 20 〜 30 mm である場合が多い。脳表面を経由した近赤外光を受光する割合が高いため，脳深部に特化した計測を行うのは難しい。計測に伴う騒音がなく，身体の拘束性が低いことから，2000 年代以降は乳児を対象とした計測が盛ん

1.2 脳機能計測を用いた音声知覚研究手法

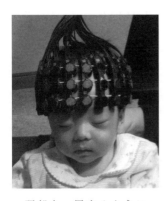

頭部を一周するようにfNIRSのプローブを装着して，広い領域を同時に計測している。

図 1.5 乳児を対象としたfNIRS計測

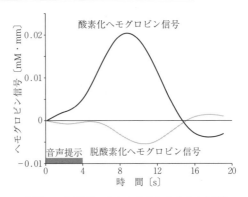

乳児に4秒程度の音声を提示したときに計測された酸素化ヘモグロビン信号の上昇と脱酸素化ヘモグロビン信号の減少（文献28）より改変）。計測した場所ごとに，この図のような信号変化をとらえることができる。図1.3の脳波の波形とはタイムスケールが異なることに注意。

図 1.6 fNIRSの信号

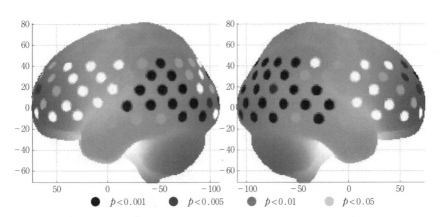

音声の提示によって酸素化ヘモグロビン信号が有意に増加した場所を脳の表面に表すことで，活動した場所のマップを描くことができる（文献28）より改変）。頭部に配置したプローブの位置から脳表上の場所を推定して，大人の代表的な脳の図の上に示した。前交連の位置を原点として，脳の前後を横軸（前が正）に，脳の上下を縦軸（上が正）にして表している（単位：mm）。

図 1.7 fNIRSによる機能マッピング

に行われるようになった。2次信号である血流の変化は1次信号から遅れて緩やかな増減を示すため，fMRIとfNIRSは，EEGとMEGに比べて空間分解能は高いものの，時間分解能には限りがある。

1.2.3 こどもの音声知覚と脳機能計測

　胎児期から乳児期にかけてニューロンが多く存在する灰白質と神経線維からなる白質の両方が急速に発達するが，かなり早い段階から音声情報に対して脳が活動を示すことが明らかになってきた。胎児に母親の音声，ほかの女性の音声，純音を提示したときの脳の活動をfMRIにより計測すると[29]，在胎33週の胎児は，音声を提示した場合に，純音を提示した場合と比べて左半球の側頭領域が有意に大きな活動を示した（コラム4）。また，34週の胎児は，側頭葉の上部では音声全般に対して有意な活動を示すのに対し，側頭葉の下部では母親の音声に対して，ほかの女性の音声よりも有意に大きな活動を示した。

　在胎週数が28週から33週で生まれた早産児は生まれた時点では灰白質が完全には形成されていないが，この時期においても音声が提示されると活動が増

コラム4

胎児の脳機能計測

　母親の胎内にいる胎児は，超音波によって画像化されるのが一般的である。超音波計測の技術が進展したことで，胎児の顔や指がどのように動いているかを時間軸上で表現することも可能になっている。周産期医学や発達科学への応用が進むだけでなく，胎児と新生児との連続性が身近に感じられるようになるという心理的な距離感に対する効果も期待される。その一方で，胎児が動くという現実は，脳の形態と活動を画像化するにあたっての最大の難関となる。近年進んできているMRIを用いた胎児の脳の画像化は，動くことを前提としてその補正に関する技術を開発することによって実現している。胎児の頭部の近い位置にMRI画像のもととなるラジオ波を受信するためのコイルを置いて画像の質を上げ，頭部の動きによるノイズが多く含まれた脳の画像上で補正をして再構成するのである。本文中に挙げた脳活動の計測だけでなく，胎児期の脳の形態形成に関する研究も進められており，人間の脳がどのようにしてできてくるのかを直接的に可視化することが最前線では行われている。

加することが fNIRS を用いた研究で報告されている[30]。側頭葉後方部は，音節の提示に対して左半球のほうが右半球よりも大きな活動を示した。右半球は前頭葉の下前頭領域を含む領域で音素の組合せや話者の性別を変えた場合に活動が見られたのに対し，左半球は音素の組合せを変えた場合にのみ活動が見られた。胎児と早産児のどちらも，左半球は右半球とは異なる活動を示したことになる。

　早産児を縦断的に fMRI で計測した研究では，音声を提示するときと，なにも提示しないときを比較して，週数によって活動のパターンが変化することが報告されている[31]。妊娠週数が 34 週の時点ではおもに左半球の上側頭領域（側頭葉上部）が活動を示し，右半球の対応する領域では活動した領域が狭く，左半球に偏る傾向があった。41 週では，左右両半球の上側頭領域と頭頂葉の一部が大きな活動を示し，両半球の下前頭領域にも有意な活動が認められた。この両側に活動が現れる傾向は，44 週でも認められるとともに，対照群である満期産児の 44 週時点においても同様であった。以上の結果をまとめると，胎児期から新生児期にかけては音声に対する脳の活動が左右の半球それぞれで局所的な状況から，左右半球の相同部位（対称な位置にある領域）に広がる傾向があることがわかる。

　大人では，相同部位が脳梁や前交連などの半球間をまたいだ交連線維によってつながれている。このような線維束は胎児期に形成されて，新生児期以降に電気的な信号の伝達効率を高める髄鞘化が進み，また，不要な線維を減らす刈り込みが起こることが知られている。機能計測に現れる片半球から両半球への変化はこのような交連線維の形成を反映している可能性がある。安静時の自発的な脳活動を計測して，領域間で信号変化の時間的な相関をとることで領域間の関係性を機能的に定義する方法（機能的結合）が fMRI では以前から用いられている[32]。fMRI と同様の 2 次信号をとらえている fNIRS においても，多点の計測を行えば同様の解析ができる。新生児，3 か月児，6 か月児の睡眠時の自発活動を計測して機能的結合を調べると，新生児期から 3 か月の間に相同部位間の関係性が高まり，ネットワークが形成されることが明らかになっ

た[33]。fMRI の解析方法によっては 40 週前後から大人と同様ではないながらも左右半球にまたがったネットワークがあることを報告している論文もあり[34]、正確にどの時期から左右半球が機能的な関係性を高めるのかを決めるには今後の研究が必要であるが、脳の構造と機能の発達が生後の初期段階において徐々に進み、脳における音声情報の処理の仕方を変えている可能性が考えられる。

乳児では、側頭葉の半球間、および領域間で音声処理に関して司(つかさど)る機能に違いがあることが明らかになってきている。どのような音に対しても活動する領域、声に敏感に活動をする領域、抑揚情報の処理に関わる領域が異なり、大人と類似した空間的な位置関係になっている[35]。左半球の側頭領域が示す声に対する活動性は、月齢とともに増加し、声以外の音に対して減少することも報告されている[36]。これらのことは、大域的な関係性が徐々に形成されるとともに、局所的には特定の情報に特化した処理を行うように発達することを示唆している。

上で紹介したShultzらの研究[36]は、1〜4か月児の左半球の下前頭領域も音声に対して大きな活動を示したことを報告している。このことから、①側頭葉と前頭葉で同じ情報を同時に処理している、②側頭葉と前頭葉で異なる情報を処理している、③側頭葉で処理した情報をさらに前頭葉で処理している、④前頭葉で処理した情報をさらに側頭葉で処理している、などの複数の可能性が考えられるが、fMRI の計測結果からだけでは、上記の可能性のどれが最も確からしいかを検証することはできない。時間分解能に優れた MEG を用いた研究では、/ta/ の音を標準刺激として繰り返し流す中で、低い頻度の逸脱刺激として /pa/ の音を提示すると、6か月児と12か月児は逸脱刺激に対して左半球の側頭葉が活動を示してから左半球の前頭葉の活動が認められたことを報告している[37]。二つの領域の間では必ずしも直列に処理が進むわけではなく、相互に情報をやり取りしている可能性が高いが、平均的には側頭葉から前頭葉への流れがあることを示唆する結果である。一方で、新生児は側頭葉にのみ活動の焦点を示し、前頭葉では目立った活動を示さなかった。反対側に活動が伝わりにくいのと同様に、半球内でも離れた領域間では情報が伝わりにく

く，局所的な処理が中心になっていると考えられる．

　新生児では，前頭葉と側頭葉をつなぐ神経線維束の形成が十分ではないことを示したのが Perani らの研究[38]である．この研究では脳の構造を画像化する**磁気共鳴画像法**（MRI；magnetic resonance imaging）の撮影方法の一つである**拡散テンソル画像法**（DTI；diffusion tensor imaging，コラム5）を用いて神経線維束を新生児と大人の両群で画像化した．大人では頭頂葉の内側を経由する2種類の背側経路と側頭葉に沿って前後をつなぐ1種類の腹側経路の合計3種類があることを示した．それに対し，新生児では背側経路と腹側経路が1種類ずつは同定されるが，大人に見られる背側経路のうち下前頭領域へつながる経路（上縦束・弓状束）が未発達であるとした．この報告には異論もあるが[39]，上縦束や弓状束が存在しているとしても，2歳時点では成人と同程度に

コラム5　拡散テンソル画像法

　MRI を用いて水分子に電磁波による「印」を付けて，その位置の移動をとらえると，水が動きやすい方向と動きにくい方向があることがわかる．神経線維では，軸索に沿う方向には水分子は動きやすいが，垂直な方向には水分子が動きにくいことから，この方法を用いると白質の神経線維束の方向性を画像化することができる．水分子が3次元のどちらの方向にも同様に動きやすい（等方性が高い）場合には神経線維束が通っていないか，形成されていないことが考えられる．水分子がある一方向のみに移動しやすい（異方性が高い）場合には，移動しやすい方向に沿って神経線維束が通っていることになる．神経線維束がある場所から水分子が移動しやすい方向を順にたどってつなげていくと，神経線維束がどのように通っているかを表すことができる．このトラッキングと呼ばれる方法を使って，神経線維束を画像として再構成することができる．複数の神経線維束を画像化して重ね合わせると，脳の構造におけるネットワークを可視化することができる．ただし，空間分解能（3次元の一つの画素の大きさ）が数 mm であるために，その中で多数の線維がさまざまな方向に向かっている場合や，交叉している場合，急に曲がっている場合にも，トラッキングをすることが難しい．したがって，局所的な神経線維束よりも，大域的な神経線維束のほうがとらえやすい．

は成熟していないことが，ほかの研究においても報告されている[40),41)]。Peraniらの結果と7歳児の結果を直接比較した研究では，新生児では可視化されなかった背側経路が7歳児においては線維束としてとらえられるが，大人ほどには出来上がっていないことを報告している[42)]。この神経線維束は，複雑な統語処理に関わると考えられる下前頭領域に至っており，受動文などが処理できるようになりはじめる時期にはこの経路が形成されつつあることになる。上記の結果をまとめると，音声に対して局所的な脳活動を示す段階から半球間をまたいだ活動を示す段階，さらには，半球内の前後に現れる活動を示す段階へと発達していく様子がわかる。脳の構造における発達と音声言語処理を含む脳の機能がブートストラップのように相互に発達していく可能性が考えられる。

こどもを対象とした脳機能計測では，一つの計測方法を用いるだけでなく，脳波とfNIRSを用いて1次信号と2次信号を同時に計測したり[43)]，脳波と眼球運動計測を同時に行う同時計測[44)]が始められている。また，fNIRSを用いて多変量パターン解析をすることで，乳児が見聞きした刺激を同定する試みもある[45)]。このような方法によって，行動に現れなくても処理をしている「何か」を検討することが可能になるため，初めて明らかになる知見が増えると期待される。行動を起こす前の状態が計測できるようになれば，現在はほとんど明らかにされていない単語や文を発するときの音声生成の神経メカニズムを調べることができるようになるかもしれない。脳機能計測によって，脳の動作原理や計算方法が，言語獲得さらには言語そのものを規定している可能性を検討することができれば，音声研究に新たな視点をもたらすであろう。

1.3 生成発達の研究手法

生成面の発達においては，知覚発達研究法のように実験室内での実験を用いることは少なく，実際に発声される音声を自然環境下や実験環境下で収録し，音韻ラベリングや音声分析によって発達変化をとらえる手法が従来用いられてきた。さらに近年では，声道モデルやニューラルネットなどを用いてシミュ

レーションから生成発達にアプローチすることも多くなってきた。ここではそれぞれの手法について解説する。

1.3.1 ラベリング，音声（音響）分析

　乳児の発声を研究対象としたい場合，乳児の発声を経時的または横断的に収録し，データベースを作成する必要がある。そのためには乳児のいる家庭に協力を仰ぎ，一定の頻度と期間にわたって，自然環境下で収録を行ってもらう必要がある。音声だけではなくビデオ映像もあると，より発声状況を把握しやすくなるが，当然協力者の負担は増える。一方，**CHILDES**（CHIld Language Data Exchange System）[46]のような生成音声も含めた言語発達研究のための多言語データベースを共有する試みなどにより，自前のデータベースがなくても研究を行うことが可能になっている。ただし，現状で提供されているデータベースの対象としている言語やサンプル数は限られているため，見たいものが見られるとは限らない。

　ことばが通じる段階になってきた幼児であれば，自然環境下だけではなく，より統制した条件での音声収録も可能となる。例えば，絵カードなどを提示して，そのものの名前を発声させる，実験者の発声を模倣させるといったことが可能になり，比較的統制がとれ，発話の内容が明確なデータを取得することができる。

　収録された音声は従来，人手で発声セグメントに分け，発声者を同定し，発声状況のタグを付けていた。最近では **LENA**®（language environment analysis）[47]のように，長時間の録音が可能で，アプリケーションによりこどもと大人の音声を自動で切り出すシステムも登場している。切り出された音声は，スペクトログラムで音響信号を見ながら聴取し，音声タイプ（例：泣き声，クーイング，喃語）を判定したり，時間軸に沿って音韻ラベリングを付けたりすることが多い。音韻ラベリングを行う場合は，国際音声字母†を用いる場合や，聞こ

---

† **国際音声字母**（IPA ; international phonetic alphabet）は，国際音声学会が定めた世界の言語音声の発音を表記するための記号である。

えた音声をそのまま平仮名で書き起こす場合など，研究者によってアプローチはさまざまである．時間セグメントを持つ音韻ラベリングがあれば，後述する機械的な音声分析の際にも音韻ごとのフォルマント周波数（コラム6）の分析が可能となり，有声区間の時間情報によって発話リズムなども解析できる．

音韻ラベリングは乳児生成研究の最初の時期から用いられてきた手法である一方で，ことばとして成立していない乳児の発声に，本来言語が大前提である音韻や音節構造を当てはめてラベルを付けることは無理があり（いかに無理があるかという議論はOller[48]に詳しい），かつ膨大な時間がかかる．さらに，よほど経験を積んだラベラーであっても，判定者の母語によるラベリングへの影響は避けて通れない．また，自然環境下の音声データベースは少人数のこどもを対象としている場合が多く，生成発達の大きな個人差のバイアスを受けやすいことが難点である．

つぎに，機械的な音声分析の場合は，音源-フィルタ理論（コラム6）に基づき，音声信号から声道の共鳴周波数であるフォルマント周波数と声の高さ情報である基本周波数（f_0）を抽出することが行われる．基本的には，乳幼児の音声分析も成人の場合と同様にpraat[49]に代表される音声分析ツールを用いて行われることが一般的である．

音声は，音源が声道を通ることで生成されるため，計測した音声に混在するf_0（とその倍音）とフォルマント周波数の情報を分離する必要がある．このとき，f_0とF_1の正解が近接している場合，つまり乳幼児の音声のようにf_0が高くかつ日本語狭母音/i/，/u/，/o/の場合にフォルマント周波数（特にF_1）の抽出誤りが起こりやすく[50]，f_0あるいはその倍音をフォルマント周波数として誤って抽出してしまうことに注意が必要である（図1.8）．このような問題が生じる原因は，フォルマント分析として一般的に用いられている**線形予測符号化**（LPC；linear predictive coding）が入力音声の音源として白色雑音（極端に言えば，f_0がきわめて低いような音声）を仮定しているためである．したがって，f_0が高い場合には仮定が満たされず，分析がうまくいかない．この問

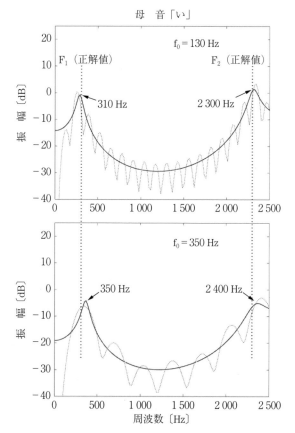

f_0 が異なる音源に対し，F_1 が 310 Hz の日本語母音 /i/ のフォルマント周波数を持つ合成音声を作成した。破線は合成音声の音声スペクトル，実線は LPC 分析により求められた合成音声の声道スペクトル，縦の点線はフォルマント周波数の正解値を示す。$f_0 = 130$ Hz の音源を使用した合成音声に対しては，F_1 は 310 Hz 付近に正しく推定される（上図）。一方，$f_0 = 350$ Hz の音源を使用した合成音声の場合は，F_1 が誤って 350 Hz 付近に推定され，正解（310 Hz）との間に 40 Hz の誤差が生じている（下図）。

図 1.8 乳幼児音声に起こりがちな F_1 抽出の誤り例

題を解決するためには，パルス列を仮定したLPCを用いることが有効であり，praatにも実装されている[50]。一方で，f_0の推定については，乳幼児のf_0の範囲を適切に指定すれば，比較的精度よく求めることができる。

コラム6 音声生成のメカニズム

音声は，肺から送られた空気が，気管，喉頭，咽頭腔，口腔，鼻腔などを経て，唇や鼻から放射することで生成される（上図）。肺，気管，喉頭は合わせて音源（ソース）と呼ばれ，咽頭腔，口腔，鼻腔は合わせて声道（フィルタ）と呼ばれる。音声の生成過程が音源とフィルタの二つから構成されるという考え方を音源-フィルタ理論（モデル）[51]といい，多くの音声分析はこの理論に基づき行われている。音源は，音声のもととなる空気の振動を作り出し，声の大きさや声の高さと関係していることから，イントネーションやアクセントなどの韻律の生成と関わりがある。一方，声道は，後述する音声の共鳴特性（フォルマント周波数）を決定し，母音/a/や/i/などの音色や音韻の生成と関わりがある。

母音生成時には，肺から押し出された空気が，喉頭にある声帯の左右のヒダを振動させ，ブザー音のような音源を生成する。このブザー音の高さが声の高さとなる。声の高さは基本周波数（f_0）とも呼ばれ，Hz（ヘルツ）で表される。一般に，成人の平均的な声帯のヒダの長さは男性（約15 mm）よりも女性（約10 mm）のほうが短いため，男性のf_0が平均的に100 Hz程度であるのに対し，女性のf_0は200 Hz程度と高い。当然，乳幼児の声帯のヒダの長さは成人に比べて短いため，乳幼児のf_0は平均350 Hz程度とさらに高くなる。

声道は，舌，顎，唇，軟口蓋などの動かすことのできる調音器官と，硬口蓋，咽頭壁などの動かすことのできない声道壁で囲まれた空間で，非常に複雑な3次元形状である。成人の声道の長さも一般に女性よりも男性のほうが長く，平均的に男性で約17 cm，女性で約14 cmである。母音は，声帯振動により作られるブザー音のような音源が声道を通ることにより生成される。唇や舌などを動かし声道の形状を変えることで，音源の特定の周波数が強められ，母音/a/や/i/などに対応した音響的特徴が生まれる。

声道の共鳴周波数はフォルマント周波数とも呼ばれ，Hzで表される。周波数が低いほうから順番に第1フォルマント周波数（F_1），第2フォルマント周

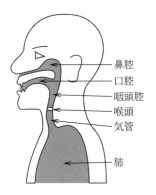

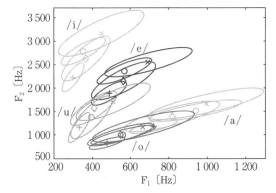

AM：成人男性，AF：成人女性，AD：青年，C：こども[52]

図 音声器官（上図）と日本語5母音の第1・第2フォルマント周波数（下図）

波数（F_2），第3フォルマント周波数（F_3）のように呼ぶ．特に，F_1とF_2は母音を特徴付ける重要なパラメータである．下図を見ると，日本語5母音はF_1とF_2の分布により分類できることがわかる[52]．フォルマント周波数と声道形状の間には母音四角形として知られる密接な関係がある．舌の高さとF_1，舌の前後方向の位置とF_2の間にそれぞれ相関があり，例えば，口を開けるとF_1が高くなり，舌を前に出すとF_2が高くなる．

一般に，声道の長さが短いほど同じ母音に対するフォルマント周波数が高い．例えば，同じ母音であれば男性のF_1よりも女性のF_1のほうが高い（下図）．同様に，こどもの声道の長さは成人よりも短いことから，こどものフォルマント周波数は成人に比べて高くなる．

1.3.2 音声言語獲得シミュレーション

　声道の解剖学的特性と実際に観測される音声の音響特性の関係を検討するために，こどもの声道形状に基づく音声生成モデルを用いて構成的に明らかにするアプローチがある。声道形状に基づく音声生成モデルとして広く用いられているのは Maeda モデルである[53]。このモデルは，音声生成時の成人の声道のX線データから主成分分析により求めた顎，唇，舌の位置および喉頭の高さに関する7個の制御パラメータにより声道形状を変化させ，フォルマント周波数より音声を生成することができる。

　これまで，Maeda モデルにより合成音声を生成し，その音響特性を実際の音声と比較する研究が行われている[54),55)]。例えば，Ménard らは Maeda モデルの声道長を変化させることで新生児，4，10，16，21 歳時の声道形状を作成し，Maeda モデルの制御パラメータの組合せをランダムに選ぶことで，年齢ごとに発声可能な母音の合成を行った[54]。作成した合成音声を 40 人の成人に聴取させ音韻を同定させた結果，同定の一致度は低いものの，新生児の音響空間であっても，十分に判別可能な音韻を生成できることが示された。その一方で，乳児期に実際に観測される音声は，上記の音声モデルにより生成できると推測される音響空間よりも小さな範囲に限られている。これらのことから，こどもは初期のうちから判別可能な音声を発声するのに十分な声道形状を持っているにもかかわらず，特に顎位置などの調音器官の制御が不十分であることで，多様な音響特性を持つ音声を生成できない可能性が示唆される。その後，加齢に伴い調音運動を洗練させることで，声道で生成できる範囲を最大限に利用した音響特性を持つ音声を生成できようになると考えられる[55]。

　さらに，脳内での調音獲得過程の解明は非常に興味深い課題であり，現在，シミュレーションを用いて明らかにする検討が進められている。**DIVA** (directions into velocities of articulators) モデル[56]は，音声生成モデルとして Maeda モデル，および7個の制御パラメータ（脳内の運動指令に相当）を計算するためのニューラルネットワークにより構成され，発話の模倣により学習することで喃語から母音・音節発声までの調音獲得過程をコンピュータ上に再現しており，

この種の研究にとって有効な手段であると考えられる。Callanらは, Ménardらと同様にMaedaモデルの声道長を変化させることで12〜60か月齢の声道形状を作成し, 養育者の発話した音声のF_1〜F_3の模倣によりDIVAモデルを学習することで, Maedaモデルの7個の制御パラメータが獲得できることを示した[57]。つまり, 調音獲得における聴覚フィードバックの重要性が構成的に示されたのである。近年, Howardらは, Elijaというシミュレーションモデルを構築し, 調音獲得における声道のサイズの違いによる乳幼児と養育者のフォルマント周波数の違い, また養育者との音声インタラクションの問題について検討を行っている[58]。

音声言語獲得のシミュレーションのためには, 声道形状に基づく音声生成モデルが不可欠である。しかし, Maedaモデルは成人の声道データに基づき構築されたため, 調音の動ける方向(主成分)は成人に対して最適化されており, 必ずしも乳幼児に対して適切なモデルではない。より精緻なシミュレーションを行うためには, 妥当性の高いこどもの声道モデルの構築が重要である。現在, ヘッドセット一体型の超音波装置を使った6〜9歳児の調音運動発達の検討が進められており[59], 今後の動向が期待される。一方で, 音声分析により求めたフォルマント周波数から発話時の声道形状を推定できれば, 乳幼児の発話時の声道形状を直接的に計測する必要がなくなる。しかしながら, あるフォルマント周波数を実現する声道形状は複数存在することが知られている[60]。DIVAモデルのシミュレーションでフォルマント周波数から制御パラメータを推定する場合にもこの問題が存在するため, 音響特徴からの調音運動の逆推定の研究が進展することが期待される。

引用・参考文献

1) Jusczyk, P. W., Houston, D. M., and Newsome, M. : The beginnings of word segmentation in English-learning infants, Cognitive Psychology, **39**, 3/4, pp.

---

† 論文誌の巻番号は太字, 号番号は細字で表示する。

159-207 (1999)
2) Bruderer, A.G., Danielson, D.K., Kandhadai, P., and Werker, J.F. : Sensorimotor influences on speech perception in infancy, Proceedings of the National Academy of Sciences, **112**, 44, pp. 13531-13536 (2015)
3) Best, C.T., and Jones, C. : Stimulus-alternation preference procedure to test infant speech discrimination, Infant Behavior and Development, **21**, p. 295 (1998)
4) Yeung, H.H., Chen, K.H., and Werker, J.F. : When does native language input affect phonetic perception?, The precocious case of lexical tone, Journal of Memory and Language, **68**, pp. 123-139 (2012)
5) Werker, J.F., Polka, L., and Pegg, J.E. : The conditioned head turn procedure as a method for assessing infant speech perception, Early Development & Parenting, **6**, 3/4, pp. 171-178 (1997)
6) 安野友博, 工藤典代：乳幼児聴力検査, Audiology Japan 49, pp. 41-50 (2006)
7) Holt, R.F., and Lalonde, K. : Assessing Toddlers' Speech-Sound Discrimination, International journal of pediatric otorhinolaryngology, **76**, 5, pp. 680-692 (2012)
8) Darcy, I., and Krüger, F. : Vowel perception and production in Turkish children acquiring L2 German, Journal of Phonetics, **40**, pp. 568-581 (2012)
9) Gout, A., Christophe, A., and Morgan, J. L. : Phonological phrase boundaries constrain lexical access II. Infant data. Journal of Memory and Language, **51**, 4, pp. 548-567 (2004)
10) Sato, Y., Sogabe, Y., and Mazuka, R. : Development of hemispheric specialization for lexical pitch-accent in Japanese infants, Journal of Cognitive Neuroscience, **22**, pp. 2503-2513 (2010)
11) Conboy, B.T., Sommerville, J. A., and Kuhl, P. K. : Cognitive control factors in speech perception at 11 months, Developmental Psychology, **44**, pp. 1505-1512 (2008)
12) Hayashi, A., Tamekawa, Y. and Kiritani, S. : Developmental changes in auditory preferences for speech stimuli in Japanese infants, Journal of Speech, Language, and Hearing Research, **44**, pp. 1189-1200 (2001)
13) Cristia, A., Seidl, A., Singh, L., and Houston, D. : Test-retest reliability in infant speech perception tasks, Infancy, **21**, 5, pp. 648-667 (2016)
14) Tsuji, S., and Cristia, A. : Perceptual attunement in vowels : A meta-analysis, Developmental Psychobiology, **56**, 2, pp. 179-191 (2014)
15) McMurray, B., and Aslin, R.N. : Anticipatory eye movements reveal infants'

auditory and visual categories, Infancy, 6, pp. 203-229 (2004)
16) Hochmann, J.R., and Papeo, L. : The Invariance Problem in Infancy A Pupillometry Study, Psychological Science, **25**, 11, pp. 2038-2046 (2014)
17) Cheour-Luhtanen, M., Alho, K., Kujala, T., Sainio, K., Reinikainen, K., Renlund, M., et al. : Mismatch negativity indicates vowel discrimination in newborns, Hearing Research, **82**, pp. 53-58 (1995)
18) Pannekamp, A., Weber, C., and Friederici, A. D. : Prosodic processing at the sentence level in infants, Neuroreport, **17**, pp. 675-678 (2006)
19) Friederici, A. D. : The brain basis of language processing : From structure to function, Physiological Reviews, **91**, pp. 1357-1392 (2011)
20) Kuhl, P., and Rivera-Gaxiola, M. : Neural substrates of language acquisition, Annual Review of Neuroscience, **31**, pp. 511-534 (2008)
21) Minagawa-Kawai, Y., Mori, K., Hebden, J. C., and Dupoux, E. : Optical imaging of infants' neurocognitive development : Recent advances and perspectives, Developmental Neurobiology, **68**, pp. 712-728 (2008)
22) Homae, F. : A brain of two halves : Insights into interhemispheric organization provided by near-infrared spectroscopy, Neuroimage, **85**, pp. 354-362 (2014)
23) Dehaene-Lambertz, G., and Spelke, E. S. : The infancy of the human brain, Neuron, **88**, pp. 93-109 (2015)
24) Skeide, M. A., and Friederici, A. D. : The ontogeny of the cortical language network, Nature Reviews Neuroscience, **17**, pp. 323-332 (2016)
25) Azevedo, F. A., Carvalho, L. R., Grinberg, L. T., Farfel, J. M., Ferretti, R. E., Leite, R. E., et al. : Equal numbers of neuronal and nonneuronal cells make the human brain an isometrically scaled-up primate brain, Journal of Comparative Neurology, **513**, pp. 532-541 (2009)
26) Hata, M., Homae, F., and Hagiwara, H. : Semantic categories and contexts of written words affect the early ERP component, Neuroreport, **24**, pp. 292-297 (2013)
27) Homae, F., Hashimoto, R., Nakajima, K., Miyashita, Y., and Sakai, K. L., : From perception to sentence comprehension : The convergence of auditory and visual information of language in the left inferior frontal cortex, Neuroimage, **16**, pp. 883-900 (2002)
28) Homae, F., Watanabe, H., Nakano, T., and Taga, G. : Large-scale brain networks underlying language acquisition in early infancy, Frontiers in Psychology, **2**, p.

93 (2011)
29) Jardri, R., Houfflin-Debarge, V., Delion, P., Pruvo, J. P., Thomas, P., and Pins, D. : Assessing fetal response to maternal speech using a noninvasive functional brain imaging technique, International Journal of Developmental Neuroscience, **30**, pp. 159-161 (2012)
30) Mahmoudzadeh, M., Dehaene-Lambertz, G., Fournier, M., Kongolo, G., Goudjil, S., Dubois, J., et al. : Syllabic discrimination in premature human infants prior to complete formation of cortical layers, Proceedings of the National Academy of Sciences, **110**, pp. 4846-4851 (2013)
31) Baldoli, C., Scola, E., Della Rosa, P. A., Pontesilli, S., Longaretti, R., Poloniato, A., et al. : Maturation of preterm newborn brains : A fMRI-DTI study of auditory processing of linguistic stimuli and white matter development, Brain Structure and Function, **220**, pp. 3733-3751 (2015)
32) Biswal, B., Yetkin, F. Z., Haughton, V. M., and Hyde, J. S. : Functional connectivity in the motor cortex of resting human brain using echo-planar MRI, Magnetic Resonance in Medicine, **34**, pp. 537-541 (1995)
33) Homae, F., Watanabe, H., Otobe, T., Nakano, T., Go, T., Konishi, Y., et al. : Development of global cortical networks in early infancy, Journal of Neuroscience, **30**, pp. 4877-4882 (2010)
34) Fransson, P., Skiold, B., Horsch, S., Nordell, A., Blennow, M., Lagercrantz, H., et al. : Resting-state networks in the infant brain, Proceedings of the National Academy of Sciences, **104**, pp. 15531-15536 (2007)
35) Homae, F., Watanabe, H., and Taga, G. : The neural substrates of infant speech perception, Language Learning, **64**, pp. 6-26 (2014)
36) Shultz, S., Vouloumanos, A., Bennett, R. H., and Pelphrey, K. : Neural specialization for speech in the first months of life, Developmental Science, **17**, pp. 766-774 (2014)
37) Imada, T., Zhang, Y., Cheour, M., Taulu, S., Ahonen, A., and Kuhl, P. K. : Infant speech perception activates Broca's area : A developmental magnetoencephalography study, Neuroreport, **17**, pp. 957-962 (2006)
38) Perani, D., Saccuman, M. C., Scifo, P., Anwander, A., Spada, D., Baldoli, C., et al. : Neural language networks at birth, Proceedings of the National Academy of Sciences, **108**, pp. 16056-16061 (2011)
39) Dubois, J., Dehaene-Lambertz, G., Kulikova, S., Poupon, C., Huppi, P. S., and

Hertz-Pannier, L.：The early development of brain white matter：A review of imaging studies in fetuses, newborns and infants, Neuroscience, **276**, pp. 48-71 (2014)

40) Dubois, J., Hertz-Pannier, L., Dehaene-Lambertz, G., Cointepas, Y., and Le Bihan, D.：Assessment of the early organization and maturation of infants' cerebral white matter fiber bundles：A feasibility study using quantitative diffusion tensor imaging and tractography, Neuroimage, **30**, pp. 1121-1132 (2006)

41) Zhang, J. Y., Evans, A., Hermoye, L., Lee, S. K., Wakana, S., Zhang, W. H., et al.：Evidence of slow maturation of the superior longitudinal fasciculus in early childhood by diffusion tensor imaging, Neuroimage, **38**, pp. 239-247 (2007)

42) Brauer, J., Anwander, A., Perani, D., and Friederici, A.D.：Dorsal and ventral pathways in language development, Brain and Language, **127**, pp. 289-295 (2013)

43) Mahmoudzadeh, M., Wallois, F., Kongolo, G., Goudjil, S., and Dehaene-Lambertz, G.：Functional maps at the onset of auditory inputs in very early preterm human neonates, Cerebral Cortex, **27**, pp. 2500-2512 (2017)

44) Kuipers, J. R., and Thierry, G.：ERP-pupil size correlations reveal how bilingualism enhances cognitive flexibility, Cortex, **49**, pp. 2853-2860 (2013)

45) Emberson, L. L., Zinszer, B. D., Raizada, R. D. S., and Aslin, R. N.：Decoding the infant mind：Multivariate pattern analysis (MVPA) using fNIRS, PLoS One, **12**, p. e0172500 (2017)

46) CHILDES のウェブサイト：https://childes.talkbank.org/ (2018 年 8 月現在)

47) LENA® のウェブサイト：https://www.lena.org/ (2018 年 8 月現在)

48) Oller, D. K.：The Emergence of the Speech Capacity, Lawrence Erlbaum Associates, Inc. (2000)

49) Boersma P., and Weenink, D.：Praat：doing phonetics by computer http://www.praat.org/ (2018 年 8 月現在)

50) 廣谷定男：母音のフォルマント分析：過程と仮定を知る (やさしい解説), 日本音響学会誌, **70**, 10, pp. 538-544 (2014)

51) Fant, G.：Acoustic Theory of Speech Production：With Calculations Based on X-ray Studies of Russian Articulations 's-Gravenhage (1960)

52) Hirahara, T., and Akahane-Yamada, R.：Acoustic characteristics of Japanese vowels, Proc. ICA2004, pp. 3287-3290 (2004)

53) Maeda, S. : Compensatory articulation during speech : Evidence from the analysis and synthesis of vocal-tract shapes using an articulatory model In Hardcastle, Marchal, W. A. (Eds.), Speech production and speech modeling, Kluwer Academic, Dordrecht, the Netherlands, pp. 131-149 (1990)
54) Ménard, L., Schwartz, J., and Boë, L. J. : Role of vocal tract morphology in speech development : Perceptual targets and sensorimotor maps for synthesized French vowels from birth to adulthood, Journal of Speech, Language, and Hearing Reserch, **47**, pp. 1059-1080 (2004)
55) Serkhane, J. E., L. Schwartz, J., Boë, L. J., Davis, B. L., and Matyear, C. L. : Infants' vocalizations analyzed with an articulatory model : A preliminary report, J. Phonetics, **35**, pp. 321-340 (2007)
56) Guenther, F. H. : Speech sound acquisition, coarticulation, and rate effects in a neural network model of speech production, Psychological Review, **102**, pp. 594-621 (1995)
57) Callan, D. E., Kent, R. D., Guenther, F. H., and Vorperian, H. K. : An auditory-feedback-based neural network model of speech production that is robust to developmental changes in the size and shape of the articulatory system, Journal of Speech, Language and Hearing Research, **43**, 7, pp. 21-736 (2000)
58) Howard, I. S., and Messum, P. : Learning to Pronounce First Words in Three Languages : An Investigation of Caregiver and Infant Behavior Using a Computational Model of an Infant, PLoS ONE, **9**, 10, p. e110334 (2014)
59) Zharkova, N., Hewlett, N., and Hardcastle, W. J. : Coarticulation as an indicator of speech motor control development in children : an ultrasound study, Motor Control, **15**, pp. 118-140 (2011)
60) Atal, B. S., Chang, J. J., Mathews, M. V., and Tukey, J. W. : Inversion of articulatory-to-acoustic transformation in the vocal tract by a computer-sorting technique, The Journal of Acoustical Society of America, **63**, 5, pp. 1535-1553 (1978)

第2章 言語音声

　世界には1000を超える数の言語が存在する中で，どのこどもも養育環境にある言語を自分の母語として獲得していく。こどもは1歳前後に初めての意味のあることばを発話し，2歳程度で統語構造が出現しはじめ，5歳ぐらいになれば，時には大人を言い負かすほど巧みにことばを使いこなすようになる。この急速な言語獲得の背景には，言語音声を聴き取り，話す力の飛躍的な発達がある。成人になってから他言語を母語並みに獲得するのは難しいことを考えても，言語習得において乳幼児期がいかに特別重要な時期であるのかがうかがい知れる。本章では，この乳幼児期における言語音声の知覚と生成両面での発達過程について，日本語音声の獲得も含めた解説を行う。

2.1 乳幼児の音声知覚の発達

　生後数年間で母語として獲得する言語は，通常，音声を介した聴覚処理により学習されはじめる。すなわち，母語の音声知覚発達が言語獲得の基盤となる。本節では，まず，胎児期から誕生までの音声知覚発達を概観する。つぎに，音声に含まれる音韻的要素と韻律的要素に関して，どの言語にもおおむね当てはまる乳幼児期の知覚発達を述べる。最後に，日本語の獲得を題材とした発達研究から得られた知見をもとに，音声知覚発達における日本語の特異性を顕示する。なお，本節で紹介する実験で用いられた手法に関する詳細は，1.1〜1.2節を参照されたい。

2.1.1 胎児期から誕生までの聴覚器官と音声知覚の発達

音声知覚は，物理刺激である音声（音波）を聴覚器官である耳から脳にかけて処理，認識する過程である。本項では，音声知覚を担う聴覚器官の働きとその発達を簡単に述べ，音声知覚の初期発達として胎児期から誕生までの音声処理機能について概観する。

〔1〕 聴覚器官の働きとその発達

図 2.1 に耳の解剖構造図を示す。ここではまず，音刺激に対する聴覚処理の流れを主要な聴覚器官の働きとともに概観する[1]。一般に私たちが耳と呼んでいる顔側面の突起物は耳介と呼ばれ，外耳道とともに外耳を構成する。耳介に到達した音波は，外耳道を経て鼓膜を振動させる。

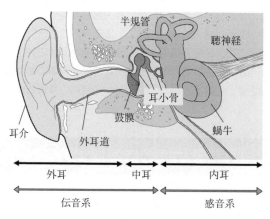

図 2.1 聴覚器官の構造

耳介は前方の音の集音器としての機能を持ち，音がどこから来たかを判別する音源定位，特に垂直方向の判別に寄与する。

外耳道は共鳴管として働き 3.5 kHz 程度の周波数を増幅する機能を担う。鼓膜の振動は，三つの耳小骨（ツチ骨，キヌタ骨，アブミ骨）を経て蝸牛の前庭窓に伝えられる。

鼓膜と耳小骨を含む中耳は，音波の空気振動を内耳の蝸牛内の液体へと効率よく伝える機能を持ち，外耳と中耳は合わせて伝音系と呼ばれる。アブミ骨の

先にある板状の骨（足板）からの振動により，前庭窓から蝸牛内に満たされたリンパ液へと音波が伝わる。音波振動は，前庭窓のある蝸牛の基部から先端である蝸牛頂へと進行し，中心階（蝸牛管）の底部をなす基底板（膜）に進行波を生じさせる。基底板の広さや質量，硬度が蝸牛の基部から蝸牛頂にかけて変化しているという構造上の特性により，基底板の進行波が最大振幅をとる位置が音の周波数により異なり，低周波数音に対して蝸牛頂付近で進行波の振幅が最大となる一方，高周波数音に対しては蝸牛の基部に近いところで最大振幅が出現する。このように，蝸牛において基底板が応答する位置の違いによる周波数解析が行われている。基底板の振動により，基底板と蓋膜に挟まれた有毛細胞の毛に傾きの変化や圧迫が引き起こされ，内有毛細胞の興奮による電位変化が生じ聴神経から中枢へと神経インパルスが流れる。このように，音波振動を電気信号に変換して中枢へ伝達する内耳は感音系と表現される。その後神経インパルスは，蝸牛神経核や内側膝状体（視床）を含む聴覚伝導路を経て大脳皮質の聴覚野へと至る。

　人間の持つ5感のうち，胎内で早期に発達する感覚の一つが聴覚であり，つぎの〔2〕に述べるように，生後すぐ，あるいは胎児期のうちから音刺激への反応が見られる。すなわち，胎児において聴覚器官や聴覚伝導路の発達が進み，それらの働きが機能しつつあることが示唆される。ここでは，音声知覚に必須となる聴覚器官・機能の初期発達として，胎児における聴覚器官の発達[2)~9)]を見ていく。まず外耳に関して，胎生6週頃に後に耳介をなす小さい丘（hillocks）が複数形成され，11週にそれらが融合する。外耳道では，原始外耳道が胎生7か月頃に内部と通じることにより管腔化が完成する。つぎに中耳の発達を見ると，鼓膜に関して，鼓膜輪は胎生11週頃から骨化が始まり，胎生25週頃に鼓膜のサイズが成人と同様になる（長径9 mm，短径8.5 mm，厚さ0.1 mm）。耳小骨は，胎生3か月頃から5か月にかけて軟骨性となり形態化が進み，その後骨化が始まり骨に変わり，胎生7か月までに成人のものと同じ大きさとなる。内耳に関しては，胎生6週から蝸牛の回転構造が形成されはじめ，胎生9週目までに成人と同様の2回転半のらせん状構造が完成し，その

後有毛細胞の分化が開始される。胎生23〜24週で内耳の大きさは最大となり，基底部の回転における働きが機能しはじめていると考えられている。このように，聴覚器官の解剖的発達は胎生7か月でおおよそ完成しつつあり，特に内耳は生下時には形態的機能的に完成している。

内耳から大脳皮質へ至る経路の発達に関して，蝸牛神経核や内側膝状体の出現はそれぞれ胎生約6週，8.5週で組織学的に同定される。大脳皮質の一般的な発達としては，胎生7か月の時期に脳溝（のうこう）の形成が明らかとなり，また，胎生7.5か月で胎児の脳にいわゆる"シワ"が生じてくることから，この頃に聴皮質の同定が可能となってくる。聴覚伝導路あるいは脳の発達においては，このような発生発達に加え，活動電位の高速伝達に寄与する髄鞘化（ニューロンと呼ばれる神経細胞から延びた信号の通り道である軸索が髄鞘で覆われること）が伝導路の機能的成熟の一つの目安となる。髄鞘化は，末梢から中枢にかけて進行し，蝸牛神経核では胎生6〜9か月で髄鞘化が生じるのに対し，内側膝状体から大脳皮質（一次聴覚野に相当する横側頭回）へ至る髄鞘化は出生前後から開始され約2歳前後で完成するとされる[2]。

このように生後までに完成している器官がある一方，生後の解剖的発達[2]〜[4]はおもに外耳で生じる。胎生11〜12週に融合して形成された耳介は，胎生20週頃に成人と同様の形態となり，生後から1年程度急速に発達が進む。その後は，発達の速度は緩やかになるが9歳頃まで発達し，15歳までに完成する。外耳道は成人では約24〜35 mm長（前上壁と後下壁では解剖構造により5 mm程度異なる），約7〜12 mm径であるが，新生児期の外耳道長はそれより短く10 mmを超える程度であり，7歳頃まで成長が続き約10歳で成人と同様の大きさになる。なお，この外耳道長の成長により，外耳道で増幅される共鳴周波数が変化していく（5章の図5.12参照）。鼓膜は胎児期に成人と同じサイズになるが，鼓膜と外耳道との角度が新生児期では水平に近い（20°）が，成長とともに垂直方向に角度が変化し成人では40〜50°となる。また，神経系では，シナプスの刈り込みや皮質間結合などが進み，聴覚機構に関する神経系の発達は15歳頃まで続くとされる。

〔2〕 胎児期における聴覚機能と音声知覚

　胎児はすでに音に対する感受性を有している。胎外から提示した音に対する驚愕（きょうがく）反応が胎生28週頃に確実にとらえられること，また，在胎週が26週の早産児において聴性脳幹反応が観測された知見[10]〜[12]などから，聴覚機能の開始時期は胎生26〜28週と考えられており，これは蝸牛神経核の髄鞘化の開始時期に相当する[2]。胎児期にもある程度，音の周波数，強度の弁別が可能であるとされる。

　なお，ここで生後の音響知覚発達[13],[14]に簡単に触れておく。まず，聴覚閾値発達に関して，新生児では成人よりも最大70 dBほど閾値が高い（聞こえにくい）が，3か月児では成人との差が20〜25 dB程度になり，6か月児になると10〜15 dBに差が縮まる。特に高周波数音（2 kHz以上）において低周波数音と比べて成人の閾値に比較的近くなる。成人と同様の閾値になるには，高周波数音では5歳前であるが，低周波数音では10歳頃とされる。周波数弁別に関しても低-高周波数間で発達差があり，高周波数音の弁別は生後6か月で成熟するが低周波数音の弁別の改善は乳幼児期以降も続き，10歳頃で完成するとされる。聴機能に関する発達的変化には，外耳・中耳の発達に加え，神経系の成熟が寄与するとされる。音の高さの知覚には，基底板の振動位置（場所説）と入力音の特定位相に固定発火する聴神経インパルスの時間間隔（周期説）が関与するが，成人では低周波数音の知覚には後者の関与が大きい。しかし，乳幼児期では神経系の発達が未熟であり，聴覚経験の不足や神経伝達が効率的でないため低周波数音の知覚が比較的遅れることが指摘されている。

　胎児の音声知覚に戻ると，おもに母親の音声の知覚を通して，胎児は胎生30週以降に音声知覚能力を大きく発達させていく。例えば，DeCasperら[15]は，妊婦に妊娠33週から毎日特定の詩（rhyme：特徴的な韻律（プロソディ）を持つ童話）を音読してもらい，4週間後にこれまで聞かせた詩および新規の詩を胎児に聞かせると2種類の詩への心拍反応が異なり，胎児が2種類の詩を聞き分けていたことを報告している。また，1.2節にもあるように，胎生後期の胎児が母親の音声を認識していることが知られている。

胎児は羊水内にいるためローパスフィルタを通した（高い周波数成分が除去されている）ような音声を聞いており，音声に含まれるリズムや抑揚といった韻律情報（2.1.2項）を手がかりとして音声の知覚や識別，記憶をしているようである。胎児の音声知覚能力を正確に知るには胎児の反応を直接測定することが望ましいが，困難な状況も多い。ただし，脳機能計測装置（1.2節）を用いた胎児計測も可能となりつつあり，さまざまな機器や測定法の発展により胎児の音声知覚がより明らかになることが期待される。

2.1.2　音韻と韻律の知覚発達

　この原稿を書いている筆者の傍らで，10歳になる息子が英語番組を視聴し，0歳7か月の娘もそれに注意を向けているようである。息子が「なんて言っているのかな？全然わからないよー。○○ちゃん（娘の名）もわからないよね。」と娘に話しかけている。娘は息子のほうを見てなにか訴えているようであるが，「アー，アー」と答えるのみである。改めて言うまでもないが，息子は生後10年間の学習の分，日本語の能力が娘より高い。ところが，息子にはもう区別できなくなった英語の音韻対立を娘は聞き分けているかもしれない，と思うと，ことばの獲得・発達は不思議なことであると改めて思う。

〔1〕　音声の音韻的要素と韻律的要素

　音声にはさまざまな情報が含まれ，音韻的要素と韻律的要素に大別される。例えば，「元気ですね」という発話には複数の母音と子音が存在する。母音や子音は分節音，音素，あるいは音韻とも呼ばれることがあり，本節においては音韻（音素に，音の長短，アクセントを含めたものとの定義）と呼ぶ。音韻（音素）は意味を区別する最小の単位であるとされ，例えば，「元気（げんき）」の"げ（/ge/）"の最初の子音/g/を/d/に代えると[†]，「でんき」となり意味が変わる。

[†] 人間が発話する音声の物理情報は，会話の状況や環境，話し手の属性などによって異なる。このような話者・環境による音の物理特性の相違に注意せずある音を一般的に表記する際には，上記のように//（スラッシュ）を用いた音韻表記を用いる。また，言語音声の音響的性質や知覚上の特性をできるだけ正確に表現する際には［　］で囲む音声表記が用いられる[1]。

また，同じ「元気ですね」という文を発話する際に，同意を求める場合最後の「ね」を伸ばしたり，気分によって高揚を示す調子や沈んだ調子で話したりすることもある。このように音韻以外で音声を変容させる特徴を超分節的特徴あるいは韻律的特徴と言い，本節では韻律と呼ぶ。韻律の物理的要素には，音声の基本周波数（f_0），音や空白の持続時間（duration），強弱（intensity）などがあり，アクセント，イントネーション，発話速度やリズムなどの違いを表現する。韻律は，通常複数の音節や語，句，文にわたって適用され，発話のまとまりや文の構造を示すほか，話者の感情や意図を伝える[1]。一方，韻律は音韻のように語彙識別に用いられる場合もある（2.1.3項）。

〔2〕 音韻知覚発達

世界中の言語には，600の子音，200の母音が存在しているという。しかし，成人が自分の母語にない音韻対立を弁別するのは困難である。例えば成人日本語話者が，英語の子音 /l/ と /r/ や母音 /æ/，/ɑ/，/ʌ/，/ɔ/ を区別するのはたいへん難しい。乳児は生得的にあらゆる言語の音韻対立を弁別できるとされるが，個々の言語における音韻数は約40である。したがって，生後から始まる音韻知覚発達は，数多くの母音や子音から母語の理解において不要な識別をしなくてすむように，母語の音韻体系の枠組みを形成していくことと言える。

（1）**範ちゅう化能力と音韻弁別**　日本語を聞いているときに，/la/ と /ra/ をどちらも「ら」と同定しても問題がないが，英語音声を聞いた際にはそれらを識別しなければ意味を取り違える場合がある。このように，ある言語を聞いて理解するには，その言語に存在する音韻を同定しほかの音韻と識別することが必須である。単純に考えると，ある音韻を規定する物理情報を同定し，他の音韻の物理情報と識別できればいいわけである。ただし，ここで問題となってくるのは音声の多様性である。生物である人間が生み出す音声は，性別，年齢，体型といった個体差はもちろん，同一人物の発話であっても感情や状況，あるいは同じ音韻であっても前後する音との関係により物理的数値は異なる。逆に，物理的にまったく同じ周波数，強度，長さで，何回も発声することは不可能である。このように，音声に含まれる物理情報は多様性を持った

め，ある音韻に対して，きっちり決まり決まった物理情報を割り当てるのは不都合な場合がある．自然に発話された音声の物理的数値はばらつくことを想定し，ある音韻を規定するための物理特性には幅をもたせておき，発声された音声がおおよそその範囲内にあればその音韻であると同定する知覚方略をとっていたほうが，自然音声の性質上都合がよい．このようにある程度のばらつきがあっても，ある範囲内の音どうしを同じ音韻であると判断する知覚の仕方を**範ちゅう化知覚**（**カテゴリ知覚**：categorical perception）と言う．

例えば/b/と/p/は，唇で作る破裂から声帯振動までの**有声開始時間**（VOT；voice onset time）によって識別される．ここで，便宜的にVOT30 msが/b/と/p/の判断境界であると仮定し，VOTが5，15，25，35，45，55 msの音声に対する判断実験を成人に実施したとしよう．すると，5，15，25 msの刺激は同等に/b/と判断され，35，45，55 msの刺激は/p/と判断される．このように，ある音韻の物理的境界値を超えるまでは一方の音韻を知覚し続け，境界値を超えると突然異なる音韻だと知覚することが音声知覚における範ちゅう化である．また，カテゴリを越える25と35 msの刺激対は容易に弁別されるが，同じカテゴリ内の刺激対は，物理的差異が大きくても弁別が困難になる．このような知覚特性は，音韻対立に関係しない同一音韻カテゴリ内での音声のばらつきに対する感受性を低減することで，音韻認識を速めるのに寄与する．

では，このような範ちゅう化知覚はいつ獲得されるのであろうか？ Eimasら[16]はVOTを変化させた/b/と/p/の刺激を複数用意し，カテゴリ間およびカテゴリ内の刺激対を乳児が弁別できるかを調べた．その結果，音韻カテゴリをまたぐ刺激対にのみ弁別反応が観察され，生後1か月および4か月の乳児が大人と同様に範ちゅう化知覚をしていることがわかった．範ちゅう化知覚は，人間以外の動物（例えばチンチラ[17]）にも備わっており，ある種の動物に備わった認知能力とされている．このことから，人間が言語を獲得するにあたり，生物の聴覚機能上，弁別しやすい物理境界付近に音韻境界を設けたとする考えもある[17]．範ちゅう化自体は，音声言語に限らずさまざまな場面で生じる

認知機能である．例えば，犬が道に出てきたときに「あ，犬」と言うことのほうが，「あ，柴犬」と言う場合より多い．犬の種類について私たちは知識を持っており，柴犬やレトリーバー，チワワといった識別はできるし，もっと言えば「山田さんちの柴犬のさくらちゃん」という個別認識も可能である．しかし，細かい識別には注意や記憶，処理のための認知資源が多く使われてしまうため，その違いが重要でない場合にはより上位概念の「犬」という範ちゅうで認知する．すなわち，範ちゅう化は認知資源の節約のために必要な知覚方略である．音声知覚発達以外では，生後3〜6か月にかけて色，図形形状，動物，顔の性別などのカテゴリ化が可能であり，聴覚以外のモダリティでもカテゴリ化の機能が確認されている[18]．このようにカテゴリ知覚は人間の聴覚（言語）機能に特異的ではない機能ではあるが，情報処理効率を上げるため言語の獲得に寄与していることは間違いない．

（2） **音声知覚の発達的変化と母語の獲得：普遍的→言語特異的発達**　乳児はいかなる言語でも獲得できると言われている．実際，あるこどもが日本語を母語とする両親とともに乳児のうちから英語圏に移り住んで育った結果，両親以上に英語がペラペラになったとの話を聞くことは多い．また，育った環境によっては，二つ以上の言語を母語並みのレベルで獲得することも可能である．このような言語獲得を可能にする要因の一つとして，乳児を含むこどもが音声知覚における柔軟性を有している，すなわち，ある特定の言語の音韻体系によらない，普遍的な聴覚処理能力に基づく音声知覚能力を有していることが挙げられる．

新生児や生後1〜2か月の発達初期において，母音や子音の弁別がある程度可能である．特に驚きなのは，自分の親が弁別できないような自分の母語にはない音韻対立の弁別も可能である点である[19]．WerkerとTeesの研究[20]で，6〜8か月齢の英語圏の乳児が成人の英語母語話者では弁別が難しいヒンズー語などの子音対立を弁別できることが示されている．また，英語の/l/と/r/の弁別に関して，日本人乳児（6〜8か月齢）はアメリカ人乳児と同等（65％程度の正答率だが）の弁別能力を持つとの報告[21]もある．

ただし，生後1年までに母語にない音韻対立の弁別能力はしだいに低下していく。先の研究[20]では，8〜12か月齢と成長に伴って英語圏の乳児のヒンズー語などに対する弁別能力は低下していき，日本人乳児の /l/ と /r/ の弁別能力は生後10〜12か月で低下し，逆にアメリカ人乳児の弁別能力は上昇する[21]。このように，生後約半年までとそれ以降で音声処理の能力が変容するが，発達初期には普遍的な聴覚処理能力を活かして言語処理を開始し，徐々に母語の音韻体系を獲得しつつ言語特異的な処理機構を発達させると考えられている（図2.2）。このような，音声言語に対する生後1年内の知覚機構の変容は「perceptual reorganization」（**知覚的再構造化**）とも言われる。なお，母音に対して生後6か月程度で母語に特化した知覚様式が確立されるが，子音は先の例のように生後10か月前後と少し遅いようである。母音知覚が早まる理由として，母音のほうが音響的知覚や視覚的情報（口形）の面から子音より知覚しやすいため，との考えがある[22]。

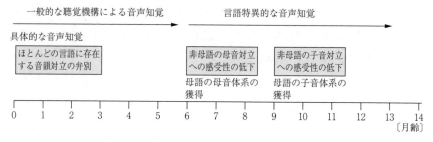

図2.2 音韻知覚の発達（文献23）をもとに作成）

上述した以外に，音韻弁別の発達には数パターンあり，ここで Mazuka ら[24]をもとにそれらを概観する（**図2.3**）。図中の①は，母語に存在する音韻対立で発達初期から弁別能力が保たれる対立を示す。②は，母語にない音韻対立で，発達初期には弁別が可能であるが成長に従いその能力が失われるパターンである。③は母語にない対立に対して成長しても弁別能力が維持される珍しいパターンである。例えば，南アフリカ共和国のズールー族が用いるクリック音

2.1 乳幼児の音声知覚の発達

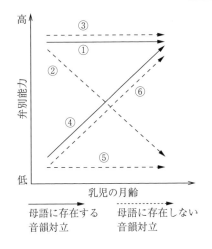

図 2.3 音韻弁別能力の発達パターン（文献 24）をもとに作成）

（舌打ち音）による対立は，音響的違いが明確であり成人英語話者や幼児でも弁別可能である。④は母語に存在する対立であり，発達初期では弁別が難しいが母語の習得や成長に伴い弁別が可能となるパターンを示す。英語の /l/ と /r/ の対立[21]や後述する日本語の長短母音対立や促音/非促音対立もこのパターンで獲得される。⑤のパターンは，母語にない対立の弁別が成長してもできないというパターンである。⑥は，母語にない対立の弁別が成長とともに弁別可能となるパターンである（例えば，ドイツ語の母音対立（/biːk/–/beːk/）に対する日本人乳児の例[24]）。

このように乳児の音声知覚が複数のパターンに分かれることに対して，いくつかの要因が挙げられている（詳しくは文献 24）にまとめられているのでそちらを参照されたい）。まず，対立する音韻間の音響的な違いの明確性で弁別のしやすさが変わるという点が挙げられる。Best が提唱した perceptual assimilation model (**PAM**) では，音響的な違いに加え，構音器官や構音運動の相違が，音韻の弁別のしやすさに影響を及ぼすこと，また，非母語の音韻対立を母語に存在する異なる音韻カテゴリに同化させることができた場合には弁別が容易になることが述べられている[25]。つぎに，ある音韻あるいは二つの音韻の出現頻度が音声知覚や音韻弁別に影響するとされる。例えば，Maye ら[26]

の研究で，連続的に8段階で/da/から/ta/へ変化する人工音声刺激を用いて，音韻出現頻度と弁別に関する6～8か月児を対象とした実験が実施されている。この実験では，乳児に聴取させる音声刺激条件が2種類あり，一方では典型的な/da/および/ta/に近い刺激が多く出現し（bimodal条件），もう一方は段階変化の中間の音声，すなわち/da/と/ta/の違いが曖昧な音声の出現が多い条件であった（unimodal条件）。このどちらかの条件で約2分間乳児に音声刺激を聞かせた後，/da/，/ta/の弁別能力を測定すると，unimodal条件で音声を聞いた乳児群は/da/と/ta/を弁別できなくなることが示された。このように，音韻境界付近にある音声の出現頻度が高まると弁別が曖昧になることが確認されている。また，出現頻度と関係する音声知覚モデルとして，Kuhlらのnative language magnet model（**NLM**）[27]がある。ある音韻の出現頻度を分析してみると，その音韻カテゴリとほかのカテゴリとの境界値付近の値をとる発声は少ないが，その音韻カテゴリの範囲内（中心付近）の値をとる発話頻度は多い。そして，多数発話される値をもとにその音韻のプロトタイプを形成し，その音韻として発話されたさまざまな物理値をとるバリエーションを（あたかもプロトタイプが磁石のような働きをして）同じカテゴリとして知覚すると提唱されている。実際，6か月児を対象とした実験で，母語に存在する，ある母音のバリエーションは同じ母音としてグループ化して知覚するが，母語にない母音のバリエーションに対しては母語の母音ほどグループ化して知覚しないことが報告されている[28]。また，音韻対立の片方の出現頻度が日常の発話において極端に低い場合も弁別精度は悪くなる。音響的・発話運動的差異や音韻の出現頻度以外にも，例えば，母語にはない音韻対立に対してはその示差性を抑制する（同じカテゴリの音だと知覚する）機能など，乳児の認知機能の発達が関与することも考えられる。以上のような要因から，音響的，環境的に弁別のしやすい対立とそうでない対立が存在すること，また，成長の過程で母語に存在する音韻カテゴリの確立が進むことで音韻対立の弁別が洗練される，あるいは非母語の音韻対立への感受性が下がることが説明されうる。

　このような過程を経て，生後1年程度までに母語の音韻体系に沿った知覚機

構が獲得される。ただし，母語の音韻体系の知覚的確立の完成は4～5歳とされており，2歳以降にも音韻知覚における発達的変化が生じる。これは，おもに英語を母語とする幼児の発達研究に基づく知見であるが，日本語を母語とする幼児の研究もあり，例えば，有声対無声，構音点，構音様式の違いによる音韻対立の弁別課題にて，4歳児が60％以上，5歳前半の幼児が80％以上の正答率を示すとの報告がある[29]。また，幼児期における構音の困難性の側面と音韻知覚発達の関連性も示唆されている。例えば，構音面での獲得が比較的困難とされる/w/-/r/-/l/や/d/-/r/に関して，3歳頃ではそれらの弁別能力も低いが，5歳頃に構音面，知覚面ともに改善される例もある[30]。

〔3〕 **韻律知覚発達**

2.1.1項で見たように，胎児は韻律情報に基づき音声を知覚しており，新生児も韻律情報に敏感である。例えば，新生児が母親の声に対して選好性を示すことが知られているが，ローパスフィルタで音韻情報を除去しても選好反応が見られることから，新生児が韻律情報を利用して音声を知覚し，母親の音声に含まれる韻律パターンを好むことがわかる[31]。また，フランス人新生児が日本語のピッチアクセント対（例えば「雨」（高低ピッチ）と「飴」（低高ピッチ））を弁別できるとの報告がある[32]。一般的なフランス人新生児が胎児期を含め日本語に聞き慣れているとは考えにくいことから，生得的にあるいは胎児期の学習を通して，新生児が単語に含まれる比較的短時間に変化するピッチ変化に対して弁別能力を有していることがうかがえる。

乳児は韻律情報に富む**対乳児発話**（IDS；infant-directed speech）を好む。大人が乳児に語りかけるとき韻律情報を誇張させて話すが，この発話音声をIDSという。IDSにおける韻律情報の特徴として，「ポーズが長い」，「テンポが遅い（母音が長い）」，「ピッチが高い」，「ピッチの範囲が大きい」などがある[33]。IDSへの選好は，新生児から生後1か月以降で見られ，通常，**対成人発話**（ADS；adult-directed speech）よりもIDSを好む[34]。なぜ新生児や乳児はIDSを選好するのであろうか？ IDSにはいくつかの機能があると考えられており[33]，感情の伝達や乳児の注意を惹き付け社会的なやり取りを促す，さらに，

言語獲得を促す機能があるとされる。韻律情報の学習をもとに，連続音声から単語などのまとまりを切り出し，最終的には最も小さい単位である音韻の学習を促進させるという考え（prosodic bootstrapping）もあり，生後の音韻獲得のためにも，韻律情報に対する感受性を有する必要があるのかもしれない。

　言語のリズムを用いた韻律情報処理に関する研究も多い。外国語を聞いた場合，例えば，英語，中国語，フランス語，韓国語などであれば，話されている意味がわからなくとも何語であるかの聞き分けが可能である人も多いであろう。この判断に際しては，音韻情報ではなく言語のリズムに関する韻律情報が手がかりとなっている（昔，芸人のタモリ氏のネタに，一人で4か国の出身者に扮して麻雀を興ずるというネタがあったが，でたらめな外国語であっても，タモリ氏のリズム模倣があまりに精巧で，どの国の出身者の発話かよくわかる）。言語のリズムに関して，等時性の観点から，ストレス（強勢），シラブル（音節），モーラ（拍）リズムの三つが存在するとされる。英語やドイツ語などのストレスリズム言語ではストレスの置かれた音節，フランス語やイタリア語などのシラブルリズム言語では各音節の発話時間がほぼ一定になる。日本語などのモーラリズム言語では，各モーラの発話時間が一定になる。モーラは音節の下位に位置する単位であり，母音や子音＋母音で構成される音節は1モーラと数えられモーラ数と音節数が一致するが，長母音や撥音を含む音節は2モーラと数えられる。例えば，「さんか（参加）」や「カード」は，音節数は2であるがモーラ数は3となり，日本語話者はこれらを三つの構成要素（拍）からなると認識する。

　言語リズムの知覚・弁別能力に関して，新生児で異なるリズム言語（ストレス対モーラ，ストレス対シラブル）の弁別はすでに可能であるが，同じリズム言語どうしの弁別はできない[35]。なお，生後2か月齢でも同じリズム言語の弁別はできないが，生後5か月を過ぎると母語と非母語であればその弁別が可能となる[36]。言語リズムの弁別は動物でも可能であり[37]，発達初期には一般的な聴覚処理能力に基づき言語リズムを知覚しているが，生後5か月頃からは母語を選り分けて知覚することから，母語の言語処理を進める段階へ音声知覚が進

んだことがうかがえる。

　幼児の韻律研究では単純な弁別や選好の探索だけでなく，意味処理発達との関連を見た研究が多い。ここでは疑問文における韻律情報の活用に関する発達を見る。韻律の語末変化による平叙と疑問（「行った」対「行った？」）に関して，1歳未満からその識別は可能であることが脳機能実験結果から示されており，5歳児まで同様の脳反応結果が得られている[38]。しかし，平叙と疑問を聞いた際に意味的同定を課す課題（例えば「行った？」と聞いて疑問文と判断する）において，4～5歳児の成績は成人より低く，この時期も韻律情報処理が発達していることが示唆され，就学して以降に韻律知覚が完成するとされる[39]。

コラム7　連続音声から意味的まとまりを切り出す

　言語獲得において連続音声から単語や句などの意味のまとまりを切り出すことは重要である。韻律情報が連続音声の分節化に関与するという報告は多いが，ここでは英語圏の乳児におけるストレスアクセントを活用した分節化の研究例を紹介する。英語の2音節の単語では，1音節目に強ストレスを置く強弱アクセント型（trochee）単語（例：butter）が，2音節目に強ストレスを置く弱強アクセント型（iambic）単語（例：guitar）より多く，英語では強弱パターンの単語を聴取する機会が多い。生後7.5か月になると，あらかじめ聞かせておいた物語に出現した強弱アクセント単語を選好して聴取することから，強弱パターンを連続発話から切り出していることがわかる[40]（コラム1参照）。

　また，音韻配列が切り出しに関与していることも知られている。Saffranらによる**統計学習**（statistical learning）の研究[41]において，一見（聞）ランダムな連続音節内に（例：/tibudopabikugolatupabikudaropi…/），高頻度で繰り返されるパターン（例：/pabiku/）を埋め込んでおくと，その音韻配列パターンをまとまりとして知覚し切り出すことが8か月児で可能であると報告されている。この時期は母語の子音音韻カテゴリの確立の時期と重なっており，子音知覚の発達が音韻配列の知覚にも影響を及ぼしている可能性がある。

2.1.3　日本語音声の知覚発達

多くの日本人が英語を学ぶのは難しいと感じるが，それと同じくらい非日本語母語話者が日本語を学ぶのは難しいらしい。これには，日本語が持つリズム（モーラ構造）など，日本語の特性が関連している。この項では，日本語に特徴的な音声の知覚発達を取り上げ，これらの弁別能力や脳反応発達などを概説する。

〔1〕　ピッチアクセント発達

ピッチ（声の高さ）変化は抑揚変化として，通常，感情や疑問を表現する。ただし，語彙の識別に寄与する場合があり，例えば，日本語（関東方言）において，「雨」と「飴」は高低，低高のピッチパターンの違いで区別され，これをピッチアクセントと呼ぶ。ピッチにより語彙を変化させるものとしてほかには中国語やタイ語の声調がある。声調では一つの音節内でピッチが変化するのに対し，日本語のピッチアクセントは，単語中の音節（あるいはモーラ）ごとに高あるいは低のピッチを割り当てる。

ピッチアクセントパターンの弁別は，フランス人の新生児でも可能であり[32]，生得的に備わった普遍的な能力と考えられる。ではこのピッチアクセントの知覚能力はいかに変化していくのであろうか？ここで音韻発達の流れを思い返していただきたいが，一般的な聴覚特性による処理から言語特異的な処理へと知覚メカニズムに再構造化が生じるとされ，母語にある音韻対立に対しては感受性が高まり，母語にない場合は感受性が低下する。新生児のピッチ弁別能力は一般的な聴覚特性に基づく知覚特性であると考えられることから，その後に知覚処理における変容が生じると仮定することができる。実際フランス語や英語を母語とする乳児ではタイ語の声調（ピッチ変化）の弁別能力が生後9か月までに低下する[42]。一方，ピッチアクセントを学習している日本人乳児では，4か月および10か月児の両方がピッチアクセントを弁別できると報告されている（**図2.4**）[43]。この結果から，ピッチアクセントの発達は図2.3における①の弁別能力が保持されるパターンに当てはまると言える。ところが，行動計測と併せて脳機能測定を実施すると，4か月児ではピッチアクセント変化

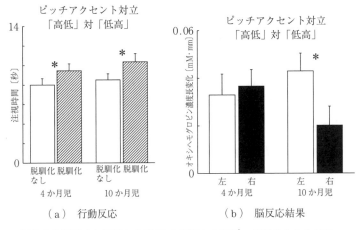

(a) 行動反応　　　　　　（b) 脳反応結果

日本人乳児は4か月児および10か月児ともにピッチアクセントパターンを弁別することが可能であるが，行動反応では発達的変化は特段見られない（a）。ただし，10か月児はピッチアクセントパターン変化に対して左優位の反応を示す（b）。

図 2.4　日本人乳児のピッチアクセントに対する行動反応（a）と脳反応結果（b）（文献43）をもとに作成）

に対する左右の聴覚野付近の活動が同程度であったのに対して，10か月児では左の反応が有意に大きく（図2.4）言語的な処理を反映したような脳反応が観察され，ピッチアクセントに対する発達的変化は脳機能面から明らかにされている。なお，ピッチアクセントや声調を母語に持つ成人はそれらを左優位に処理しており，同様の脳処理機構が生後1年ほどで確立される可能性が考えられる。

　2歳以降のピッチアクセント知覚発達に関して，語彙処理との関連で明らかにされつつある。日本語を母語とする2歳児では既知語のアクセントパターンが正しく発話された場合（例：頭高の「ねこ」）と誤った場合（例：尾高の「ねこ」）では注視行動に差異が生じる。すなわち，2歳児は既知語の聴取においてピッチアクセント情報の逸脱に感受性を有していることが示唆される。しかし，新奇の語を学習する際に，単語ラベルを弁別する音の要素として特定のアクセントパターンが用いられるかどうかを調べた研究では，2歳児ではアク

セントパターンの違いをラベルの違いに適用せず，3歳8か月以降から適用が可能となり，5歳児までその能力が向上したことが報告されている[44]。また，「雨」と「飴」の同定課題において，4〜5歳児でも同定率が60％を下回ったとの報告もあり[39]，弁別や語彙ラベルとしての使用は可能になりつつあるものの，ピッチアクセント知覚が成人と同様のレベルにまで到達するのは幼児期以降になると考えられる。

〔2〕 特殊拍（リズム構造）発達

日本語のモーラは自立拍（自立モーラとも言われる）と特殊拍に分類される。長母音や二重母音の第2要素，撥音，促音の四つが特殊拍に含まれるが，日本人乳児はこの特殊拍も音声分節の単位となること，および，語彙識別に寄与することを学習する必要がある。ただし，生後しばらくは特殊拍に対する感度は低いようである。例えば，フランス人新生児は日本語の単語を用いた音節数の変化を弁別できるが（例えば，「とき」対「とがき」），音節数が同じでモーラ数が異なる単語対（例えば，「いが，ばく，かど」対「いんが，バック，カード」）は弁別できない[45]。なお，新生児は音声知覚の単位として音節を用いていることが知られており，モーラが音節の下位に位置付けられることも考慮すると，日本語獲得の中でモーラへの意識や特殊拍の知覚が徐々に発達すると考えられる。ここから日本人乳児の特殊拍獲得を種類別に見ていく。

〔3〕 長母音の発達

日本語では「おじーさん」と「おじさん」のように母音の長さの違いで語彙を弁別する場合があり，長短母音の違いを音韻の違いと解釈することもある。日本語の長短母音は質的な違い（母音や子音を識別するフォルマント周波数や雑音成分の周波数特性）を含まず，長さという量的な変化でのみ区別される特徴を持つ。例えば，英語の /I/ vs. /i/，/ε/ vs. /e/ は持続時間が異なるが質的な違いも含まれ，弁別は質的な変化を手がかりとしてなされる。

発達初期に特殊拍への感受性が低いことを反映するかのように，長短母音の弁別可能時期は生後10か月頃[46),47)]であり，ほかの音韻と比べて発達が遅い。例えば，無意味単語対「まな /mana/」と「まーな /ma:na/」を用いた弁別

実験では，9.5か月児で弁別が可能となっている[47]。この結果は，長短母音の知覚発達が成長に伴い向上するパターンで進行することを示す。長短母音対立の弁別が比較的難しい理由はつぎの〔4〕で述べる。

なお，長短母音対立を刺激として用いた脳機能測定実験研究を見ると，1歳を過ぎてから左優位の反応が観察されたとの報告[48]があり，この頃から長短母音が言語回路で処理されるようである。長短母音に対しては，日本語を学習することで，①生後10か月頃に弁別が可能となる，②1歳を過ぎて左優位に処理される，の2段階で知覚機構の変容が生じる可能性が考えられる。

〔4〕 **促音の発達**

促音は，日本語の平仮名では小さい「っ」に相当する。後続する子音が閉鎖音であれば音響信号がなくなる（例：「お<u>っ</u>と（夫）」）が，日本語ではこの空白部分も1モーラとして数えるという特殊性があり，促音は特殊拍の中でも非日本語母語話者や日本のこどもにとって最も習得が難しいとされる。日本語の促音／非促音対立を識別する手がかりは，「っ」に相当する部分の持続時間の長短となり（**図2.5**），この対立も長短母音と同様量的な対比となる。促音／非促音対立の弁別能力の発達に関して，無意味単語対「ぱた／pata／」と「ぱった／patta／」の弁別が9.5か月児で可能となるとの報告[49]があり，長短母音弁別の発達と同時期である。

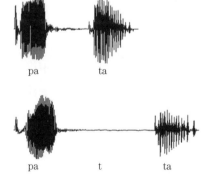

文献49)で用いられた促音／非促音刺激の音声波形を示す。促音を含む刺激（／patta／下）の空白時間が非促音刺激（／pata／上）より長くなっているのがわかる。

図2.5 促音／非促音の刺激例

促音／非促音対立の弁別が可能となる時期も比較的遅いが，長短母音と同じ理由が考えられる[49]。一つは，持続時間の感受性が生後10か月で変化することである。乳児の時間変化の認知能力に関して，6か月児は1：2の時間変化には気付くが（例：0.5対1秒），2：3には気付かず（例：1対1.5秒），10か月児になると2：3の変化にも気付くようになる。先行研究[47],[49]の刺激を見ると，促音（空白）部の長さおよび母音長の差の比率は1対2となっており10か月以前でも弁別できそうだが，実際は弁別ができていない。そこで，新生児の音声知覚単位が音節であることを考慮し特殊拍を含む第1音節で長さを比べると，長短母音・促音／非促音刺激対立ともに1対2の比率より差が小さくなっており，月齢が低い乳児にとって弁別が困難となる値であった。よって，生後10か月で時間認知の精度が高まり音節単位で長さの違いが識別できるようになったと考えられる。あるいは，モーラ単位での切り出しが可能となり，促音の空白部あるいは母音の長さのみの比較が可能となったのかもしれない。もう一つの弁別が難しい理由として，出現頻度の偏りが挙げられ（日本語では阻害音[†]のうち7％のみが促音），促音に対する確固たる音韻カテゴリの形成が進まず，弁別が困難となっているのかもしれない。これは長母音にも該当する。なお，生後1年ほどで，促音と非促音の音韻カテゴリが形成されていることが示唆されている[50]。

〔5〕 撥音，二重母音の発達

撥音は平仮名で書くと「ん」で表記されるが，後続する音韻環境により**異音**(allophone) が多い特徴を持つ（[n], [m], [ŋ] などがあるが，音韻表記では同じ /N/ で表記される）。撥音を含む無意味単語対「まな /mana/」と「まんな /maNna/」を用いた研究[51]において，日本人乳児の生後4か月齢で弁別が可能であったことが報告されている。この刺激対は [n] 部の長さによる量

---

† 阻害音とは，摩擦音，破裂音，および破擦音の総称である。これらの音は声道のいずれかにおいて閉鎖や狭めを作り，その後の開放や呼気流を乱すことにより生成される[1]。日本語において促音化するのは通常無声音であるが，外来語の発話においては有声音の促音化も生じるとされる（例：ベッド）。

的変化となるため，同種の長短母音や促音/非促音対立と比べて早く弁別できるのは驚きである。その理由は不明だが，鼻音知覚に弁別を促す特異性があるのかもしれない。

二重母音は，異種の母音が遷移する一つの母音である。長母音，あるいは異なる母音を連続で発話したものとは異なることに注意したい。二重母音は母音の遷移があるため，単母音と比較し長さだけでなく音響的なスペクトル変動が大きく，単母音と二重母音対立の弁別は特殊拍の中でも比較的容易であると考えられる。実際，無意味単語対「まな/mana/」と「まいな/maina/」を用いた実験[51]により，生後5.5か月で弁別可能であったことが報告されている。

これまで乳児期から1歳代までの特殊拍に対する知覚発達を見てきたが，幼児を対象とした特殊拍知覚研究として，伊藤と辰巳 (1997)[52]の研究が有名である。この研究では，絵カード（例えば「りんご」の絵）を提示した後，聴覚提示された特殊拍省略語（例えば「りんご」の「ん」を省略した「りご」）が絵カードを表す語として「おかしい」かどうかを3～6歳の幼児に判断させている。その結果，「おかしい」と判断できる幼児は3歳では2割に満たず，4歳で4割を下回り，5歳で6～7割，6歳で8～9割に達し，特殊拍が省略されていることの自覚が4歳から5歳にかけて発達するという。また，構音やアクセントの誤りに対する気付きに関しても同様の時期に発達することから，メタ言語意識の発達が5歳くらいで発達し，このことが幼児期の言語体系の完成に結び付くと考えられる。

〔6〕 日本語の音韻配列規則とその知覚発達

各言語は特有の音韻を持つだけでなくその配列にも独自の規則を持つため，自分の母語の規則に沿って外国語の音声を知覚・発音する場合がある。例えば，日本語の配列規則では，「ん」を除き子音（C）の後には母音（V）が後続するため英語母語話者が発話した"milk"を日本人は「ミルク（mi-ru-ku）」と母音があるかのように聞くことがある。この現象は**母音挿入**（vowel epenthesis）と呼ばれ，すでに日本語を獲得した成人において顕著に見られる。これは「日本語耳」とも呼ばれるが，この知覚様式がいつ獲得されるのかに関

して，Mazukaら[53]は，/abna/などの子音連続を含む（VCCV型）単語と，/abuna/のように日本語の音韻配列規則に沿う（VCVCV型）単語を用いて調べたところ，日本人の14か月児がVCCV型の単語とVCVCV型の単語を同じものとして聞いているとの結果が得られた。すなわち，CCの間にVを入れて知覚する母音挿入が生じていたことが強く示唆され，日本語の音韻体系を学習したことで外国語の音声も日本語のフィルタを通して聞くようになったと考えられる。

母音挿入と対照的に，無声子音に挟まれた，または無声子音とポーズに挟まれた狭母音（u, i）はしばしば無声化する（例えば「ma-su-ku（マスク）」を「mask」と発音する）。この**母音の無声化**（vowel devoicing）について検討した日米2か国の言語間比較研究から，日本語母語乳児は12か月齢以降18か月齢までの間に母音の無声化に対する感受性を獲得している可能性が指摘されている[54]。

〔7〕 幼児語，育児語とオノマトペ

IDSは韻律を強調した発話だが，IDSにおける語彙面の特徴として幼児語・育児語，特に「まんま」，「くっく」，「ぶーぶ」など，特殊拍を含む3～4モーラ語が多く出現する。なお，3モーラ語で真ん中に特殊拍が置かれる語は，IDSでその出現頻度が高くADSでは少ない。日本人乳児を対象とした研究で8～10か月児になるとこのパターンの単語を選好し，また切り出しもできるとの報告[55]がある。この時期は長短母音弁別や促音/非促音弁別ができるようになる時期に近いことから，このような育児語の型への知覚・選好が特殊拍の獲得に寄与している可能性がある。もしそうであれば，この研究結果はIDSの聴取により言語発達が促進されることを示す証拠の一つとなる。

また，幼児語・育児語においてオノマトペが多く用いられる。例えば，「あ，わんわんいたね」や「太鼓トントンしようね」といった具合に，幼児語の中でもとりわけオノマトペを用いることが多く，逆に「犬がいたね」や「太鼓をたたこうね」といった発話のほうが不自然に感じる場合もある。幼児語に含まれるオノマトペは音を反復し発音しやすい特徴があり，また，音と意味が結び付

きやすい。音と意味の結び付きは音象徴と呼ばれ，例えば /b/ は「張力のある表面」や「重い・大きい」，/k/ は「固い表面・細かい」，/a/ は「広がり」，/i/ は「直線」を表すという[56]。オノマトペは実際の音を真似した擬音語，あるいは感覚的な印象やイメージを音声化した擬態語であるため，オノマトペを含む IDS を高い頻度で聴取することで，日本の乳児はオノマトペを通した語彙学習が進むと考えられる。オノマトペと言語発達の関係について1歳前後での脳研究[57]はあるが，研究例が比較的少なく今後の研究増加が望まれる。

　以上のように本節では，一般的な音声知覚発達，および日本語に特徴的な音声知覚発達を概観した。ここでは，胎児期・新生児期からおおよそ1歳半頃までを対象とした研究に基づいた発達過程をおもに述べてきたが，この時期のこどもが研究対象としては最も難しい。お腹にいる胎児，ほとんど寝ている新生児，不満があると泣いてアピールする乳児。これらの最も測定が難しい研究協

コラム8　バイリンガル研究

　比較的最近のバイリンガル研究では，言語そのものの獲得や処理に加えて非言語的な認知機能に関する研究が増加しつつあり，乳幼児研究でもその傾向が見られる[58]。バイリンガルでは，ある事物に対して二つの言語のラベルを割り当てることが可能な場合，発話においてある一方の言語におけるラベルを使用しもう一方は抑制する必要がある。このような抑制に関する認知機能として実行機能があり，目標達成に必要な認知機能の柔軟性を含む。この実行機能に関して，バイリンガル児とモノリンガル児の比較研究が進んできている。大局的には，干渉する刺激を無視して必要な刺激を優先するといった抑制が必要な課題において比較的バイリンガル児のほうが得意なようであるが，課題あるいは調べようとする認知機能の種類によって，成績に差がない場合もある。また，実行機能と社会性の観点から，他者の心の推測に関する心の理論課題を用いた研究も散見されるが確固たる結論は出ていないようである。なお，興味深いことに有意味発話前の乳児バイリンガルを対象とした研究もあり，認知的柔軟性や法則性の理解といった認知機能に優れているとの報告もある[59],[60]。今後，バイリンガルと認知機能，および社会性の関係をより低月齢児から明らかにしようとする研究が進むと考えられる。

力者たちから有用なデータを頂戴するために，1970年頃からさまざまな研究手法が生み出され，最も謎に包まれた発達初期の言語発達における音声知覚側面が明らかにされつつある。

さらに，1.2節や本章の随所で触れたように，最近では脳機能測定を乳幼児に当たり前に適用する時代になってきており，乳幼児の言語発達が脳機能側面から明らかになりつつある。例えば，NIRS（1.2節参照）を用いた研究[38]により，音韻変化に対する脳反応が生後半年以降で左優位性を示すように変化することや，右半球の側頭頭頂領域が音声の抑揚情報処理に関連していること[61]が報告されている。このような生後1年内における脳機能変化が，音声発達における処理機構の変容を反映しているとすれば非常に興味深い。今後の研究発展が期待される領域である。

音声知覚発達の研究対象はこれまでは欧米諸語が多かったが，最近は日本語に関する研究が増えていることもあり，本節では日本語の音声知覚発達に紙幅を割いた。ピッチや時間変化を語彙識別に用いる，長短母音や促音/非促音対立の獲得が比較的難しい，日本語の音韻配列規則に沿う「日本語耳」の獲得，そして独特の幼児語やオノマトペが日本語獲得に寄与している可能性など，日本語の発達研究はその結果自体興味深いものであるし，ほかの言語との比較により，言語に普遍的な発達過程と各言語に特異的な発達過程を明示するのに大いに寄与すると考えられる。実際，メタ解析研究も盛んになってきており，日本語を題材とした発達研究の価値が高まっている。

2.2 乳児期の生成発達

乳児の声は，生まれて数年のうちに変化し，やがては大人が理解できる「言語」となっていく。この発達過程は，神経学的・解剖学的な発達と養育環境における音声言語経験によって形作られていく。では，日々こどもが発する声の中に，こうした変化はどのように現れているのであろうか。

本節ではまず，声帯や声道の物理的な拡張とそれに伴うフォルマント周波数

や f_0 の変化を概観する。さらに環境から入力される母語が乳児期の音声に与える影響を，特に「ことばの前のことば」とも言える喃語発達の側面に焦点を当てて解説する。さらに，日本語を母語とする乳児について明らかになっている知見を紹介し，生成発達に影響を与える種々の要因について考察を加える。

2.2.1　声帯，声道の発達に伴う音響変化

　乳幼児の声道は，成人の声道を単に線形に縮小したものではなく，その形状に独自の特徴を持つ。また，その発達過程も一様に進むのではなく，年齢や部位によって成長速度に大きな違いが存在する。音声の音響特性は声道形状や声帯の大きさによって異なるため，声道や声帯の発達に伴い，乳幼児から成人に成長する過程で変化する。

　生まれたばかりの新生児の声道は，成人よりもむしろ人間以外の霊長類に近い構造を持っていることが知られている[62]（**図 2.6**）。なかでも大きな特徴として，声道が短いことが挙げられる。生まれた当初 8 cm 程度であった声道は，最終的には 17 cm 程度まで伸長する。また，新生児では喉頭が高い位置にあり，口腔と咽頭腔がなだらかな曲線でつながっていることも特徴的である。舌の付け根にある舌骨やその下にある喉頭の位置が高いことによって，嚥下の際

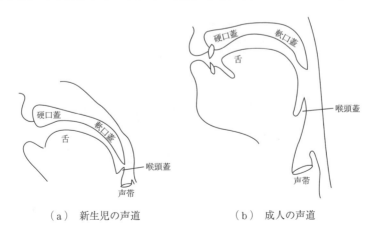

図 2.6　新生児と成人の声道

に気道に飲食物が混入しないよう喉頭に蓋をする機能を持つ喉頭蓋が軟口蓋に接している。この構造によって，気道とミルクの通る経路が立体交差し，乳児は鼻で呼吸をしながら誤嚥することなくミルクを飲むことができると言われている。その後の成長過程で舌骨と喉頭の位置が下がり，口腔と咽頭腔が直角に配置され，成人の持つ長い咽頭腔が確保される。結果として，当初は口腔の約半分程度の長さしかなかった咽頭腔が，成人では口腔とほぼ同等の長さにまで伸長する[63]。

声道発達に関しては，VorperianとKentを中心とするグループが，大規模なデータセットを使った詳細な分析結果を報告している[64],[65]。例えば，2009年の報告[65]では，新生児から19歳までの605人のMRI（磁気共鳴画像法，1.2節参照）および**コンピュータ断層撮影**（CT；computed tomography）の画像をもとに，年齢とともに，声道を構成する各部位（**図 2.7**）の長さ変化を検討した。実験の結果，声道は直線的に成長するわけではなく，目覚ましい伸長が起こる時期が限定して存在することが示唆された。とりわけ，どの部位においても生後数年の間に急激な成長が起こり，声道長は最初の2年間で2cm程度も伸長する。喉頭や舌骨もまた，この時期に大きく降下し咽頭が伸長する[63],[64]。生後数年間の声道の急激な伸長を，水平方向の成分，すなわち口腔を代表とし

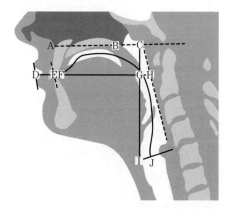

図 2.7 文献 64)，65) で用いられている部位
（記号との対応は文献を参照）

2.2 乳児期の生成発達

た横方向の伸長と,垂直方向の成分,すなわち咽頭腔を代表とした縦方向の伸長で比較すると,水平成分は垂直成分よりも早く成人のサイズに近づくことが指摘されている[65]。すなわち,声道を構成する部位によって成長速度は異なることが示唆される。

声道の共鳴周波数であるフォルマント周波数は,声道の狭めの位置や舌の高さ,さらに声道長と関係するため,上述した解剖学的な声道の発達の影響が顕著に反映される(コラム6参照)。これまで,音声発達を検討する目的でこどものフォルマント周波数の分析を行う研究が行われてきた。その一例として,**図2.8**に文献66)の2人の乳幼児が発話した5母音のF_1を月齢ごとに平均した結果を示す。図から見てとれるとおり,月齢とともにしだいにF_1は低くなっていく。フォルマント周波数の値は発話される音響空間の大きさにも依存するため一概には言えないが,声道長が月齢とともに長くなることがフォルマント周波数の低下の一因であると考えられる(日本語母音の観点から見たフォルマント周波数の変化については,2.3節を参照)。

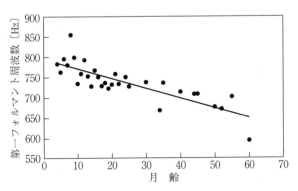

図2.8 加齢に伴う第1フォルマント周波数の変化
(文献66)をもとに作成)

加齢に伴う声帯の伸長とf_0の変化との関係については,こどもの声帯の計測が難しいことから直接的なデータがほとんどない。ここでは,検死解剖の際に計測した声帯の長さ[67]とNTT乳幼児音声データベース[68]の分析により得られたf_0データ[69]を用いて論じる。まず,**図2.9**に0〜60か月齢に対する声帯

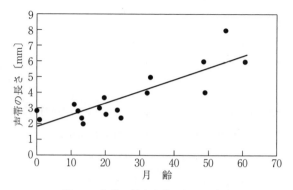

図 2.9　加齢に伴う声帯の長さの変化
（文献 67）をもとに作成）

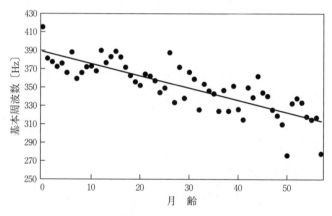

図 2.10　加齢に伴う基本周波数（f_0）の変化
（文献 69）をもとに作成）

の長さを示す[67]。声帯の長さは成人男性で約 15 mm，成人女性で約 10 mm であるのに対して，新生児ではわずか 2 〜 3 mm ほどであり，このようにか細い声帯から力強い泣き声が出ることは非常に興味深い。この図から，声帯は成長とともに長くなり，月齢と声帯の長さはほぼ線形の関係にあることが読み取れる。図 2.10 には，3 人の乳幼児の f_0 を月齢ごとに平均した結果を示す[69]。この図から，f_0 の値は月齢が増すとともに低くなることがわかる。つまり，月齢に伴って声帯は長くなり，f_0 は低くなっていく。声帯の長さや f_0 は声質や情動

2.2.2 乳児期の音声生成発達

生後1年程度の生成発達は，発声の音響的特徴から，いくつかの段階に分かれている。ここでは，Oller[70]の提案する4段階を取り上げてみよう（**表2.1**）。生まれたばかりの新生児期から2か月頃までにかけての発声は，おもに**母音様音声**（quasivowel）で特徴付けられる。この音声は，声道をリラックスした形状のまま声帯を振動させて発声されるという点で非常に母音的であるが，唇や舌を使った調音動作は行われない。その後，生後4か月頃までに起きる原始的調音の段階になると，乳児はグ（ク）ーイングと呼ばれる音声を出すようになる。調音できる音は限られているものの，それでも声道の形状により音を変化させるようになり，特に舌の奥面が喉に近接した形で発せられる（グーといった声に聞こえる）音が多い。発声は一人でいるときにも，養育者とコミュニケーションをしている場面でも見られる。また，乳児の快の状態にいるときに多く発せられるとされる。

表2.1 乳児期の生成発達段階 （文献70）のtable1.3を改変）

	開始月齢	獲得される音声	発声の特徴
phonation 発声段階	0〜2	quasivowels （母音様音声）	normal phonation （声出し）
primitive articulation 原始的調音段階	1〜4	gooing （グ（ク）ーイング）	articulation （調音）
expansion 拡張段階	3〜8	marginal babbling （過渡期喃語） full vowels （完全母音） raspberries （ブルブル音） squealing （キーキー声）	full resonance （完全な共鳴）
canonical 基準段階	5〜10	canonical babbling （基準喃語）	rapid formant transition （急速なフォルマント遷移）

生後半年前後になると拡張段階に入り、生成する音声の種類が増え、声道を柔軟に変化させて明瞭な母音が出せるようになる。この時期には唇を震わせる音を含めて、子音に類似する音も含め盛んに多様な音声を発し、声で自在に遊んでいるかのように聞こえる。子音的な調音から母音へと変化する連続した声も出すが、子音から母音に遷移する速度が遅いため、完全な音節構造にはならない。この時期の発声は「**過渡期喃語（marginal babbling）**」と呼ばれている。

この段階の後、適切なタイミングで調音器官をコントロールできるようになると、子音から母音へと急速なフォルマント遷移を伴う音節構造がおおむね10か月頃までに出現する。この音節構造を伴った喃語を「**基準喃語（canonical babbling）**」と呼び、乳児期の音声生成発達の大きなマイルストーンとなる。音節構造があることで、発声は言語的な様相を帯び、あたかも乳児がおしゃべりをしているように聞こえる。

以前は、基準喃語期の初期には"ma-ma-ma"のように一つの音節を反復することが多く（**反復喃語**；reduplicated babbling）、その後、しだいに単純な反復では記述できない多様な母子音の組合せが現れるようになり（**非反復喃語**；variegated babbling）、複雑な音節と韻律を持つ長い発声に変化していくと言われてきた[70]。しかし、その後の研究では、非反復喃語は喃語生成の初期から出現するという結果が散見される[71]。最近の研究では、ある音節（例：ma）の発声が開始された時期を始点とし、後続する音節がどのように変化していくのかを時系列に沿って分析している[72]。その結果、同じ音節が単に繰り返される（例：mama）頻度は起点から20〜30週間という比較的長い時間をかけてゆっくりと減っていき、後続音節のバリエーション（例：/mapa//mana//magu/）がしだいに増えていくという現象が報告されている。非反復喃語は、この後続音節のバリエーションの増加によって説明できる可能性が考えられる。さらにこの研究において観察された音節反復の減少傾向は、乳児の発声の半分を有意味なことばが占めるようになった時点を終点として解析した場合は出現せず、特定の音節の発声開始を始点として音節ごとに個別に解析することで初めて出現した。このことは、データの分析の仕方によって見えてくるものが異なるこ

とを示している。いずれにせよ反復喃語と非反復喃語を単純な2ステップの発達過程としてとらえることは，最近では少なくなっているようだ。

古い言語発達観では，基準喃語には母語に存在しないものも含めたありとあらゆる種類の音が含まれていて，初語以降の語彙獲得における調音発達とは互いに独立した不連続なものであるという考えが主流であった[73]。しかし，いまでは，喃語発達は先述したいくつかのステージを経てしだいに言語音声に近づいていくことや，基準喃語と初語に現れる音声要素が互いに関連している[74]，基準喃語が言語と同じく大脳の左半球のコントロールを受けている[75]，喃語の開始時期が初語の発声時期を予測する[76]といった知見から総合的に考えて，基準喃語とその後の言語獲得は連続的な発達過程だととらえる立場が主流になっている。こうした流れを受けて，乳児の音声生成発達の研究は，基準喃語期を含む音声生成発達における言語的な要素の探索に焦点を当てたものが多い。なかでも，母語の特徴的な音声要素がいつ，どのように出現するのか，という観点からの言語比較研究が数多く行われている。

〔1〕 **生成発達における母語の影響**

2.2.1項で示したように，乳児の調音器官には言語にかかわらず共通の解剖学的な制約と調音運動制御の未熟さがあることを考えれば，各音韻の調音獲得の順序には一定の規則性があることになる。実際，乳児の基準喃語には言語普遍的に破裂音や半母音が多いこと，後舌母音や狭母音が少ないことは異なる言語間で共通して観察される[77]。また，音節における子音と母音の組合せにも一定の普遍的な規則がある。MacNeilageらのグループは日本語を含む複数の言語を母語とする乳児の基準喃語を分析した。その結果，唇子音（例：/b/）と中舌母音（例：/a/），舌頂子音（例：/d/）と前舌母音（例：/e/），舌背子音（例：/g/）と後舌母音（例：/o/）の組合せが言語普遍的に高頻度で出現することを報告している[78]。このことは，CV音節の喃語はランダムな舌の運動により生成されるのではなく，顎を規則的に上下に開閉することにより生成されることを示唆している。MacNeilageはこの発見に基づき，喃語を顎の運動により説明する **frame-then-content**（**F/C**）**理論**を提案している[79]。これ

は興味深い理論ではあるものの，その妥当性については議論の余地がある。例えば，乳幼児は顎だけではなく，舌や唇なども自発的に動かすことにより喃語を生成しているという予測をベースに，Nam らは，声道形状に基づく音声生成モデルを用いて F/C 理論の検証を行った。シミュレーション実験の結果，F/C 理論が指摘する顎の動きだけでは乳幼児の喃語の出現頻度を説明できないが，顎に加えて舌や唇の動きを追加することによって説明できることを指摘している[80]。

乳児期の調音や音韻獲得に言語普遍的な側面がある一方で，2.1 節で紹介されているとおり乳児の母語音韻への知覚感受性が生後半年頃から発達することを考えても，生成発達において母語の特徴が反映された言語個別の過程が存在してもおかしくない。乳児の発する喃語はすでに環境にある母語音声の影響を受けていて，しだいにことばへと移りゆくという予測は「**バブリングドリフト (babbling drift)」仮説**と呼ばれ[81]，この真偽については，長らく論争されてきた。Boysson-Bardies らは，バブリングドリフトを支持する根拠となる報告を複数行っている。例えば母音については，フランス語，英語，広東語，アラビア語を母語とする 10 か月齢の乳児の母音フォルマントの特徴が，それぞれの母語と共通することを示した[82]。子音についても，10 か月齢前後から 25 単語出現期までの発声を調音位置と様式によって分類し，フランス語に比べ，日本語やスウェーデン語を母語とする乳児では一貫して両唇で調音される子音の出現頻度が少ないことを報告している[83]。

Whalen らも，フランス語と英語を母語とする乳児の発する子音の VOT 値を解析し，VOT がマイナス値となる，つまり調音のための閉鎖の開放に先行して声帯振動が始まるパターン（prevoicing）の出現率が，フランス語を母語とする乳児でわずかに高く，母語に一致する特徴であることを示した[84]。しかし，子音のバブリングドリフトについては，懐疑的な研究結果も多い。英語の乳児と韓国語の乳児を比較した研究では，前舌母音の調音位置の高低において生成頻度に違いが見られ，英語と韓国語の音声特徴に一致している一方で，子音の出現頻度に差がなかったという報告がある[85]。

2.2 乳児期の生成発達

韻律生成においても，バブリングドリフト説を支持する複数の知見がある。例えば，オランダ語を母語とする乳児の二音節発声の基本周波数と強さを音響分析により比較した研究では，喃語の段階から母語であるオランダ語と共通する強弱・高低の韻律パターンが出現することが示され，単語を発話する段階になると母語と一致する韻律パターンがより顕著に現れた[86]。基準喃語期以降の韻律的要素の母語特化についても言語間比較が行われ，ピッチパターンや音節の持続時間の面で母語の韻律特徴と一致する調音制御が行われている証拠は複数の研究が示唆している[87],[88]。しかし，じつはそれよりもさらに早い新生児期の音声生成において，すでに母語の韻律特徴が出現することを指摘する研究もある。Mampe らは，フランス語とドイツ語という異なる言語を母語とする新生児の泣き声のピッチと音圧を分析した。その結果，ドイツ語を母語とする乳児の泣きは出だしが高く強い音から後半は低く弱い音へと変化するパターンが優勢なのに対し，フランス語を母語とする乳児の泣きは反対に後半が高く強い音のパターンを持つことが多く，それぞれの母語のリズム特徴に一致することを指摘し[89]，同様の現象を中国語とドイツ語を母語とする新生児でも報告している[90]（ただし，中国語と英語の比較では泣き声に差分はなく，解析方法によるバイアスの可能性も指摘されている[91]）。

上述した研究は，発声を音響解析して VOT やフォルマント周波数を導く，または音韻ラベリングを付けて，調音方法や分布を比較検討したものである。一方で，成人の判定者に乳児の発声を提示して母語を推定させる方法で，喃語の中の母語特徴を探索する研究もある。例えば，英語を母語とする乳児，中国語を母語とする乳児のそれぞれの喃語発声について，「中国語か英語か」を判定させると，明確な子音と母音による完全な音節構造を持つ発声であれば，発話した乳児の母語が判断できることが示された[92]。スウェーデン語および英語を母語とする乳児の発声を比較した同様の聴取実験でも，成人判定者はやはり，母語の影響を聞き取ることができた[93]。

こうした結果を総合すると，少なくとも音節構造がしっかりした基準喃語を発するようになる生後 10 か月頃までには，母語の音声構造が乳児の発声に現

れはじめるようだ．すなわち，バブリングドリフト説は完全ではないものの，それほど早い時期ではないにせよ，ある程度は実証されていると考えられる．母語の影響は，音韻的な特徴よりも韻律パターンにおいて，早い時期から現れる可能性が高い．時間的にゆっくりとした変化を持つ韻律に比べ，調音器官の運動を正確に素早く制御する必要がある個々の音韻，なかでも子音は，幼いこどもにとって生成の難易度が高いことは十分に考えられ，このことが影響しているのかもしれない．一方で，現在用いられている音響分析や調音位置・様式でのカテゴリ分け，成人話者による母語判定実験では検知できない音声特徴において，早い時期からなんらかの母語的要素が現れている可能性も否定できな

コラム9

喃語なのか？単語なのか？

バブリングドリフト説の検証が難しい背景にはいくつかの理由があるが，その一つは，「喃語」と呼ばれる乳児の発声の中に，「単語」が混在しているはずだ，という点にある．音声生成発達においては，生後半年前後から喃語が，1歳頃までには初めての意味のある言葉（初語）が出現する．また，知覚面でも，生後3か月という早期から単語学習の素地が芽生え，10か月頃には音形と事物の連合を学習できるようになる[94),95)]．しかし，単語がはじめから完全な形で生成できるわけではなく，ある一定の期間は単語を意図した不完全な発声が喃語様の発声の中に埋め込まれていることが考えられる．だとすれば，一見（一聞？）喃語に聞こえる発声の中でも，ある特定の単語を意図した発声と，意図しない発声が混在しているはずである．したがって，喃語に母語の音声的特徴が見られるという知見は，特定の単語を意図しながらも発音が不完全なものに限定されて観察されるのではないか，という推理が成り立つ．このような視点から，乳児の発声を一律に解析するのではなく，「単語らしいか否か」や「直前の大人の発声の模倣か否か」を聴取判断によりカテゴリ分けしてから解析している研究は多い（例えば，文献93）．

単語の推定には，前述した成人の直感的な判定のほかに，その音節が決まったコンテキストの中で繰り返し出現することや，意味する単語と音節が似通っていることなどのいくつかの基準を満たすことで，単語を判定する手法も提案されている[96)]．ただし，乳児が単語を意図して発声したのかどうかを確実に判定することは，当然のことながら不可能である．

い。さらに，多くの研究において，各乳児の発声の音響特徴や聴取する判定者の回答に大きな個人差が存在することが繰り返し指摘されている。今後の研究には，個人差を乗り越えるために，より多くのこどもからより多くのデータを得ること，既存の方法では検討されてこなかった特徴をとらえられる新しい解析方法が求められている。

〔2〕 日本語音声生成の初期発達

多言語比較から見たときの日本語に特化した初期の生成発達について，最も古い言語間比較として中島による日英語の比較が挙げられる[97]。1960 年代に行われたこの研究では，定量的比較こそしていないものの，定性的に乳児の発する音韻を記述し，1 歳前後になるまで，日英間での音韻面での差異はないと報告した。その理由として，英語を母語とする乳児の家庭に日本人の使用人がいたからかもしれないと論じていることから，言語間で差異がないという結果は想定していなかったのかもしれない。音韻面では，前述した日本語を含む 4 か国語の比較において，多くの言語差が見いだされている[83]。例えば，日本人乳児の喃語はフランス人乳児に比較して，両唇や軟口蓋で調音される子音の出現頻度が少なく，一方で破裂音が多いことが報告されている。より高い年齢の幼児での言語間研究では，2 歳の時点の単語発声において，母音[98]や摩擦音[99]の生成に日本語の音響特徴が観察されるという報告がある。

韻律の面では Hallé らによる日仏の比較研究があり，25 単語を発話できる時点での基準喃語や初語の二音節発声において，日本語母語乳児ではピッチ下降が多く最終音節が伸長しないのに対し，フランス語母語乳児ではピッチ上昇が多く最終音節が伸長することを報告している[100]。Yamashita らは，日英を母語とする 15，20，24 か月齢の乳児の発声の音響構造を分析した[101]。その結果，時間的周期性が発達に伴って短くなっていくこと，特に日本語を母語とする乳児では，0.4 秒以下の時間周期性を持つ発声が増加することを明らかにし，日本語リズム構造との関連を考察している。

2.1 節でも紹介されているとおり，乳児は言語リズムの違いに対して高い感受性を持つ[102]。例えば英語を母語とする乳児は，生まれてわずか数日でスト

レスリズムを持つ英語とモーラリズムを持つ日本語を区別できる。一方で，同じストレスリズム言語である英語とオランダ語は区別できないことから，新生児にとっては言語リズムの違いこそが自分の環境にあることばを判断する手がかりとなっていると考えられる。言語リズムの特徴は，① 子音部の持続時間の標準偏差，すなわちゆらぎ（ΔC）と，② 発話時間長全体に占める母音の割合（% V）である程度とらえることができるという研究結果がある[103]。例えば，ストレスリズム言語である英語の場合は強勢さえ規則的に現れればよく，音節の長さはある程度自由に伸び縮みするため，/strict school/のように，子音がいくつも連なる子音連続を作ることができる。結果として，子音だけで構成される部分の長さはその時々で大きくゆらぐ。一方，モーラリズムを持つ日本語では子音連続が起きにくいため，子音だけで構成される部分の長さはほとんどゆらがず，一定していることが多い。また，子音がいくつも連続しないという特性のために，モーラリズム言語では相対的に発話全体に占める母音の割合が多くなる。シラブルリズムの言語の場合，音節の長さはある程度決まっているが，それでもモーラリズム言語よりは頻繁に子音連続が起きるため，子音の長さのゆらぎ，母音の割合ともにストレスリズム言語とモーラリズム言語の間に位置する。実際にこの二つのパラメータを使って，英語読み上げ文の音声

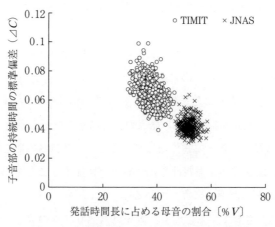

図 2.11　日英音声コーパスにおけるリズム類型

コーパスである TIMIT Acoustic-Phonetic Continuous Speech Corpus[104] の 462 人の話者データと，日本語による日本音響学会新聞記事読み上げ音声コーパス (JNAS)[105] の 306 人の話者データをプロットしてみると，きれいな二つのカテゴリに分かれることが示された（**図 2.11**）。

そこで，母語のリズムがいつ頃から現れるのかを調べる目的で，日本語で養育されている乳児の声を毎月収録した NTT 乳幼児音声データベース[68] を対象に，「子音部の持続時間の標準偏差で示されるゆらぎ（ΔC）」と「発話時間長

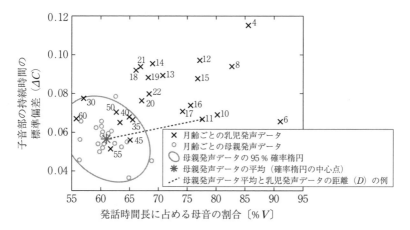

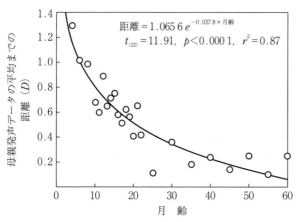

図 2.12 日本語のリズム獲得

全体に占める母音の割合（% V）」の発達変化を追ってみた[106]。

図 2.12 の上図において，×は添え字で示されている月齢ごとの乳児の発声データ，◯は月齢ごとの母親の発声データ，左下の楕円は母親の発声の 95 % 確率楕円を示している。×で示された乳児発声の値は成長とともに母親の発声の楕円に近づき，生後 25 か月以降になると楕円の中に内包される。図 2.12 の下図は楕円の中心点である母親の発声データの平均からの各月齢の乳児発声のデータの平均までの距離の月齢に伴う変化を示し，乳児の発声が，生後 4 か月から 2 歳ぐらいの間に指数関数的に母親の発声に近づいていくことがうかがえる。つまり，乳児はことばを話しはじめる前の段階から急速に自分の母語のリズム構造を獲得しはじめ，2 語文が話せるようになる 2 歳頃にはすでに日本語の言語リズムを獲得している可能性が示唆される。

2.2.3　生成発達に影響する要因

以下に，これまでに明らかになっている，乳児期の音声生成に影響を与える要因について見ていこう。

〔1〕 **養育者とのインタラクション**

こどもの音声生成の発達は，養育者とのインタラクションを抜きに考えることはできない。ことばによる会話が成立するようになるよりもずっと前，生後 2 か月より以前から，乳児は母親とターンテーキング（話者交代）し，声を使ったコミュニケーションをとることができる（コラム 13）。このようなコミュニケーションの場面で，母親は声の高さや音響的な質を乳児の発声や情動に合わせて調律している。一方で乳児の側も母親に合わせて声の高さを調整し，発声の質を変化させる[107],[108]。つまり，ランダムな乳児の発声に母親が一方的に声を合わせているのではなく，母子双方の発話調整によって声のやり取りが成り立っている。また，見つめ合いや手足の動き，表情などの非音声的なモダリティにおいても相補的にコミュニケーションをとっている。このような前言語的なコミュニケーションを「**原会話**（protoconversation）」と呼ぶ。生後 2 〜 3 か月頃は情動の発露に基づいたリズミックなやり取りを楽しむことが

原会話の中心にあるが,生後半年を過ぎる頃には,相手にも意図があり,コミュニケーションは互いの意図を通じ合わせるためのものだ,ということを乳児が理解しはじめる[109]。発達が進むにつれ,対象への注意を他者と分かち合い(共同注意),さらに,指差しのような行動を通して,他者の注意をコントロールして自分の意図を伝えることが可能となっていく。

一方で,養育者が乳児の意図をくみ,適切なタイミングで乳児に応答することで,養育者自身のコミュニケーションの意図を乳児に効果的に提示することになる。例えば,Goldsteinらは,遊び場面において養育者が乳児の発声が起きるタイミングで,近づいて微笑みかけ,体に触れる行動を行った場合と,乳児の発声と噛み合わないタイミングで働きかけを行う場合での乳児の音声生成を比較した。すると,タイミングに合わせた行動を母親がとった場合に,乳児の発声量,とりわけ言語に近い構造を持つ成熟した喃語発声が増えることを示した[110]。さらに,こどもにタイミングを合わせて養育者が音声で応答する場合に,大人の発した音声の特徴(音節構造を持つか否か)に応じて乳児の発声が変化することも報告されている[111]。大人の側も,音節構造や母音の共鳴の面でより言語に近い成熟した喃語に対してよく応答する[112]。こうした乳児と養育者双方の応答性は循環的に働き,喃語を含めた発声行動を促進し,発声内容の精緻化に寄与していると考えることができる。

〔2〕 聴覚障害,自閉症スペクトラム障害(ASD)

聴覚経験は,喃語やその後の言語発達に影響を与える(聴覚障害についての詳細は5.2節を参照)。聴覚障害を持つ乳児を対象にした喃語研究から,聴覚障害によって初期,特に生後8か月頃までの発声が大きく抑制されることはないようだ[113]。つまり,乳児が「声を発する」という行為自体は聴覚経験に大きく左右されず,ある程度,生物学的な基盤が存在することが想定される。一方で,聴覚障害のあるこどもの基準喃語の発現は定型発達児と比べて大幅に遅れるうえ,音声に占める喃語の割合が低く,発する音,特に子音のレパートリーが少ないといった,構造的な問題があることが知られている[70]。補聴器の装着時期と基準喃語の発声時期に強い相関が存在するという報告もあり[114],

喃語以降の音声発達は，他者の声を聴く経験や，自身の声を聴く聴覚フィードバックに大きく依存していると考えられている。

聴覚障害のある養育者によって手話で育てられている聴覚障害児は，**手指による喃語**（manual babbling）を行うことが知られている。手話は，手の形，動き，位置，向きのそれぞれが音韻として機能し，これらの音韻の組合せによって音節が形成される。Petitto らは乳児の手指による喃語を詳細に解析し，定型発達のこどもの基準喃語と同様に，10か月頃の聴覚障害児の手の動きに複雑な音節構造があることを確認した[115]。また，同じ手の動きを繰り返す，発達に伴い長く複雑な手の動きが増えていく，頻出する手の動きとその後に出現する語彙の間に類似性がある，といった基準喃語と類似した特徴が観察された。さらに，親が聴覚障害者であることにより，手話で育てられている健聴乳児の手の動きの周期は，1 Hz と 2.5 Hz の二つの周波数帯域に分かれることも報告している[116]。

この結果について Petitto らは，高周波の手の動きは音声言語で育てられている乳児と共通する一方で，1 Hz 付近のゆっくりとした手の動きは手話で養育されている乳児特有であり，手話のリズムや手指による喃語と似通っていると指摘している。すなわち，喃語は音声というモダリティに限定されたものではなく，特定の周期性に基づく音韻や音節構造を持つ言語的な入力を受けることによって発現すると考えることができる。また，音声発達と手の運動が関連していることを示す証拠として，基準喃語の発現に先立って，手をリズミカルに振る運動が盛んになることが明らかになっている[117]。パターン化されたリズミカルな運動は，基準喃語の発声に必要なリズミカルな調音運動と類似しているため，なんらかの共通の発達的基盤の存在がうかがえる。

聴覚障害以外にも，ダウン症候群やウィリアムズ症候群のような障害において，喃語の開始時期が遅れることが報告されている[70]。**自閉症スペクトラム障害**（ASD；autistic spectrum disorder，5.1節参照）のこどもは言語の発達に問題を抱えることが多いが，喃語発達にも遅れが見られるようだ。例えば，家庭で収録されたホームビデオを解析した研究からは，後に ASD と診断されたこ

どもたちは，定型発達のこどもと比べて基準喃語の発声開始の時期が遅く，発話頻度も少ないことが確認された[118]。ASDの場合は2歳以前の診断が難しいことが多いため，喃語の様態が診断に向けた一つの手がかりとなる可能性が指摘されている。一方で，言語的・非言語的な発達レベルと喃語発現の関連など，興味深い研究課題はまだ残されている。

〔3〕 個人差，性差

音声言語発達には性差が存在し，文化や言語背景にかかわらず，女児は男児に比べて若干発達が早いことが知られている（例えば，文献119））。より早い喃語期の音声生成においても，女児のほうが言語的な音声の発声頻度が高い，という報告が散見される（例えば，文献120））。こうした違いが生まれる理由は諸説あり，なかでも言語に関する脳内の処理過程に幼い頃から性差があることが大きな要因の一つとして考えられている。最近の研究では，5か月の時点での言語的な音声生成の頻度が，生後4週時の女性ホルモン（エストロゲン）濃度と強い正の相関があることが示された[121]。さらに，生後20週時の男性ホルモン（テストステロン）濃度とは強い負の相関があったことから，音声生成や言語獲得に性差が生まれる理由として，胎児期や周産期における性ホルモン濃度の男女差が，音声言語に関わる神経学的発達に影響を与えていることがうかがえる。

音声発達は，性差とともに個人差も大きいことが知られる。前述したように，生後1年の音声生成発達研究での課題は，生成される音韻や韻律タイプの個人差が大きいため，少ないサンプルサイズではなかなか一貫した結論が出ないことがある。個人差は語彙獲得の段階においても同様に存在する。日本語版マッカーサー乳幼児言語発達質問紙を用いた大規模調査からは，生後18か月の時点での表出語数は，下位10％のこどもたちで平均4.9語であるのに対し，上位10％のこどもたちでは平均109.1語であり，同じ月齢でも大きな開きがある[122]。こうした個人差は，前述した性ホルモンの違いによって説明できるのかもしれない。また，初期の音声発達にはいくつかのタイプが存在することが指摘されている（概説として文献123））。例えば，「指示型」や「理解主導

型」と呼ばれるこどもたちは，他者の発話の内容を分析し，語の意味を理解することに強い興味を持つ．結果として，このタイプのこどもは獲得語彙が早く進むように感じられる．他方のタイプは「表現型」や「生成主導型」と呼ばれ，他者の発話音声を模倣することに興味を持ち，声そのものを使ったやり取りを好む．このタイプのこどもはジャーゴンと呼ばれる流暢（りゅうちょう）だが意味のとれ

コラム10　動物の音声生成発達研究

　人間の音声発達との比較研究対象として，音声学習を行う動物を使った研究が行われている．マーモセットは小型の霊長類の一種で，音声を使ってコミュニケーションをとることで知られる．大人のマーモセットは，他個体から隔離された環境に置くと，口笛のような"phee call"を頻繁に発する．最近の研究からは，"cry"や"phee cry"と呼ばれる幼いマーモセットの未熟な発声が，生後2か月ほどかけて"phee call"へと変化していくこと，"cry"から"phee call"への変化が起きる時期は，発声器官とその制御機能の発達のような身体的成熟だけではなく，子の発声に応じた親からの音声フィードバックによって影響を受けることが示され，人間の音声学習との類似性が指摘されている[124]．

　キンカチョウやジュウシマツなどの鳴禽類（めいきん）は，複雑なパターンを連鎖させた歌（さえずり）を学習する．キンカチョウに特定の音節配列（齢：A→B→C）を持つ歌を歌うように訓練し，その後，音節の遷移パターンを変えて（例：A→C→B）再度トレーニングすると，小さな部分（例：AC，CB，BA）に分けて段階的（stepwise）に学習し，最後に全体を統合することが明らかになっている[72]．乳児の喃語発声においても，ある一つの音節を獲得した後に（例：/pa/），その音節からほかの音節へ遷移するパターンのバリエーションがしだいに増えていくことから，段階的な学習は音声学習過程に共通する方略である可能性を指摘している．

　人間とそのほかの動物の音声コミュニケーションには，質的にも量的にも圧倒的な差異があるため，動物実験のみから人間の音声言語学習の全容を明らかにするのは難しい．しかし，動物を対象にした研究では，養育環境の人為的なコントロールや脳部位の破壊，解剖，遺伝的操作や分子生物学的なアプローチなど，人間を対象とした研究では倫理的に不可能な操作ができる．したがって，音声学習に関わる神経基盤の解明や関連遺伝子の同定を視野に入れた実証的な研究を行うことができるのは，大きな利点である．

ない発声を行う時期が長く続くことがあり，相対的に有意味語の発達は遅くなると言われている。

改めて考えてみると，ほとんど声のコントロールができない新生児が，わずか1年ほどの間に意味のあることばを生成できるようになるのは驚異的な変化であり，その背景として生成に関わる調音器官やその制御，音声学習の急速で劇的な発達があることは想像に難くない。本章では，声道の解剖学的発達とともに，乳児期の生成発達過程での重要なマイルストーンである基準喃語を取り上げ，その発達過程を中心に解説した。

乳児の音声については，知覚発達に比べて，生成発達はそれほど実証が進んでいない。その理由の一端は，本節でも述べたように，データ取得そのものの難しさとともに，限られたデータから普遍的な生成特徴を導き出すことの難しさにあると思われる。脳機能計測のような手法も，いつ，どのタイミングで発声を行うかが予測できない乳児の生成発達には適用が難しい。こうした困難を克服するための一つの方向性として，近年のテクノロジーの発展に伴って蓄積されつつある大規模音声データを対象に，データマイニングなどの工学的な解析手法や機械学習を取り入れることで，新たな局面が開かれるのではないかと考えている。また，音声の知覚と生成は相互に影響を与えながら発達していくはずである。この点について，本節で紹介したとおり，聴覚障害児の喃語発達などから示唆的なデータが得られているものの，まだ解明されるべきことは多く残されている。今後の研究に期待したい。

2.3　幼児期の音声生成

乳児期から幼児期に至る言語発達の過程は，「声を発すること」から「音声言語」へ，すなわち vocalization から articulation への過程と位置付けることができる[†](脚注は80ページ)。2.2節で述べたように，生後すぐから不随意的に発された「声」は，発声器官の協応に伴って過渡的な喃語から基準喃語へと変化していく。この時期の発声器官の協応は，生理学的な制約というよりも乳児を取り

巻く言語体系に制約付けられており，目標言語の生成の基盤を形成する。古くには，Jakobsonが指摘したように喃語は初語の産出と関係がないとされていたが，Ollerらの研究などにより，喃語と初語とが連続的であるととらえるのが，現在では一般的である（詳しくは文献128））。日本語も例外ではない[129]。

いつから「幼児期」に入るのかという問題は，どのような点に着目するかによって見解が異なる。杉村[130]は「生涯の発達区分には，教育や医療などの制度に裏付けを与える実用的な区分と，発達的な変化に対応した理論的な区分があり，両者は相互に影響を与えている」と指摘している。実用的な区分として，日本の法律上の区分では，児童福祉法の「幼児」に「満1歳から，小学校就学の始期に達するまでの者」と定められている[131]。理論的な区分では，その基準によってさまざまである[132]。例えば，よく知られた代表的な説に，ピアジェによる知識・思考の発達に基づく段階区分，精神分析によるフロイトの考えなどがある。

言語の側面から見れば，初語がその大きな転換点となるであろう。『発達心理学辞典』には"「ある発語が特定の対象や事象を表すために自発的に使用される」ことは初語を特定するときの一つの基準とされる"[133]とあり，「特定の対象」あるいは「事象」と音形との結び付きが初語であると言える。音声言語の観点から言い換えると，初語は，こどもが発声した音形が，目標言語において，ある一定のパターンで出現する音の系列，すなわちある特定の語の音形と一致している（ないし一致していると聞き取れる）場合に成立すると言える。

多くのこどもが，15か月までに初語を生成する[†1(脚注は81ページ)]。初語以降，発

---

† Titzeは，vocalization, voicing, およびphonationは互換的に (interchangeably) 用いられる用語とし，それぞれの定義を示している[125]。これによると，vocalizationは"most applicable nonspeech or prespeech soundings（非言語音声または前言語音声的な発声に最も適した）"用語だとされる。一方，articulationは，Laverによると音声パターン（子音，母音，そのほかの音韻単位）を作り出すための声道の素早い動きであり，言語音の発声を意味する[126]。

Crystalは，脳内での音声制御の過程もarticulationに含める[127]が，これは広義の解釈である。この過程はspeech productionとし，articulationは器官の運動面を重視する概念として用いられることが多い。

された「声」は単なる「声」ではなく，概念を指示し，他者との関係の中で媒介となり，「言語」として機能するようになる。この点から，言語の発達において，初語の出現は重要な時期となる。さらに，音声が概念や他者と結び付くということは，認知的また社会的な意味を音声が有することも意味する。そもそも言語とは，「話し手と聞き手との間に行われる話し手の行動」で，「話し手の発する音声を媒介して行われ」，その音声により「自分の述べようとする観念ないし概念」を伝えるものであり[135]，人間・音声・概念の3要素を要求するのであって，初語の成立にもこれらの関係が前提となっていると捉えられる。初語の成立には，概念−ことば間，ことば−他者間の関係性が構築されていることが必要と言える。すなわち，初語以降の音声言語の発達は，言語の社会機能，言語の認知機能の発達とも言え，音声言語の各要素と同時に，社会に適応していくための精緻化の過程と言えるだろう。

2.3.1 母音，子音の発音

〔1〕 母音の発音

コラム6で示されたように，唇や舌などを動かし，声道の形状を変えることによって音源の特定の周波数が強められ，母音 /a/ や /i/ などに対応した音響的特徴が生まれる。日本語[†2] は，母音が五つの体系であるとしてよく知られている。では，「母音が五つ」とは，音声学の観点からはどういうことを指しているだろうか。「ア」と「イ」の発音は，どのような相違があるだろうか。あるいは，「イ」と「ウ」ではどうだろうか。日本語の「ア」[a] と「イ」[i] の発音を比べると，[a] では口が大きく開いて舌が低く位置し，一方，[i] では口は平たく横に伸びてほとんど開きがなく，舌が上方に高く盛り上がっている。「イ」[i] と「ウ」[ɯ][†3] の発音を比べると，口の開き方にほぼ違いはな

---

†1 日本語版デンバー発達スクリーニング検査で，「パパ，ママなど意味ある語を1語いう」の項目の通過率が，10か月半で25％，15か月で90％である[134]。
†2 本章で特記なく「日本語」という場合，共通語（東京方言を母体とする）を指す。
†3 日本語（共通語）の「ウ」は口唇に円みのない発音で，[ɯ] の記号で表される。[u] は口唇に円みのある発音を表す。

2. 言語音声

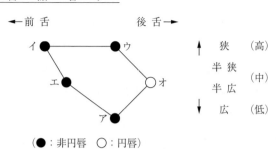

図 2.13　日本語の母音の発音

いが，舌の前後位置が異なっている．[i] では舌の先端が下の歯茎に触れるほど前よりであるが，[ɯ] では舌が後方に引き込まれている．同様に「エ」，「オ」も含めて発音を確かめてみると，舌の高低（口の開きの程度）と前後位置，唇の円めの有無の三つの観点で，五つの母音を分けてとらえることができる（図 2.13）．五つの母音を結ぶと五角形ができることから，図 2.13 を「母音五角形」と言うこともある．日本語の音韻にはないが，五角形の中央に位置する母音は [ə] で，「あいまい母音」と通称される[136]．

　母音の発達過程について，先駆的な研究の代表としてよく参照される文献に，Irwin による一連の研究（文献 137）の概説を参照），村井[138]がある．Irwin[139]および村井[138]の基礎資料である Murai[140]は，0 歳からの継時データを示している．Irwin[139]には，2 か月から 2 歳 5 か月までにおける各母音の生起頻度が示されている．舌の前後位置により発達変化が図示され，全般に前舌母音の生起頻度が高く，特に 1 歳過ぎまで著しいこと，生後 4〜5 か月までは後舌母音より中舌母音の生起頻度が高いが，以降は関係が逆転し，2 歳半には三者の相対的な関係が成人同様となることが見て取れる．一方，Murai[140]は，音響分析を行い，中舌母音から始まり，「ウ」のような後舌母音また「イ」のような前舌母音が生じていくことを示し，Irwin とは結果が異なると指摘した．そのうえで Murai[140] は "from the sounds of weak muscular tension to the sounds requiring stronger muscular tension of vocal organs（発声器官の筋緊張が弱い音から強い筋緊張を要する音へ）" という発達過程を示唆する結果であるとし，

生理学的な要因によるととらえているようである。

市島[141]は，8～25か月児5人の自然談話資料に基づき，初語期，10語期，30語期，60語期それぞれにおける母音の出現頻度を算出した（図2.14）。初語期では「ア」が圧倒的に高頻度に生起し，次いで「エ」，「ウ」という順であり，「イ」，「オ」の生起はごくわずかである。60語期までに「ア」，「ウ」の生起頻度は減少し，「イ」，「オ」が多く生起するようになる。自然に口を開いた発音が「ア」に近いことから，この音が言語初期に多く出現することは妥当と言えそうであるが，「イ」と「オ」の生起が初語期に少ない理由は定かでない。市島[141]もこの点について明確には言及していないが，筆者が考えるに，口唇の動きの不十分さが要因ではないだろうか。日本語の「イ」が発音されるには，口唇をしっかりと横に引く必要があり，一方，「オ」は日本語で唯一の円唇母音で，口唇を円めて発音する必要がある。発声器官の協応が発達の途上であるために，初語期のおよそ1歳では口唇を動かすことが十分にはできないのではないかと考えられる。

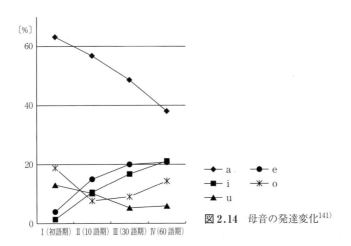

図2.14 母音の発達変化[141]

ここまでに示した三者の研究における母音の発達過程に，一致点を見出しにくい。日本語児を対象とした Murai[140] と市島[141] を比較しても共通性がなく，対象年齢，手法の相違によるのかもしれない。

手法について言えば，上述の研究では自然な発声・発話を対象としており，「ア」なのか「イ」なのかといった母音種は，判定者により分類されている。複数の判定者を立てるなどの工夫があっても，発音が未分化な段階では標準的な発音にない母音も多く生成されることから，母音のラベル付けが問題となる。例えば［ɛ］（日本語の「エ」より口をやや広く開ける母音）と聞き取られる発音だった場合，日本語の標準的な「エ」ではないが，どのように扱うのか[†1]。また別の問題として，ある特定の母音が優位な段階から別の母音も発達するような過程があったとして，それが，発音の必要性，つまり生理学的な面から生じているものなのか，目標となる言語の影響なのか，切り分けてとらえる必要がある。乳時期の母音知覚を調べた麦谷ら[142]は，日本語の8か月児が母音 /i/ の音声口形マッチング（ある音声と特定の口形を視聴覚間で対応付ける機能）が /a/ より遅れることを示し，こうした傾向が英語児にはないことを指摘して，乳幼児の音声対話コーパスの分析に基づいて，言語による知覚経験の差が影響している可能性を示唆している。乳幼児を取り巻く音声環境を調べ，それを踏まえて発達過程を議論した麦谷ら[142]のような研究は少ない。これを可能にするには対話コーパスのような大規模データベースが必要不可欠で，研究グループ間の協力が求められる[†2]。

Ishizuka ら[143]の研究は，乳幼児の音声環境と発達の関連を議論するにあたり，有益な示唆を与えるものとなろう。Ishizuka ら[143]は，男女各1人ずつの，生後4～60か月までの自然発声の母音のフォルマント周波数の変化を縦断的に解析した。その結果によると，生後24か月程度までの第1フォルマント周波数（F_1）の値は，広母音（/a/）と狭母音（/i/, /u/）でともに低下した。一方，中段母音（/e/, /o/）については，低下傾向が見られなかった。第2フォルマント周波数（F_2）については，前舌母音（/i/, /e/）で上昇し，中

[†1] 市島は，「音声形式（幼児語含），意味，使用（語用）が確認されたデータを分析資料とし」ており，「日本語の母音」として記述しにくい音は除外されている可能性がある。

[†2] 現在，国立国語研究所において日常会話コーパスの構築が進められており，言語発達研究への寄与も大きいと期待される。

舌・後舌母音（/a/, /o/, /u/）では低下するなど，24か月齢までに音韻の種類に応じた差が広がっていることが確認できた．また，2人の児で，ある程度共通した傾向が見られた．これらの結果から，2歳以前の母音の発声は解剖学的な発達に依存していると指摘された．24か月齢以降は，母音間の音響特性の差異の広がり方が，児ごとに異なって発達していた．この年齢は，喃語や有意な語を生成しはじめる時期であり，2歳以降は個々の母語の経験が，調音運動に影響を及ぼすようになると推測がなされた．

市橋ら[144]は，3〜8歳児を対象に，母音の孤立発声，母音-子音-母音（「あぱapa」など）の系列の無意味語を読ませて発声データを得，F_1，F_2，および基本周波数（f_0）を測定している．論考の中から，ここでは孤立発声の母音の周波数構造に目を向けると，Ishizukaら[143]と同様に，個々の母音というよりも発声タイプ，特には舌の高低位置によりグループ分けされることが示唆された．「ア」では，F_1，F_2ともに年齢による変化幅が少なく，「イ」，「ウ」は，F_1が加齢に伴い値が低下するものの，F_2の変化は少ない結果であった．「エ」，「オ」は，加齢に伴いF_1が大きく変化し値が低くなり，さらに「オ」ではF_2の低下も認められた．これらの結果と，Ishizukaら[143]の結果とを勘案するに，広母音は早期に確立し，中段母音は3歳以降にも発達変化があるととらえられる．また，3歳以降，F_2よりもF_1のほうに発達的な変化が認められ，中段母音でより顕著であった．

F_1は，声道の後方部分（咽頭）の広さと口唇部での開きに密接に関係する[145]．狭母音の発声のように，舌が挙上していくと，舌根が咽頭から引き出されて声道の後方部分が広くなって，低周波帯域が強調される．舌の高低位置によって，開口部の広狭も決まり，つまり，口が閉じていればF_1が低く，開いていれば高くなる．市橋ら[144]はF_1変化があってF_2変化が少ないことについて，考察において「舌の上下運動による調音は行っているが，前後の運動による調音はあまり行っていないことが推察される」と述べるが，「ア」のように口をはっきりと開く，あるいは「イ」のようにはっきりと閉じる動作に発達変化は生じにくいが，「エ」や「オ」のような「半開き」の動作が低年齢では難

しく，加齢に伴って変化が見られるとするのが妥当ではないだろうか。

舌運動が未熟であることが主要因であるのかはわからないが，唇の円めと突き出しでF_2が低下し，日本語で唯一の円唇母音である「オ」でF_2の発達変化が見られることから，口唇の運動が問題であるのかもしれない。ただし，市橋ら[144]が「各母音は年齢によるばらつきが少なく」と指摘しているように，母音が混在するほどの結果ではなく，それぞれの音色を保って発声されていたものと考えられる。F_1-F_2差に年齢による相違はないとの結果も示されており，発達的に変化するといっても，3歳以降はより精密に成人に近づく変化であると言える。

〔2〕 子音の発音

母音は声帯が音源となるが，子音は声帯以外に音源が生じる。「パタパタ」と発音してみると，「パ」では上下の唇が合わさって口が閉じ，「タ」では口は閉じず，かわりに舌の前方が歯茎に接触している。「パ」も「タ」も，子音の発声時，位置は異なるものの，口の「どこか」に閉鎖が生じている。子音は，「どこか」が「なんらかの手段」で狭められたり閉じたりすることによって生成される音である。「どこか」を「**調音位置**（place of articulation）」と言い，「手段」を「**調音様式**（manner of articulation）」と言う†。

子音，母音ともに，どの発音をどの記号で書くのかについて，**国際音声字母**（IPA；international phonetic alphabet, 1.3節参照）によってよりどころが示されている。IPAの表は，あらゆる言語を記述できるように情報が多岐にわたる。ここでは，日本語の子音を示す（**表2.2**）。日本語の子音はすべて，肺から流出する気流（呼気）で生成される。前例の「パ」の [p] は「無声両唇破裂（閉鎖）音」，「タ」の [t] は「無声歯茎破裂（閉鎖）音」である。「バ」の子音 [b] は「有声両唇破裂（閉鎖）音」で，[p] との相違は声帯振動の有無である。有声の子音では，子音の発声時に声帯が近接して振動し，無声子音では声帯が開いて振動が生じない。

---

† 言語学の領域では「調音」，心理学，医学領域では「構音」と称することが多い。同義である。また，「位置」は「点」，「様式」は「方法」と表現されることもある。

2.3 幼児期の音声生成

表 2.2 日本語の子音一覧

	両唇音	歯茎音	歯茎硬口蓋音	硬口蓋	軟口蓋	口蓋垂
破裂音	p　b	t　d			k　g	
鼻　音	m	n		ɲ	ŋ	N
はじき音		ɾ				
摩擦音	ɸ	s　z	ɕ　z	ç		
破擦音		ts　dz	tɕ　dz			
接近音				j		

(注1) 各セル内，左に無声子音，右に有声子音。
(注2) 「ワ」は両唇軟口蓋接近音 [w]。

調音様式は，日本語では6種類ある。破裂音は調音位置で完全な閉鎖が作られ，呼気の気流がごくわずかな時間，止められる。カ行（[k]），ガ行（[g]），タ，テ，ト（[t]），ダ，デ，ド（[d]）などが，破裂音である。[k]，[g] は，軟口蓋に舌の後方が接触し，発音される。鼻音は，「[破裂] 鼻音」[146) とも言われ，破裂音同様，調音位置で閉鎖が生じる。破裂音との違いは，軟口蓋（口蓋帆とも）が下降し，呼気が鼻腔へ流出して発声されることである。マ行（[m]），ナ行（[n]，ニのみ [ɲ]）の子音が鼻音で発音される。母音でも軟口蓋の下降が生じて，鼻音が生じる発音がある。鼻音化母音と言い，「単位」の「ン」の音などである。はじき音はラ行（[ɾ]）でのみ生じ，破裂音のように舌が口蓋に接触して一時的に気流が止められるが，破裂音に比較してごく短時間で瞬間的に舌を口蓋に接触させ，弾くように発音する。摩擦音は，調音位置でごくわずかな狭めが作られ，そこへ呼気が流れることで乱気流が発生して生じる音である。サ行（[s]，シのみ [ɕ]），ハ行（ハ，ヘ，ホ [h]，ヒ [ç]，フ [ɸ]）が摩擦音である。接近音は，摩擦音のように調音位置でわずかな狭めが作られ，後続する母音へ徐々に調音器官が移行して作られる音である。特に日本語学を中心に，「半母音」と称されることもあり，ヤ行（[j]）の音がこれに分類される。破擦音は，チ（[tɕi]），ツ（[ts]）などの音の調音様式で，破裂音の閉鎖の開放部が摩擦して調音される発音である。

母音に比較して，子音の発音の発達研究は1960年代後半以降を中心に，多くの成果が蓄積されてきている[138),147)〜150)]（文献151）のレビューも参照）。しばしば引用されるのが，中西らの研究[150)]である。3〜6歳11か月の子音の出現時期を，先行研究3件と中西ら[150)]とで比較した一覧表[†1]を引く研究が多い。

中西ら[150)]は，4〜6歳の各群500〜600人を対象に，11万を超える検査音数を分析した大規模調査で，これほどの大きな調査はほかに見当たらない。結果の整理も精緻であり，子音の発達研究を志すのであれば必読と言える。

中西ら[150)]によると，「正答率」[†2]は4歳前半で93.4％，6歳後半で99.2％であり，一部の音を除いて，4歳までにおよその発音が確立し，就学前にはほぼ適切に目標子音が生成できるようになっているととらえられる。1〜4歳の過程については，大和田ら[149)]に概要があり，**表2.3**のようである。

表2.3 子音の出現順（文献149）に基づき作成）

2歳3か月	母音, n	10人中9人で，各音の出現率が90％以上かつ当該年齢以降に90％未満にならない
2歳6か月	m, p, t, k	
2歳9か月	b, g, tɕ	
3歳0か月	d, dz	
4歳0か月	w, h, r, ɕ, j	8人中7人で90％以上
	s, ts, dz, ç	8人中5人で90％以上

全般に正答率は高いものの，ほかの音に比べて誤りの多い音があり，中西ら[150)]は［ɾ］（ラ行音），［s］（サ，ス，セ，ソの音），［ts］（ツ），［dz］（または［z］，ザ，ズ，ゼ，ゾの音）を取り上げている。ほかの研究でもほぼ同様の指摘がある。これらの音は6歳後半でも「不正構音」すなわち，ほかの音への置換，脱落，歪みのいずれかが生じ，特にほかの音への置換が圧倒的に多い。小学校1，2年生のラ行とダ行の発音を調べた大塚[152)]は，小学校2年の約4％がまだ調音が十分できず，発音に混乱があると指摘している。

---

†1 中西ら[150)]では「90％以上正しく構音される時期」の表（表23, p.16）。高木ら，野田ら，坂内の結果を示している。

†2 音節検査では，複数回言わせた場合（4〜5回まで）に1回も正しく発音できなかった場合を「誤り」としている。

不正構音の置換方向について，中西ら[150]に基づきおもなものを列挙すると，**表2.4**のようになる．表中は，いずれも発音記号である．[z]については省略した．全般に，[s]での置換が多い．調音位置で見ると歯茎周辺が多く，調音様式としては摩擦音，破擦音で生じやすい傾向がある．

表2.4　発達期に見られる子音のおもな置換
（文献150）に基づき作成）

	歯　茎			歯茎硬口蓋	硬口蓋	軟口蓋
	破裂音	摩擦音	破擦音	摩擦音	摩擦音	破裂音
調音位置の置換		s → ɕ s → θ	ts → tɕ		ç → ɕ	k → t
調音様式の置換	d → ɾ	s → tɕ s → t s → ts		ɕ → tɕ		

これら不正構音の生起について，二つのアプローチからの解釈がある．一つは音韻論的解釈，もう一つは，発声の機序の解明を目指した音響学的なモデルによる解釈である．音韻論的なアプローチの一つに，「音韻プロセス分析」に基づく論考がある[153]．音韻プロセス分析とは，「個々の子音ではなく音群や音類といった大きな枠での誤りを記述する方法」[153]である．例えば，ある特定の子音ではなく，「硬口蓋化」，「破裂音化」などのように，置換音をとらえていく．[s] → [ɕ] などは硬口蓋化，[s] → [t] は破裂音化となる．比較的多く生起する「硬口蓋化」で例示すると，「/s/ が /ɕ/ となるような歯茎摩擦音が硬口蓋音化するパターンが2〜3歳を中心に，/ts/ が /tɕ/ となるような歯茎破擦音が硬口蓋音化するパターンが4歳以降に認められた．破擦音化と同様に，硬口蓋音化においても2歳〜3歳で破裂と摩擦の対立概念を獲得し，その後4歳以降に舌尖の微細な動きを獲得する」と述べられ，子音の発達過程が示唆されている．

一方，音響学的なモデルによる検証[154),155]では，子音の持続時間の短さが要因であることが示されている．井尻ら[155]は，舌の運動速度を遅くするシミュレーションにより不正構音を再現している．ラ行とダ行の混乱についても，[ɾ]

の発音が瞬間的で短いために同じ調音位置の破裂音である［d］に置換されていると考えられ，舌の運動が未熟であるために，前述の置換が生じているものととらえられた。両者のアプローチは手続が異なるものの，ほぼ同様の結論が得られており，歯茎周辺の調音位置での置換が多いことが指摘できる。発達過程において，舌の前方部を調節する動作に大きく変化が生じることが推測される。

2.3.2 音節構造の発達

〔1〕 日本語のリズム：モーラ単位

母音・子音を分節音と呼ぶのに対し，複数の音にわたって観察される要素，アクセント，イントネーション，リズム・音節などを超分節音という。これらのうち言語リズムは，言語間の相違が大きく議論された経緯があり（文献156）～158）など），従来，対照研究が多くなされてきている。特に日本語は特徴的な音節構造を持つことから，日本語と他言語との比較により，日本語の音節構造・言語リズムの研究が，さまざまな視点から研究されてきている[†]。

日本語の音節構造はモーラ（拍；mora）である（図2.15）。モーラは，長さに基づく時間的な単位で，等時的に生じていると感覚される（実際に等間隔に生じるわけではない）。日本語では，およそ仮名1文字が1モーラに相当する。「さど（佐渡）」と「サード」，「さんど（三度）」は，「さど」が2モーラであるのに対し，「サード」，「さんど」は3モーラである。俳句や短歌を作る際に数えているのはモーラで，五七調のリズムを作る基本単位となって機能している。モーラにはより上位の「音節」の単位があり，日本語のような音節構造の言語は数が多くない。

そもそも音節とは，通例，母音だけ，あるいは母音が核となりその前後に子音が接続して一つの単位をなす。母音をV（vowel），子音をC（consonant）とすると，V, CV, CVV, VC, CVCのそれぞれが音節となりうる。日本語では子音で終わる閉音節の構造を許容せず，単子音を独立させてモーラを形成す

[†] 音声学の立場からはSato[159]，Homma[160]，心理言語学の立場からはOtakeら[161]の研究があり，ほかに，日本語教育の観点からの研究も多数ある。

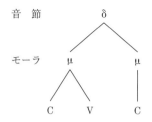

図 2.15 日本語の音節構造

る。「佐渡」は，[sado] CVCV の 2 音節 2 モーラである。「三度」は [sando] CVCCV で，音節としては CVC.CV の 2 音節であるが，モーラ分節では CVC 構造の二つ目の C の [n] は独立した 1 単位として扱われ，CV.C.CV の 3 モーラとなる。「さっと」[satto]（[sat:o] とも表記する）では，「三度」と同様に CVCCV 構造であり，モーラ分節では CV.C.CV となる。長母音もそれだけでは生起できず，前接の母音に従属して生じるが，単位としては 1 モーラとして独立する。日本語学では，「ん」を撥音，「っ」を促音といい，長母音を引き音ともいい，これらは「特殊モーラ（特殊拍，特殊音素）」と称される。特殊モーラ以外は「自立モーラ（自立拍）」である。窪薗[162]によれば，日本語成人話者ではモーラ単位の言い間違いや吃音がごく一般的に観察されるが，英語をはじめとする西洋の言語にはほとんど見られないという。

〔2〕 モーラの生成

従来，特殊モーラの発達過程が議論されてきている。Miura[163]は，3〜5 歳児および成人の，「切手」，「りんご」，「ほうき」など特殊モーラを語中に含む 3 モーラ語のモーラ長を計測した。促音部（閉鎖区間），撥音部（鼻音長），長音部のいずれもが，加齢に伴い伸長したことが示されている。すなわち，3 歳では特殊モーラに成人ほどの長さが保たれていなかったと言える。この結果が，音韻として特殊モーラが発達していないことが要因であるのか，生理学的に調音器官を制御することができなかったことが要因であるのかは十分な議論がない。

発達の過程でモーラがどう形成されるのかについては，「聴取による反応」，知覚・自覚も含めて言及が必要となろう。まず紹介するのは，尻取り遊びによ

る検討である．尻取りは，よく知られるように，語の末尾モーラが撥音であれば続けられず，これをルールとしたことば遊びである．また，末尾が長母音である場合，どう続けるかも問題となり，モーラと音節の境界を知る手がかりとなる．

　この尻取り遊びを使って，窪薗[164]は，4歳児の音節構造を調べた．女児1人の結果である．語末に撥音，長音を持つ語，例えば「みかん」，「バター」などを呈示すると，特殊モーラを無視して先行する自立モーラで語を続ける答えとなった．「みかん」なら「からす」，「バター」なら「たこやき」などである．これらに加えて，「ドラえもん」に「もんしろちょう」，「たいよう」に「ヨーグルト」と続ける答えも得られている．これらの反応から，窪薗[164]は，CVX（「X」は特殊モーラ）というひとまとまりの音節構造の最後のXが「見えないふるまいをする（すなわち"invisible"）」段階を経て，このまとまりから，CVがモーラとして先に形成されて特殊モーラが付加要素となっている段階に発達し，最終的に特殊モーラが確立する音韻発達を提案した．

　太田[165]は，窪薗[164]とほぼ同じ手法で調査を実施した．年長児，年中児，年

表 2.5　尻取りにおける音節構造の出現
（文献 165）に基づく）

年　齢	音節	特殊モーラの無視	モーラ
3歳 9か月	○		
3歳11か月	○	○	○
4歳 0か月		○	
4歳 4か月	○	○	○
4歳11か月		○	○
4歳11か月			○
5歳 0か月		○	○
5歳 5か月		○	
5歳 7か月	○		○
6歳 0か月			○
6歳 0か月			○
6歳 6か月			○

少児各4人で，前述の窪薗[164]より対象者数が多い。結果が記述的に示されているため，関連する点を筆者が**表2.5**に整理した。表中，「音節」とあるのは，「わぎゅう」に「ぎゅうにゅう」と回答するように，音節単位の回答であったことを示す。「特殊モーラの無視」とあるのは，「ぶどう」に「どんぐり」と回

コラム11

尻取り，音韻意識，仮名文字

「尻取り」は，こどもが好きな遊びの一つだ。尻取りは「ことばの音遊び」であり，尻取りができることは，ことばの「音」を意識できるようになったことを反映しているといえる。では，尻取りができるためには，どのような音や単語の操作が必要であろうか。高橋[166]は，尻取りを適切に続けるには単語の語尾音を抽出できること，定められた音を語頭音に持つ単語を検索できるように心的辞書を再編成できることが条件であるとしている（高橋[166]でいう「音」はモーラを指している）。語尾音の抽出といった，ことばの音韻的な側面に注意を向けることができるようになることを，「音韻意識」という。ことばを，手を叩いて拍ごとに区切るといったことも，音韻意識である。

かねて，語頭や語尾のモーラを抽出するといった音韻意識については，文字読みの発達との関連について議論がなされてきた。前掲の高橋[166]は，語頭モーラの抽出は比較的容易であり，尻取りや文字読みに直接結び付くものではないとした。一方で，語頭モーラの抽出が文字読みに「必要不可欠」とする見解もある[167]。

さらには，語頭・語尾のモーラの抽出だけでなく，語中のモーラを削除するなど他の面からも音韻意識を測り，仮名の読みの発達と関連付ける研究が多くある（詳しくは文献168）のレビューを参照）。音韻意識が仮名の読みの基盤となっているとの見解が強いが，研究間で手法が異なり，統括しにくい。最近の研究[168]でも「平仮名1文字読みは，音韻操作をそれほど必要としないのではないか」との指摘がなされており，音韻意識と仮名文字の読みの発達過程での関連性は明確でない。

文字が読めるようになることは，連続音声と文字とを対応付けることであり，連続体を離散的な記号へ変換する過程と言い換えられる。音韻意識の到達レベルと読字のレベルの成績の相互関係といった実証的な面では研究の蓄積があるものの，音声・音韻・表記間の学習の経路や処理の過程は検討が不十分であり，今後の研究が待たれる。

答するように，特殊モーラの1拍前の音でしりとりを続けたことを示す。「モーラ」とあるのは，「ぶどう」に「おに」と回答するように，長音であれば母音部で続け，撥音であれば続けられないと回答した場合（尻取りのルールに則った回答）を指し，特殊モーラを独立させてとらえられていることを意味する。

人数が少なく，はっきりとは言えないが，5歳半ばまでは特殊モーラを無視する傾向があるものの，適切に特殊拍がとらえられてもいる。窪薗[164]が指摘する，「CVがモーラとして先に形成されて特殊モーラが付加要素となっている段階」にあるのではないかと考えられる。表2.5の範囲でいえば，特殊モーラを適切に用いて尻取り遊びができるようになるのは，6歳である。

尻取りを用いた議論は，仮名文字の学習に関連してほかにもあり，詳しくはコラム11を参照いただきたい。

〔3〕 モーラの分節

伊藤は，一連の研究（文献169），170）など）において，特殊モーラの発達過程について，前述とは異なる手法・視点で検討を進めている。伊藤と辰巳[169]は，3～6歳児における特殊拍の自覚の発達を調べた。自覚的意識を測るため，「りんご」や「はっぱ」など，特殊モーラを含む語（いずれも3モーラ語）を用い，2モーラ目を省略した発話を呈示し，「おかしい」かどうか，おかしければその理由を尋ねた。また，モーラごとに区切った発話を示し，同じように区切って発音するよう求めた。結果，特殊拍の省略を自覚できる幼児は4歳では4割弱であるのに対し，5歳では6～7割と上昇し，省略語への適切な反応（理由を述べる）も4歳から5歳にかけて増加した。モーラごとに区切る発音，すなわち，モーラ分節は，4歳全員が可能であったと示している（「はっぱ」の語を除く）。続く論[170]では，3～5歳児における音節とモーラとの関係を扱い，より語長の長い6モーラ語ではモーラ分節と音節への分節が共存していることを指摘し，仮名読みとの関係について検討している。これらの研究では，4歳から5歳にかけてモーラを自覚的にとらえ，分節できるようになっていく過程があると言えるものの，前述した尻取り遊び[164],[165]では，4～5歳は特殊モーラを無視して1拍前の音で続ける傾向が強く，自覚的にとらえ

られているという結果と一致しない。語尾音にあると抽出できない，抽出はできるが語頭音との関係が把握できていないなど，いくつか可能性が考えられ，ていねいな整理が必要と思われる。

　日本語の方言の中には，モーラで分節しないものがある。こうした方言で，どのような音節構造の発達過程が見られるかを調べた研究がある[171]。嵐[171]は，モーラ分節をしない青森県南西部地域（深浦方言）に生育する幼児を対象に，音の分節ごとにスタンプを押す方法を用いて調査を行った。共通語地域の幼児に比べて，特殊モーラの意識が高くないことが明らかとなり，方言による発達過程の差異が示された。共通語化が進むものの，伝統的な方言の特徴が発達過程に影響しており，言語環境との対応関係を踏まえた議論が求められる。

2.3.3　アクセントの発達
〔1〕　単語のアクセント

　世界の諸言語のアクセントは，3種に大別される。英語のように強弱を用いる強弱（ストレス）アクセント，中国語に代表される声調（トーン）アクセントがあり，日本語は高低を用いる高低（ピッチ）アクセントである。「高低」は「低い拍に対して高い拍がある」といった相対的な関係で，「○○ヘルツ以上の高さが高い拍」のような絶対的な高さに基づいているわけではない。日本語のアクセントは方言のバリエーションも多く，方言アクセントの研究が盛んである[172]。共通語のアクセントはパターンが複数あり，語ごとにアクセントが異なる「自由アクセント」の体系で，発達の過程では1語ずつアクセントを覚えていく必要がある。アクセントのパターンが一つに定まっている「固定アクセント」の言語もあり，フランス語などが該当する。

　共通語のアクセントの特徴は，アクセントの急激な下降（アクセント核）が語のどこにあるか，あるいはないかでアクセントの型が決まることにある。「アメ」という2拍の連続を，初頭拍を高く（ここでは上線を付して示す），つぎを低く発音すれば「アメ（雨）」となり，初頭拍を低く，つぎを高く発音すれば「アメ（飴）」となる。アクセントはこのように，語の識別にも役立って

おり，この機能に言及されることが多いが，アクセントによって同音語が弁別される確率は14％程度と，高くない[173]。アクセントの主要な機能は別のところにあり，社会的属性の表示，語の統頂機能である。

前述のように，日本語は方言アクセントが豊かで，方言アクセントはその話者の出身地を知る手がかりとなる。方言は地理的な分布であるが，社会的な集合ともとらえることができ，「方言」という，ある集団のアクセントを用いることで，自身の社会的属性を表示していると見ることができる。近年の言語変化の一つに，「アクセントの平板化」があり，「バイク」を「バイク」と平板式に発音する現象を指す。語になじみのある人から平板化することから，ある特定の集団に属しているという「仲間意識」により生じているとする考えがあり，「専門家アクセント」と言われる。この例は，端的にアクセントの社会性を示すものと言える。

アクセントにはさらに，語のまとまりを表示するという重要な役割がある。複合語を形成すると，アクセントがひとまとまりになる。「カブトムシ」は，「カブト（兜）」と「ムシ（虫）」の2語からなっており，複合したことによってアクセントが語の中央部に移動している。これを「カブトムシ」と発音すれば，語の境界が生じ，「蕪(かぶ)と虫」という意になる。このように，アクセントのまとまりによって語のまとまりが示され，これを統頂機能という。

〔2〕 単語アクセントの発達

単語のアクセントの発達過程に関しては，いくつかの先行研究があり，概要を表2.6に示す。単語のアクセントは，1歳児の発話において，すでに成人同様のアクセントが生成されることが確認できる[174]。非実在の語や母方言と異なるアクセントを復唱させると，正答率が低い[175),176)]。

白勢と筧[177]は，アクセントの生成に加え，目標となる母方言のアクセントの知覚についても調べている。「クルマ」，「ウサギ」など，こどもになじみのある語に，母方言と一致するアクセントと，不一致のアクセントを合成した刺激が用いられた。「クルマ（車）」は共通語のアクセントではクルマで，クルマのアクセントは不一致となる。単語一つにつき6種類のアクセントを合成した

2.3 幼児期の音声生成

表 2.6 アクセント発達研究の概要（文献 177）を改変）

対象年齢	課題	手続など	結果
12～18 か月	脱馴化法による弁別	刺激音は頭高型および平板型の語（非実在語）	14 か月で頭高型と平板型のアクセントを弁別できる。12 か月では，平板型から頭高型への変化は弁別可能だが，頭高型から平板型への変化は弁別できない[178]。
14, 18 か月	単語学習	乳児実験。刺激音は頭高型および平板型の語（非実在語）	18 か月になってから可能となる（より低年齢の 14 か月では学習できない）[179]。
1～2 歳	生成	「アンパンマン」の発話を求める	語形が「パン」，「マンマン」などの短縮形であっても，アクセント型は成人と異なることはほぼない[174]。
3～6 歳	おもに知覚	「スイカ」の発話を求め，「スイカ」を頭高型に発音して提示し「おかしい」かどうか聞く	発話において，成人と異なるアクセントは出現しなかった。知覚については，3 歳児で 0 %，4 歳児で 50 % 程度，5 歳児で 80 % 程度，異アクセントに気が付くことができた[180]。
3～4 歳, 5～6 歳	復唱	検査語は 2 音節の非実在語で，高低もしくは低高のアクセント型で呈示する	60～70 % 程度でアクセントを正しく復唱できる。3～4 歳児群では，平板型の正答率が低い[175]。
3～5 歳	復唱	母方言と異なるアクセントの復唱	呈示された異方言アクセントより母方言のアクセントで復唱する反応が高い率となった[176]。
4 歳	生成と知覚	実在語 53 語の発話と，母方言と異なるアクセント型を含む刺激の知覚	発話については，ほぼ成人と同一のアクセントを生成した。知覚については，4 歳 5 か月を境に正答率が上昇した[177]。
(cf.) 4～5 歳の縦断研究	歌唱の音高の再生，弁別	再生課題：歌唱（メリーさんのひつじ） 弁別課題：短 2 度～長 3 度差の 2 音の弁別	再生：刺激音と再生音の差は発達に伴い小さくなるが，5 歳でも半音程度の差がある。弁別：4 歳の時点で 4/7 対，5 歳の時点で 6/7 対の弁別が可能である。弁別能力は，4 歳後半から 5 歳前半に著しく発達する[181]。

音声を呈示し、一つひとつ、自分のアクセントとして許容できるかを判断させ、「おかしくない」なら「○」、「おかしい」なら「×」の反応を口頭もしくはジェスチャーで反応させた。4歳児の反応を整理すると、4歳前半では、母方言に不一致のアクセントを「おかしい」とする適切な反応の率が高いが、同時に、一致するアクセントも「おかしい」とする反応率も高かった。4歳後半になると、一致するアクセントを「おかしくない」とする正反応の率が上昇した。これらの結果を、アクセントの自覚能力の発達として考えることもでき、また、目標とするアクセントと一致しないものを聞き分け、自身の所属方言のアクセントを取り出すことができるという、言語の社会的側面の理解が発達していると解釈することもできる。

〔3〕 発達過程におけるアクセントの言語間比較

前述のように、日本語は方言アクセントのバリエーションが豊富な言語である。方言のアクセントは、とらえ方はさまざまあるものの、おおよそ3～4に大別されると言ってよい。代表的なものは共通語と京阪のアクセントであるが、これらと特徴の異なる体系として、アクセントの型が少ないタイプの方言もある。共通語と京阪のアクセントは、語の長さが長くなればそのモーラ数に応じてアクセント型の数も多くなるが、アクセントの型が少ない方言では一型、二型のみとなる。鹿児島方言は、二型アクセントの典型的な特徴を持つ体系で、後ろから2音節目が高い「A型」と最終音節が高い「B型」との2種のアクセントを持つ[182]。共通語とは、体系が異なるだけでなく、共通語化の影響を受け変化しつつあるという、社会的な相違もある。

白勢ら[183],[184]は、鹿児島方言話者の幼児（4歳児）および小学生、成人（養育者）を対象に、アクセントの生成および知覚の調査を行った。4歳児のアクセント生成を分析したところ、A型の語をA型に、B型の語をB型のアクセントで発音した率は40％前後と、表2.6の結果（いずれも共通語アクセント地域）と比較してかなり低い[185]。低い理由に、共通語の影響が考えられることから、アクセント生成の結果を、共通語のアクセントとして適切なものかどうかも含めて検討した。その結果、共通語として不適切なアクセントは生成さ

れない一方で，鹿児島方言のA型の語をB型のアクセントで発音するなど，方言のアクセントが適切でないことがわかった。すなわち，共通語のアクセントを適切に学習しながらも，母方言のアクセントが混乱していると考えられた。鹿児島方言の話者は年齢を問わず，アクセント聴取の感受性が低いことが示されており[184]，この影響も考えられる。

ほかの言語に目を向けてみると，英語の1〜2歳児のストレスアクセントのエラーを分析した論があり[185]，筆者が算出したところエラー率は15％程度と，大きい値ではない。スウェーデン語のストックホルム方言は，ストレスが基本的なアクセントであるが，トーンも併せ持つ[186]。ストックホルム方言話者の1歳児が生成した単語の基本周波数を精密に分析すると，ピッチピークが2か所生じるタイプの語で，成人と異なるパターンであったとの結果が得られている[187]。ほかに，中国語（北京語）の3歳児の四声を分析した報告がある[188]。成人話者が聴取判断したところ，一声（高平調）の正答率が78％と，これが最も良好な結果で，三声（低平調）では44％との結果が示されており，共通語や英語の結果に比較するとかなり低い。中国語のアクセント体系はトーンである。

鹿児島方言に話を戻すと，ピッチアクセントではなくトーンアクセントの体系ととらえる考えもある[189]。ピッチアクセントとトーンアクセントの違いは，ピッチアクセントでは高さの下がる位置が重要な手がかりであるのに対し，トーンアクセントは高さがどのような種類かが重要となることにある。アクセント体系の特質から見ると，鹿児島方言や中国語のようにトーンアクセントの特徴を持つ言語では，ピッチやストレスのアクセント体系より後期にアクセントが習得される可能性が考えられる。しかしながら研究が多くない領域で，総合的に論じることが現段階では難しい。

2.3.4 音声連続について

複合語形成に伴うアクセント移動や連濁，母音の無声化など，レベルはさまざまながら，音声連続によって生じる規則的な音の変化現象がある。これらの

現象は，語が連鎖することで生じ，連続音声を自然に保つ効果があると考えられる。単音の発音よりも高次の知識・処理を要している可能性があり，その発達変化は興味深い。

連濁とは，語が複合する際，後部要素の語頭子音が清音である場合，濁音に転じる現象である[190]。「やま（山）＋はと（鳩）＝やまばと」がその一例であるが，この後部の語を入れ替えて新規に語を作ってみると，同様に語頭子音が濁音となる。例えば，「ふえ（笛）」「とけい（時計）」などとすると，「やまぶえ」，「やまどけい」となる。連濁は規則的に生じ，「**ライマンの法則**（Lyman's law)」と言われる，連濁を阻止する規則があることが知られている。漢語，外来語では生じない，後部の語に濁音があれば生じない，などである。

杉本[191]は，「にじいろ＋かめ」のような，こどもになじみのある語彙を用いて新規に複合語を作成させる実験を行い，3～5歳児，小学生のデータを収集した。その結果，3歳で連濁率（＝連濁語数／検査語数）が有意に低く，5歳と小学生の連濁率がほぼ同程度であった。連濁規則についても，モーラの自覚的意識[169),170]と同様に，4歳を境に変化があると言える。さらに，後部要素のモーラ数やアクセント型により連濁率が変動しており，連濁規則の成立にモーラ，アクセントの知識を要することが示唆されている。

母音の無声化とは，[t][k]など無声子音に狭母音（[i]，[ɯ]）が挟まれた場合，母音の声帯振動が失われ，無声化母音として生成される現象を指す。「つき（月）」と「つぎ（次）」の発音を比べると，「月」の「つ」では母音が発声されてなく，破擦音[ts]の摩擦部が継続していることがわかる。文末の「〜です。」の「す」でも母音の無声化は生じている。母音の無声化の生起には方言差があり，共通語の母体である東京方言は無声化の目立つ地域で，京阪は目立たない地域である[192]。

母音の無声化については，これまで，発声の機序からの論考がある[193]。Imaizumiら[194]は，東京と大阪地域の4歳児および5歳児から「きつね」など，母音の無声化が生じうる語の発話を得，音響分析を主体とした考察を行った。東京地域の4歳および大阪地域の4，5歳は無声化の生起率が低く，東京地域

の5歳のみで無声化の頻度が高かった。子音，母音の持続時間長の計測結果に基づき，無声化を起こす発声機序を検討し，生理学的な機構の，発達過程における方言間の相違が考察されている。

複合名詞および外来語のアクセント規則の発達については，文献を紹介するに留める[195),196)]。

2.3節では，幼児期の音声言語に焦点を当て，先行研究を概観し，発達過程をとらえてみた。国会図書館の蔵書を，「発達心理学」のキーワードで検索すると1300冊ほどが該当する[197)]。これほど多くの書籍のほぼすべてに，言語発達の項目が扱われ，本稿で対象とする幼児期の言語も触れられていながら，語彙発達や文法の側面に目が向くものが多く，「幼児期の音声言語」を真正面からとらえるものは少ない。比較的対象としやすい子音や母音の発音について言えば，幼児期の前半までにおよそ確立しており調査範囲が限られること，また，1970年代までに研究成果が蓄積されたことも影響していると思われる。しかしながら，言語環境の影響など，まだ明瞭でない点はあり，新規な観点からの発展も期待される。また，最近の発音の変化を踏まえた研究も，今後の課題となると思われる。さらに，音節構造やアクセントなどの韻律的な側面については，研究が限定的である。これらにおいては，4歳から5歳にかけて大きな変化があるという結果が散見され，認知的な発達など，ほかの機能の発達と関連付けて，ていねいに考察することも必要と考えられる。言語間で比較することにより明瞭となる部分があることも予想され，多角的な研究が必要となろう。

上述に加え，幼児の音声言語に関する研究の蓄積が比較的少ないのは，この時期に初語が産出され，語が連鎖した文が生成され，語・語意や，一語文・二語文などの文構造といった，ことばの，記述しやすい側面に目が向けられがちであることが一因ではないかと考えられる。

幼児期は，特に，言語を運用する知識や，他者との関わりの中での言語使用が発達していく時期であり，音声言語についても認知的また社会的な発達の視

点から検討していくことができる．認知的な側面については，より高次な言語知識としての音声言語の発達過程がある．語形成に伴う形態的な音韻変化の規則があり，連濁規則，複合語形成におけるアクセントの移動規則，母音の無声化規則が挙げられる．本文でも参照したように研究成果は一定程度，得られているものの，議論が発展しにくく，どのような過程で発達しているのかも不明であり，今後の成果が待たれる．

　社会的な側面で言えば，親子間に代表されるような養育者と子という関係から集団へと，他者との関わりに変化が生じる．例えば，敬語のように他者や場面に応じた言葉遣いができるようになるには，言語の形式的な側面の学習だけでなく，聞き手が自分とどのような関係にあるのかという，メタ的な知識も必要となる．音声言語の側面でも，意図や態度，感情などに応じた音声を生成することや知覚すること，方言の自覚や使い分けなど，社会的な音声の使用が幼児期から発達していく．本文中では，白勢と筧[177]の研究を参照して，4歳後半で母方言のアクセントを取り出すことができるのは，音声言語の社会的な側面が発達したことによるのではないかと推測したものの，関連する研究がごくわずかで，部分的な検証であるため全体像をつかめない．この点についても，どのような社会的な知識が関連して，母方言のアクセントを知覚できるようになるのか，言語とそれに関わるほかの側面との連関が明瞭でない．アクセント調査では，小学校入学直後から，アクセントが方言から共通語に急激に変化したと指摘する養育者の談話を得た経験がある．学校教育（国語教育）の影響が第一には考えられるが，しかし，言語形式の選択だけでなく社会的な背景も影響していると推測される．この手の話題は，従来ほぼ未着手であり，成果を期待したい．

引用・参考文献

1) 今泉　敏：言語聴覚士のための音響学，医歯薬出版（2007）
2) 加賀君孝 編：中枢性聴覚障害の基礎と臨床，金原出版（2000）

3) 加賀君孝，市村恵一，新美成二 編：新臨床耳鼻咽喉科学，中外医学社（2001）
4) 日本小児耳鼻咽喉科学会 編：小児耳鼻咽喉科診療指針，金原出版（2009）
5) Bear, M. F., Connors, B. W., and Paradiso, M. A. 著，加藤宏司，後藤 薫，藤井 聡，山崎良彦，金子健也 監訳：神経科学，西村書店（2007）
6) 小倉義郎，増田 游：伝音系奇形耳の胎生学的考察とその治療，耳鼻臨床，**61**，pp.671-679（1968）
7) 石津希代子：聴覚の生理的左右差，日本大学大学院総合社会情報研究科紀要，**9**，pp.403-411（2008）
8) 白石君男：子どもの聴覚発達と音環境，日本音響学会誌，**72**，pp.137-143（2003）
9) 川島一夫，渡辺弥生 編著：図で理解する発達，福村出版（2010）
10) Birnholz, J. C., and Benacerraf, B. R.：The development of human fetal hearing, Science, **222**, pp. 516-518（1983）
11) Kuhlman, K. A., Burns, K. A., Depp, R., and Sabbagha, R. E.：Ultrasonic imaging of normal fetal response to external vibratory acoustic stimulation, American Journal of Obstetrics and Gynecology, **158**, 1, pp. 47-51（1988）
12) Starr, A., Amlie, R. N., Martin, W. H., and Sanders, S.：Development of auditory function in newborn infants revealed by auditory brainstem potentials, Pediatrics, **60**, 6, pp. 831-839（1977）
13) Werner, L. A.：Issues in human auditory development, Journal of Communication Disorders, **40**, 4, pp. 275-283（2007）
14) Kuhn, D., and Siegler, R. S.（Eds.）：Handbook of child psychology Volume 2 Cognition, Perception, and Language, J. Wiley and Sons（2007）
15) DeCasper, A. J., Lecanuet, J-P., Busnel, M-C., Granier-Deferre, C., and Maugeais, R.：Fetal reactions to recurrent maternal speech, Infant Behavior and Development, **17**, pp. 159-164（1994）
16) Eimas, P. D., Siqueland, E. R., Jusczyk, P. W., and Vigorito, J.：Speech perception in infants, Science, **171**, pp. 303-306（1971）
17) Kuhl, P. K., and Miller, J. D.：Speech perception by the chinchilla, identification function for synthetic VOT stimuli, The Journal of Acoustical Society of America, **63**, 3, pp. 905-917（1978）
18) 箱田裕司，都築誉史，川畑秀明，萩原 滋：認知心理学，有斐閣（2010）
19) Ryalls, J. 著，今富摂子，荒井隆行，菅原 勉 監訳：音声知覚の基礎，海文堂（2003）

20) Werker, J. F., and Tees, R. C.: Cross-language speech perception, evidence for perceptual reorganization during the first year of life, Infant Behavior and Development, **7**, pp. 49-63 (1984)
21) Kuhl, P. K., Stevens, E., Hayashi, A., Deguchi, T., Kiritani, S., and Iverson, P.: Infants show a facilitation effect for native language phonetic perception between 6 and 12 months, Developmental Science, **9**, pp. F13-F21 (2006)
22) 林安紀子：音声知覚の発達，音声言語医学，**46**, 2, pp. 145-147（2005）
23) Kuhl, P. K.: Early language acguisition: cracking the speech code, Nature Reviews Neuroscience, **5**, pp. 831-843 (2004)
24) Mazuka, R., Hasegawa, M., and Tsuji, S.: Development of non-native vowel discrimination: improvement without exposure, Developmental Psychobiology, **56**, pp. 192-209 (2014)
25) Best, C. T., and McRoberts, G. W.: Infant perception of non-native consonant contrasts that adults assimilate in different ways, Language and Speech, **46**, pp. 183-216 (2003)
26) Maye, J., Werker, J. F., and Gerken, L.: Infant sensitivity to distributional information can affect phonetic discrimination, Cognition, **82**, pp. B101-B111 (2002)
27) Kuhl, P. K., Conboy, B. T., Coffey-Corina, S., Padden, D., Rivera-Gaxiola, M., and Nelson, T.: Phonetic learning as a pathway to language: new data and native language magnet theory expanded (NLM-e), Philosophical Transactions of the Royal Society B, **363**, pp. 979-1000 (2008)
28) Kuhl, P. K.: Human adults and human infants show a 'perceptual magnet effect' for the prototypes of speech categories, monkeys do not, Perception and Psychophysics, **50**, pp. 93-107 (1991)
29) Tamashige, E., Nishizawa, N., Itoda, H., Kasai, S., Igawa, H. H., and Fukuda, S.: Development of Phonemic Distinction in Japanese Preschool Children, Folia Phoniatrica et Logopaedica, **60**, pp. 318-322 (2008)
30) 大塚　登：構音発達と音声知覚，日本大学大学院総合社会情報研究科紀要，**6**, pp. 150-160（2005）
31) DeCasper, A. J., and Spence, M. J.: Prenatal maternal speech influences newborns' perception of speech sounds, Infant Behavior and Development, **9**, 2, pp. 133-150 (1986)
32) Nazzi, T., Floccia, C., and Bertoncini, J.: Discrimination of pitch contours by

neonates, Infant Behavior and Development, **21**, 4, pp. 779-784（1998）
33) 松田佳尚：対乳児発話（マザリーズ）を処理する親の脳活動と経験変化，ベビーサイエンス，**14**，pp. 22-33（2014）
34) Cooper, R. P., and Aslin, R. N.：Preference for infant-directed speech in the first month after birth, Child Development, **61**, pp. 1584-1595（1990）
35) Nazzi, T., Bertoncini, J., and Mehler, J.：Language discrimination by newborns：toward an understanding of the role of rhythm, Journal of Experimental Psychology：Human Perception and Performance, **24**, 3, pp. 756-766（1998）
36) Nazzi, T., Jusczyk, P. W., and Johnson, E. K.：Language discrimination by English learning 5-month-olds：effects of rhythm and familiarity, Journal of Memory and Language, **43**, pp. 1-19（2000）
37) Ramus, F., Hauser, M. D., Miller, C., Morris, D., and Mehler, J.：Language discrimination by human newborns and by cotton-top tamarin monkeys, Science, **288**, 5464, pp. 349-351（2000）
38) 佐藤　裕，森　浩一，古屋　泉，林　良子，皆川泰代，小泉敏三：乳幼児の音声言語処理における左右聴覚野の発達　―近赤外分光法による検討―，音声言語医学，**44**，3, pp. 165-171（2003）
39) 小渕千絵，廣田栄子：小児における韻律識別の発達に関する検討，Audiology Japan, **47**, 3, pp. 192-199（2004）
40) Jusczyk, P. W., Houston, D. M,. and Newsome, M.：The beginnings of word segmentation in English-learning infants, Cognitive Psychology, **39**, 3-4, pp. 159-207（1999）
41) Saffran, J. R., Aslin, R. N., and Newport, E. L.：Statistical learning by 8-month-old infants, Science, **274**, 5294, pp. 1926-1928（1996）
42) Mattock, K., Molnar, M., Polka, L., and Burnham, D.：The developmental course of lexical tone perception in the first year of life, Cognition, **106**, pp. 1367-1381（2008）
43) Sato, Y., Sogabe, Y., and Mazuka, R.：Development of hemispheric specialization for lexical pitch-accent in Japanese infants, Journal of Cognitive Neuroscience, **22**, pp. 2503-2513（2010）
44) 山本寿子，針生悦子：幼児の単語学習におけるアクセントパターン利用の発達過程，Cognitive Studies, **23**, 1, pp. 22-36（2016）
45) Bertoncini, J., Floccia, C., Nazzi, T., and Mehler, J.：Morae and syllables：rhythmical basis of speech representations in neonates, Language and Speech, **38**, pp. 311-329（1995）

46) Mugitani, R., Pons, F., Fais, L., Dietrich, C., Werker, J. F., and Amano, S.：Perception of vowel length by Japanese and English-learning infants, Developmental Psychology, **45**, pp. 236-247（2009）
47) Sato, Y., Sogabe, Y., and Mazuka, R.：Discrimination of phonemic vowel length by Japanese infants, Developmental Psychology, **46**, pp. 106-119（2010）
48) Minagawa-Kawai, Y., Mori, K., Naoi, N., and Kojima, S.：Neural attunement processes in infants during the acquisition of a language-specific phonemic contrast, Journal of Neuroscience, **27**, pp. 315-321（2007）
49) Sato, Y., Kato, M., and Mazuka, R.：Development of single／geminate obstruent discrimination by Japanese infants：Early integration of durational and non-durational cues, Developmental Psychology, **48**, pp. 18-34（2012）
50) 麦谷綾子：乳児期の母語音声・音韻知覚の発達過程，ベビーサイエンス，**8**, pp. 38-49（2009）
51) 佐藤　裕，山根直人，加藤真帆子，秋元頼孝，馬塚れい子：日本人乳児における撥音・二重母音知覚の発達的変化，日本赤ちゃん学会，かがわ国際会議場（2015）
52) 伊藤友彦，辰巳　格：特殊拍に対するメタ言語知識の発達，音声言語医学，**38**, pp. 196-203（1997）
53) Mazuka, R., Cao, Y., Dupoux, E., and Christophe, A.：The development of a phonological illusion：A cross-linguistic study with Japanese and French infants, Developmental Science, **14**, 4, pp. 693-699（2011）
54) Kajikawa, S., Fais, L., Mugitani, R., Werker, J. F., and Amano, S.：Cross-language sensitivity to phonotactic patterns in infants, The Journal of the Acoustical Society of America, **120**, 4, pp. 2278-2284（2006）
55) Hayashi, A., and Mazuka, R.：Emergence of Japanese infants'prosodic preferences in infant-directed vocabulary, Developmental Psychology, **53**, 1, pp. 28-37（2017）
56) 浜野祥子：日本語のオノマトペ：音象徴と構造，くろしお出版（2014）
57) Asano, M., Imai, M., Kita, S., Kitajo, K., Okada, H., and Thierry, G.：Sound symbolism scaffolds language development in preverbal infants, Cortex, **63**, pp. 196-205（2015）
58) 久津木文：バイリンガルとして育つということ―二言語で生きることで起きる認知的影響―，神戸松蔭女子学院大学研究紀要，**17**, pp. 47-65（2014）
59) Kovács, Á. M., and Mehler, J.：Cognitive gains in 7-month-old bilingual infants, Proceedings of the National Academy of Sciences, **106**, 16, pp. 6556-6560（2009）

60) Kovács, Á. M., and Mehler, J. : Flexible learning of multiple speech structures in bilingual infants, Science, **325**, 5940, pp. 611-612 (2009)
61) Homae, F., Watanabe, H., Nakano, T., Asakawa, K., and Taga, G. : The right hemisphere of sleeping infant perceives sentential prosody, Neuroscience Research, **54**, 4, pp. 276-280 (2006)
62) Negus, V. E. : The Comparative Anatomy and Physiology of the Larynx, Hafner (1949)
63) Lieberman, D. E., McCarthy, R. C., Hiiemae, K. M., and Palmer, J. B. : Ontogeny of postnatal hyoid and larynx descent in humans, Archives of Oral Biology, **46**, pp. 117-128 (2001)
64) Vorperian, H. K., Kent, R. D., Lindstrom, M. J., Kalina, C. M., Gentry, L. R., and Yandell, V. S. : Development of vocal tract length during early childhood : A Magnetic Resonance Imaging Study, The Journal of the Acoustical Society of America, **117**, 1, pp. 338-350 (2005)
65) Vorperian, H. K., Wang, S., Chung, M. K., Schimek, E. M., Durtschi, R. B., Kent, R. D., Ziegert, A. J., and Gentry, L. R. : Anatomic development of the oral and pharyngeal portions of the vocal tract : An imaging study, The Journal of the Acoustical Society of America, **125**, 3, pp. 1666-1678 (2009)
66) Ishizuka, K., Mugitani, R., Kato, H., and Amano, S. : Longitudinal developmental changes in spectral peaks of vowels produced by Japanese infants, The Journal of the Acoustical Society of America, **121**, pp. 2272-2282 (2007)
67) Hirano, M., Kurita, S., and Nakashima, T. : Growth, development and aging of human vocal folds, In Blessand, D.M., Abbs, J.H. (Eds.),Vocal Fold Physiology, pp. 22-48, College Hill Press. (1983)
68) 天野成昭，近藤公久，加藤和美：NTT 乳幼児音声データベースの構築，信学技報，TL（思考と言語），**108**, 50, pp. 29-34（2008）
69) Amano, S., Nakatani, T., and Kondo, T. : Fundamental frequency of infants' and parents' utterances in longitudinal recordings, The Journal of the Acoustical Society of America, **119**, 3, pp. 1636-1647 (2006)
70) Oller, D.K. : The Emergence of the Speech Capacity, Lawrence Erlbaum Associates, Inc. (2000)
71) Mitchell, P. R., and Kent, R. D. : Phonetic variation in multisyllable babbling Journal of Child Language, **17**, pp. 247-265 (1990)
72) Lipkind, D., Mareus, G.F., Bemis, D.K., Sasahara, K., Jacoby, N., Takahasi, M., Suzuki,

K., Feher, O., Ravbar, P., Okanoya, K., and Tchernichovski, O. : Stepwise acquisition of vocal combinatorial capacity in songbirds and human infants, Nature, **498**, pp. 104-108 (2013)

73) Jakobson, R. : Child Language, aphasia and phonological universals, De Gruyter Mouton (1968)

74) Vihman, M.M., Macken, M.A., Miller, R., Simmons, H., and Miller, J. : From babbling to speech : A re-assessment of the continuity issue, Language, **61**, pp. 397-445 (1985)

75) Holowka, S., and Petitto, L.A. : Left Hemisphere Cerebral Specialization for Babies While Babbling, Science, **297**, p. 1515 (2002)

76) McGillion, M., Herbert, J.S., Pine, J., Vihman, M., dePaolis, R., Keren-Portnoy, T., and Matthews, D. : What paves the way to conventional language? The predictive value of babble, pointing, and socioeconomic status, Child Development, **88**, 1, pp. 156-166 (2017)

77) Kern, S., Davis, B., and Zink, I. : From babbling to first words in four languages : Common trends, cross language and individual differences, In d'Errico, F., and Hombert, J. M. (Eds.), Becoming eloquent : Advances in the Emergence of language, human cognition and modern culture, pp. 205-232, John Benjamins' Publishing Company (2009)

78) MacNeilage, P.F., Davis, B.L. Kinney, A., and Matyear, C.L. : The motor core of speech : a comparison of serial organization patterns in infants and languages, Child Development, **71**, 1,pp. 153-63 (2000)

79) MacNeilage, P. F. : The frame/content theory of evolution of speech production, Behavioral and Brain Sciences, **21**, 4, pp. 499-511 (1998)

80) Nam, H., Goldstein, L. M., Giulivi, S., Levitt, A. G., and Whalen, D. H. : Computational simulation of CV combination preferences in babbling, Journal of Phonetics, **41**, 2, pp. 63-77 (2013)

81) Brown, R. : Words and things. Glencoe, IL, Free Press (1958)

82) Boysson-Bardies, Bde., Halle, P., Sagart, L., and Durand, C. : A cross-linguistic investigation of vowel formants in babbling, Journal of Child Language, **16**, pp. 1-17 (1958)

83) Boysson-Bardies, Bde., and Vihman, M.M. : Adaptation to language : Evidence from babbling and first words in four languages, Language, **67**, pp. 297-319 (1991)

84) Whalen, D.H., Levitt, A.G., and Goldstein, L.M. : VOT in the babbling of French-

and English-learning infants, Journal of Phonetics, **35**, pp. 341-352 (2007)

85) Lee, S., Davis, B.L., and MacNeilage, P.F. : Universal production patterns and ambient language influences in babbling : A cross-linguistic study of Korean- and English-language learning infants, Journal of Child Language, **37**, 2, pp. 293-318 (2010)

86) Clerck, I. D., Pettinato, M., Verhoeven, J., and Gillis, S. : Is prosodic production driven by lexical development? Longitudinal evidence from babble and words, Journal of Child language Volume **44**, Issue 5, pp. 1248-1273 (2017)

87) Levitt, A.G., and Wang, Q. : Evidence for Language-Specific Rhythmic Influences in the Reduplicative Babbling of French-and English-Learning Infants, Language and Speech, **34**, pp. 235-249 (1991)

88) DePaolis, R. A., Vihman, M.M., and Kunnari, S. : Prosody in production at the onset of word use: A cross-linguistic study, Journal of Phonetics, **36**, pp. 406-426 (2008)

89) Mampe, B., Friederici, A., Christophe, A., and Wermke, K. : Newborns' cry melody is shaped by their native language, Current Biology, **19**, pp. 1994-1997 (2009)

90) Wermke, K., Ruan, Y., Dobnig, D., Stephan, S., Wermke, P., Ma L., and Shu, H. : Fundamental frequency variation in crying of Mandarin and German neonates, Journal of Voice, **31**, pp. 255.e25-255.e30 (2017)

91) Gustafson, G.E., Sanborn, S.M., Lin, H.-C., and Green, J.A. : Newborns' Cries are Unique to Individuals (But Not to Language Environment), Infancy, **22**, pp. 736-747 (2017)

92) Lee, C-C., Jhang, Y., Relyea, G., and Oller, D.K. : S Subtlety of ambient-language effects in babbling : A study of English-and Chinese-learning infants at 8, 10, and 12 months, Language Learning and Development, **13**, 1, pp. 100-126 (2017)

93) Engstrand, O., Williams, K., and Lacerda, F. : Does babbling sound native? Listener responses to vocalizations produced by Swedish and American 12- and 18-month-olds, Phonetica, **60**, pp. 17-44 (2003)

94) Friedrich, M., and Friederici, A.D. : The origins of word learning : brain responses of 3-month-olds indicate their rapid association of objects and words, Developmental Science, **20**, 2, doi : 10.1111/desc.12357 (2015)

95) Pruden, S. M., Hirsh-Pasek, K., Golinkoff, R., and Hennon, E.A. : The birth of words : Ten-month-olds learn words through perceptual salience, Child Development, **77**, pp. 266-280 (2006)

96) Vihman, M. M., and McCune, L. : When is a word a word?, Journal of Child

Language, **21**, 3, pp. 517-542 (1994)
97) Nakazima, S.A. : comparative study of the speech developments of Japanese and American English in childhood (1) -A comparison of the developments of voices at the prelinguistic period, Studia Phonologica, **2**, pp. 27-46 (1962)
98) Chung, H., Kong, E.J., Jan, E., Weismer, G., Fourakis, M., and Hwang, Y. : Cross-linguistic studies of children's and adults' vowel spaces, The Journal of the Acoustical Society of America, **131**, 1, pp. 442-454 (2012)
99) Li, F. : Language-Specific Developmental Differences in Speech Production, A Cross-Language Acoustic Study, Child Development, **83**, 4, pp. 1303-1315 (2012)
100) Hallé, P., de Boysson-Bardies, B. B., and M. Vihman : Beginnings of prosodic organization : intonation and duration patterns of disyllables produced by Japanese and French infants, Language and Speech, **34**, pp. 299-318 (1991)
101) Yamashita, Y., Nakajima, Y., Ueda, K., Shimada, Y., Hirsh, D., Seno, T., and Smith, B.A. : Acoustic analyses of speech sounds and rhythms in Japanese- and English-learning infants, Frontiers in Psychology, **4**, 57, pp. 111-121 (2013)
102) Nazzi, T., Bertoncini, J., and Mehler, J. : Language discrimination by newborns : towards an understanding of the role of rhythm, Journal of Experimental Psychology, Human Perception and Performance, **24**, 3, pp. 756-766 (1998)
103) Ramus, F., Nespor M., and Mehler, J. : Correlates of linguistic rhythm in the speech signal, Cognition, **73**, 3, pp. 265-292 (1999)
104) Garofolo, J. S., et al : TIMIT Acoustic-Phonetic Continuous Speech Corpus (LDC93S1). Linguistic Data Consortium, (1993).
https://catalog.ldc.upenn.edu/LDC93S1 (2018年8月現在)
105) 音声資源コンソーシアム：日本音響学会新聞記事読み上げ音声コーパス (JNAS) http://research.nii.ac.jp/src/JNAS.html (2018年8月現在)
106) Mugitani, R., Ishizuka, K., and Amano, S. : Longitudinal development of mora-timed rhythmic structure in Japanese The 30th Annual Boston University Conference on Child Development (2005)
107) Malloch, S. : Mothers and infants and communicative musicality, Musicae Scientiae, **3**, 29, pp. 29-57 (1999)
108) Bloom, K., Russell, A., and Wassenberg, K. : Turn taking affects the quality of infant vocalizations, Journal of Child Language, **14**, pp. 211-227 (1987)
109) Tamis-LeMonda, C.S., Kuchirko, Y., and Song, L. : Why is infant language learning facilitated by parental responsiveness?, Current Directions in Psychological

Science, **23**, 2,pp. 121-126 (2014)
110) Goldstein, M.H., King, A.P., and West, M.J.：Social interaction shapes babbling：Testing parallels between birdsong and speech, Proceedings of the National Academy of Sciences, **100**, pp. 8030-8035 (2003)
111) Goldstein, M.H., and Schwade, J.A.：Social feedback to infants' babbling facilitates rapid phonological learning, Psychological Science, **19**, pp. 515-522 (2008)
112) Albert, R., Schwade, J.A., and Goldstein, M.H.：The social functions of babbling：Acoustic and contextual characteristics that facilitate maternal responsiveness, Developmental Science (in press)
113) Clement, C.J., and Koopmans-van Beinum, F.J.：Influence of lack of auditory feedback：Vocalizations of deaf and hearing infants compared, Institute of Phonetics Sciences, University of Amsterdam, Proceedings, **19**, pp. 25-37 (1995)
114) Eilers, R.E., and Oller, D.K.：Infant vocalizations and the early diagnosis of severe hearing impairment, Journal of Pediatrics, **124**, pp. 199-203 (1994)
115) Petitto, L.A., and Marentette, P.F.：Babbling in the manual mode：Evidence for the ontogeny of language, Science, **251**, pp. 1493-1496 (1991)
116) Petitto, L.A., Holowka, S., Sergio, L., and Ostry, D.：Language rhythms in babies' hand movements, Nature, **413**, pp. 35-36 (2001)
117) Ejiri, K.：Relationship between rhythmic behavior and canonical babbling in infant vocal development, Phonetica, **55**, pp. 226-237 (1998)
118) Patten, E., Belardi, K., Baranek, G.T., Watson, L.R., Labban, J.D., and Oller, D.K.：Vocal patterns in infants with autism spectrum disorder：Canonical babbling status and vocalization frequency, Journal of Autism and Developmental Disorders, **44**, pp. 2413-2428 (2014)
119) Eriksson, M., Marschik, P.B., Tulviste, T., Almgren, M., Pérez Pereira, M., Wehberg, S. Marjanovič-Umek, L., Gayraud, F., Kovacevic, M., and Gallego, C.：Differences between girls and boys in emerging language skills：evidence from 10 language communities, British Journal of Developmental Psychology, **30** (Pt 2), pp. 326-343 (2012)
120) Harold, M.P., and Barlow, S.N.：Effects of Environmental Stimulation on Infant Vocalizations and. Orofacial Dynamics at the Onset of Canonical Babbling, Infant Behavior & Development, **36**, 1, pp. 84-93 (2013)
121) Quast, A., Hesse, V., Hain, J., Wermke, P., and Wermke, K.：Baby babbling at five

months linked to sex hormone levels in early infancy, Infant Behavior and Development, **44**, pp. 1-10（2016）
122) 小椋たみ子：マッカーサー乳幼児言語発達質問紙の標準化，文部省科学研究費補助金基盤研究（C）研究成果報告書（2000）
123) Bates, E., Bretherton, I., and Snyder, L.：Review of the Individual Differences Literature. In Bates, E., I. Bretherton, and Snyder, L. (Eds.), From first words to grammer：Individual differences and dissociable Mechanisms, pp. 43-66, Cambridge University Press（1988）
124) Takahashi, D. Y., Fenley, A.R., Teramoto, Y., Narayanan, D.Z., Borjon, J.I., Holmes, P., and Ghazanfar, A.A.：The developmental dynamics of marmoset monkey vocal production, Science, **349**, pp. 734-738（2015）
125) Titze, I.R.：Principles of Voice Production, Prentice Hall（1994）
126) Laver, J.：Principles of Phonetics（Cambridge Textbooks in Linguistics）, p. 116 Cambridge University Press（1994）
127) Crystal, D.：A Dictionary of Linguistics and Phonetics（3rd. edition）, Black-well, p. 279（1991）
128) 小嶋祥三：声からことばへ，ことばの獲得，pp. 1-36，ミネルヴァ書房（1999）
129) 河野守夫，対島輝昭：幼児の Babbling と一語文にみるリズム現象，音聲學會會報，**191**, pp. 6-13（1989）
130) 杉村伸一郎：幼児期，発達心理学事典，pp. 414-415，丸善出版（2013）
131) 児童福祉法第 1 章総則第 2 節「定義」第 4 条の 2「幼児」
http://www.japaneselawtranslation.go.jp/law/detail_main?id=11&vm=1
（2018 年 8 月現在）
132) 山内光哉，青木多寿子：発達の諸問題，発達心理学・上，pp. 20-26，ナカニシヤ出版（1989）
133) 秦野悦子：初語，発達心理学辞典，p. 336，ミネルヴァ書房（1995）
134) 小椋たみ子：語彙発達，言語発達とその支援，pp. 79-84，ミネルヴァ書房（2002）
135) 亀井 孝，河野六郎，千野栄一 編：言語学大辞典 第 6 巻 術語編「言語」の項，p. 356，三省堂（1996）
136) 斎藤純男：日本語音声学入門 改訂版，p. 79，三省堂（2009）
137) Levelt, W.J.M.：Language acquisition：Wealth of data, dearth of theory, A history of psycholinguistics：The pre-chomskyans' era, Oxford University Press, p. 355（2013）

138) 村井潤一：乳児期初期の音声発達，哲學研究，**47**, 4, pp. 20-42（1961）
139) Irwin, O.C.：Infant speech：Development of vowel sounds, Journal of Speech & Hearing Disorders, **13**, pp. 31-34（1948）
140) Murai, J.：Speech development of infants － analysis of speech sounds by Sona-Graph －, Psychologia, **3**, 1, pp. 27-35（1960）
141) 市島民子：日本語における初期言語の音韻発達，コミュニケーション障害学，**20**, 2, pp. 91-97（2003）
142) 麦谷綾子，小林哲生，石塚健太郎，天野成昭，開　一夫：日本語学習乳児の音声口形マッチングの発達に関する母音 /i/ を用いた検討，音声研究，**10**, 1, pp. 96-108（2006）
143) Ishizuka, K., Mugitani, R., Kato, H., and Amano, S.：Longitudinal developmental changes in spectral peaks of vowels produced by Japanese infants, Journal of the Acoustical Society of America, **121**, 4, pp. 2272-2282（2007）
144) 市橋豊雄，岡野　哲，近藤亜子，中原弘美，飯沼光生，田村康夫：持続母音およびVCV音節語後続母音の周波数解析からみた小児の構音発達について，小児歯科学雑誌，**46**, 5, pp. 585-601（2008）
145) 廣瀬　肇　訳：新ことばの科学入門, p. 103, 医学書院（2008）
146) 斎藤純男：日本語音声学入門 改訂版, p. 21, 三省堂（2009）
147) 馬瀬良雄：幼稚園児の発音の実態-4歳児の場合-，音声の研究，**13**, pp. 277-296（1967）
148) 大和田健次郎，中西靖子，大重克敏：幼児の構音の検査，東京学芸大学特殊教育研究施設研究紀要，**1**, pp. 53-59（1968）
149) 大和田健次郎，中西靖子，藤田紀子：幼児の日常会話における発音の恒常性（一貫性）について，東京学芸大学特殊教育研究施設研究紀要，**4**, pp. 1-26（1971）
150) 中西靖子，大和田健次郎，藤田紀子：構音検査とその結果に関する考察，特殊教育研究施設報告，**1**, pp. 1-41（1972）
151) 荒井隆行，麦谷綾子：子どもを取り巻く音環境と青声言語に関わる発達について，日本音響学会誌，**72**, 3, pp. 129-136（2016）
152) 大塚　登：ラダ行音の構音発達についての研究，音声言語医学，**38**-3, pp. 243-249（1997）
153) 中村哲也，小島千枝子，藤原百合：健常発達における音韻プロセスの変化，リハビリテーション科学ジャーナル，**10**, pp. 1-13（2015）
154) 森川博由，千田強志：幼児期・学童期における子音構音の発達過程の分析：

構音歪の音響的, 知覚的検討, 電子情報通信学会技術研究報告, 音声, **100**, 240, pp. 61-68 (2000)

155) 井尻昌範, 乾 敏郎, 天野成昭, 近藤公久：構音学習モデルに基づく幼児音化メカニズムの検討, 電子情報通信学会技術研究報告, ニューロコンピューティング, **104**, 586, pp. 61-66 (2005)

156) Allen, G.D.：Speech rhythms：Its relation to performance universals and articulatory timing, Journal of Phonetics, **3**, 2, pp. 75-86 (1975)

157) Lehiste, I.：Isochrony reconsidered, Journal of Phonetics, **5**, pp. 253-263 (1977)

158) Dauer, R.M.：Stress-timing and syllable-timing reanalyzed, Journal of Phonetics, **11**, 1, pp. 51-62 (1983)

159) Sato, Y.：The durations of syllable-final nasals and the mora hypothesis in Japanese, Phonetica, **50**, pp. 44-67 (1993)

160) Homma, Y.：Durational relationship between Japanese stops and vowels, Journal of Phonetics, **9**, pp. 273-281 (1981)

161) Otake, K., Hatano, G., Cutler, A., and Mehler, J.：Mora or syllable? Speech segmentation in Japanese, Journal of Memory and Language, **32**, 2, pp. 258-278 (1993)

162) 窪薗晴夫：日本語の韻律構造とその獲得, 音声言語医学, **38**, 3, pp. 281-286 (1997)

163) Miura, I.：The acquisition of Japanese long consonants, syllabic nasals, and long vowels, Proceedings of ICSLP90, pp. 1325-1328 (1990)

164) 窪薗晴夫：子供のしりとりとモーラの獲得, 日本語のモーラと音節構造に関する総合的研究 (2) 平成4年度研究成果報告書 (重点領域研究「日本語音声における韻律的特徴の実態とその教育に関する総合的研究」), pp. 130-137 (1993)

165) 太田 聡：たかが「尻取り」, されど「尻取り」- 幼稚園児との尻取り遊びが教えてくれること -, 日本語のモーラと音節構造に関する総合的研究 (2) 平成4年度研究成果報告書 (重点領域研究「日本語音声における韻律的特徴の実態とその教育に関する総合的研究」), pp. 138-153 (1993)

166) 高橋 登：幼児のことば遊びの発達："しりとり"を可能にする条件の分析, 発達心理学研究, **8**, 1, pp. 42-52 (1997)

167) 天野 清：子どものかな文字の習得過程, 秋山書店 (1986)

168) 深川美也子：幼児の音韻意識の発達とひらがな読み習得の関係, 人間社会環境研究, **33**, pp. 59-69 (2017)

169) 伊藤友彦,辰巳　格：特殊拍に対するメタ言語知識の発達,音声言語医学,**38**, 2, pp. 196-203（1997）
170) 伊藤友彦,香川　彩：文字獲得前の幼児における韻律単位の発達：モーラと音節との関係,音声言語医学,**42**, 3, pp. 235-241（2001）
171) 嵐　洋子：幼児の特殊拍意識の発達に関する一考察：青森県深浦方言地域と神奈川県横浜方言地域の比較を中心に,音声研究,**7**, 3, pp. 101-111（2003）
172) 白勢彩子：音韻（理論・現代）,日本語の研究,**12**, 3, pp. 57-64（2016）
173) 柴田　武,柴田里程：アクセントは同音語をどの程度弁別しうるか―日本語・英語・中国語の場合,計量国語学,**17**, 7, pp. 317-327（1990）
174) 香川　彩,伊藤友彦：1〜2歳児の呼称における短縮語の韻律的特徴,東京学芸大学紀要,第1部門,**55**, pp. 155-160（2004）
175) Yuzawa, M., and Saito, S.：The Role of prosody and long-term phonological knowledge in Japanese children's nonword repetition performance, Cognitive Development, **21**, pp. 146-157（2006）
176) 足立志津,伊藤友彦：幼児における未知アクセントに対する復唱の発達的変化,東京学芸大学紀要,第1部門,**53**, pp. 81-86（2002）
177) 白勢彩子,筧　一彦：幼児期のアクセント生成と知覚の相互影響,聴覚研究会資料,**40**, 6, pp. 507-512（2010）
178) Mugitani, R., Kobayashi, T., and Amano, S.：Perception and lexical acquisition of Japanese pitch accent in infants, BUCLD31：Abstract of the 31th Annual Boston University Conference on Language Development, 65（2006）
179) Mugitani, R., Kobayashi T., Hayashi, A., and Fais, L.：The use of pitch accent in word-object association by monolingual Japanese infants, Infancy（in press）
180) 伊藤友彦：構音,アクセントに対するメタ言語知識の発達,音声言語医学,**36**, 1, pp. 76-77（1995）
181) 小長野隆太：幼児の「歌唱の音高の正確さ」に関する縦断的研究,広島大学大学院教育学研究科紀要,第二部,**55**, pp. 451-460（2006）
182) 松森晶子：2型アクセント－鹿児島方言－,日本語アクセント入門,pp. 62-78,三省堂（2012）
183) 白勢彩子,筧　一彦,太田一郎：アクセントの獲得過程の言語間比較,電子情報通信学会技術研究報告,思考と言語,**105**, 437, pp. 13-18（2006）
184) 白勢彩子：幼児の単語アクセントの聴取に関する方言比較による検討,音声研究,**11**, 3, pp. 55-68（2007）
185) Kehoe, M.：Stress error patterns in English-speaking children's word

productions, Clinical Linguistics & Phonetics, **11**, 5, pp. 389-409（1997）
186) 斎藤純男：日本語音声学入門 改訂版, p. 111, 三省堂（2009）
187) Ota, M.：Children's production of word accents in Swedish revisited, Phonetica, **63**, pp. 230-46（2006）
188) Wong, P., Schwartz, R.G., and Jenkins, J.J.：Perception and production of lexical tones by 3-year-old, Mandarin-speaking children, Journal of Speech, Language, and Hearing Reserch, **48**, 5, pp. 1065-1079（2005）
189) 早田輝洋：音調のタイポロジー, 大修館書店（1999）
190) 佐藤大和：複合語におけるアクセント規則と連濁規則, 日本語と日本語教育 第2巻（日本語の音声・音韻）, pp. 233-265（1998）
191) 杉本貴代：幼児期の連濁の獲得順序性と言語処理の発達的特徴 – 有標性の原理と語構造からの検討 –, 東京大学大学院教育学研究科紀要, **54**, pp. 261-270（2014）
192) 平山輝男 編：全国アクセント辞典, 東京堂出版（1960）
193) 藤本雅子：方言音声の音響的特徴とその生成に関わる生理学的要因 – 東京方言と大阪方言における母音無声化の比較 –, 日本語学, **27**, 5, pp. 198-209（2008）
194) Imaizumi, S., Fuwa, K., and Hosoi, H.：Development of adaptive phonetic gestures in children：Evidence from vowel devoicing in two different dialects of Japanese, The Journal of the Acoustical Society of America, **106**, 2, pp. 1033-1044（1999）
195) 白勢彩子, 桐谷 滋：複合名詞アクセント規則の獲得過程, 音声研究, **5**, 2, pp. 39-53（2001）
196) 白勢彩子：4, 5拍語の外来語アクセント規則と幼児の発話生成, 東京学芸大学紀要, 人文社会科学系 I, **60**, pp. 187-194（2009）
197) 国立国会図書館サーチ http://iss.ndl.go.jp/（2017年12月1日現在）

第3章 感情

　音声を聞くというと，なにを話しているのかという言語内容をとらえることを最初に思い付くかもしれない．だが，音声のもたらす情報は言語内容そのもの，つまりことばの字義どおりの意味だけに留まるものではない．その内容を楽しそうに話しているのか，あるいは沈んだ様子で話しているのか，といった，どんなふうに話しているかという部分もまた，重要な情報である．そこには，ことばだけでは表しきれない話者の感情[†]の機微が現れ，むしろそれこそが話者の伝えようとしている意図の本質にもなりうるからである．本章では，このような音声を通した感情情報の知覚と産出に注目し，その発達的変化を見ていく．まず，そもそも音声のどこに感情を読み取れる要素が現れるかを，大人を対象とした研究から見ていく．つぎに，生まれて間もない時期の乳児が持つ，感情音声に対する敏感性を紹介する．続いて，幼児期から児童期における，感情音声のとらえ方の発達的変化を追う．最後にこども自身が発する感情音声がいかなるものかを検討した知見を紹介する．

3.1　感情は音声のどこに現れるか

3.1.1　なぜ音声から感情がわかるのか

　話者が「どんなふうに話しているか」という形で音声に込めた感情は，特に，ことばの知識がまだ少ないこどもが他者とコミュニケーションをとるうえで重要な情報であると考えられる．その大切さを想像するために，まったく知らない外国語で，自分になにかを伝えようとする人の声を聞いたときを考えて

[†] 日本語における感情の概念は幅広い．本章では，情動（emotion）を扱っている知見を中心的に取り上げる．

みよう。一つひとつの単語はわからなくても，その人がどんな感情を抱いて話しているか，その話し方からなんとなく判断できることがあるのではないか。それによってなんとなくの意思疎通が可能になる，ということもあるかもしれない。ことばを獲得する前のこどもに言えるのも，似たことである。大人と違い，「なにを話しているか」という言語情報をすべて理解するだけの知識をまだ獲得していないこどもにとって，音声の中から「どんなふうに話しているか」，特に話者の感情を読み取る能力は，相手との情報のやり取りを可能にし，コミュニケーションを形作り，社会性を育む大きな基盤となると考えられる。

このように，コミュニケーションという面で見ると，音声が伝える情報には複数の側面がある。本章では，音声言語の「なにを話しているか」という側面を言語情報，「どんなふうに話しているか」という側面をパラ言語情報として，感情音声について考えていく（図3.1）。

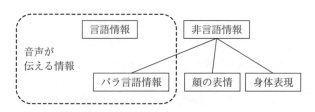

図3.1　感情を伝達する情報の分類

言語情報であれば，「いちごという音は，この赤く甘酸っぱい果物を指す」といったように，音と意味の対応付けがなされている。では，パラ言語情報である感情の場合はどうだろうか。「どんな音が，悲しい声？」と問われて，対応する音響的特性を定義しようとすると，案外難しい。

それにもかかわらず，日常生活において，文字で表すことのできないパラ言語情報が話者の感情を伝えるうえで果たす役割は大きい。音声から感情を答えさせるような課題を行ってみれば，大人の間では，ある程度共通した回答が得られる。また，ごく短い音声に対しても感情を知覚することができる[1]。さらに，感情音声を聞いた際の**脳活動を事象関連電位**（ERP；event-related brain potential）†を指標として測定すると，音声を聞いて 200 ms 内と非常に早い段

階で，感情に応じて異なる脳波が見られることも示されている[2),3)]。こういった研究では，参加者たちは，音声のみを聞いて感情を判断する。つまり文脈情報がなくとも，音声のみを手がかりにして特定の感情を見いだせるということから，やはり感情と，特定の音響的特徴はなんらかの形で対応していると考えられる。

3.1.2 感情とプロソディとの対応

「とても嬉しいの」，「怒ったよ」というように，言語情報によって感情を表すことも当然可能である。しかしそのときに，沈んだ声で「…とても嬉しいの」，もしくは，満面の笑みで「もう怒ったよ」と言われたら，聞いた側は話者の感情をどのように感じ取るだろうか。話者が心の底から字義どおりのことばを言っているようには思えないのではないだろうか。このように，表情やパラ言語情報が表す感情は，言語情報のように指示対象が明らかな情報を超えて，発話者が伝達したいメッセージの本質を示すことがある。実際に，大人は言語情報が表す感情とパラ言語情報が表す感情が相反するような言語行動をとりうるが，そのうちパラ言語情報が表す情報を，より本当の感情と感じる傾向がある[4)]。

言語情報が子音や母音といった音声の分節的特徴からおもに伝えられるのに対し，パラ言語情報は，音声の韻律（プロソディ）的特徴から伝達される。韻律は，音の高さ，強さ，持続時間によって特徴付けられる。

同じ「そうなんですか」という言語情報でも，甲高い声で「そうなんですか！」と言うときはポジティブ，全体的に低く，またあまり変わらない高さで「そうなんですか…」と言うときではネガティブというように，分節的特徴に伴う韻律的特徴が異なれば，異なる感情が込められているように感じることだろう。このような韻律的特徴は，「ああ」，「うーん」といった言語情報に乏しい音声にも伴い，いかようにでも異なる意味を表しうる。このように，音声言

---

† ERP（事象関連電位）とは，特定の刺激や事象に伴って生じる一過性の脳電位の変化であり，脳活動の指標の一種として使われる。

語コミュニケーションでは，言語情報に加えて，韻律的特徴が形作るパラ言語情報を聞き取ることが，大人にとって，話者の感情を読み取る重要な手がかりであると言える[5]。

韻律的特徴の中でも，感情を表すうえで大きな役割を果たしているのが，基本周波数（f_0）で示される声の高さや，その変化，そしてその変化の幅である。喜びではほかの感情に比べてf_0が高く，一方，悲しみや嫌悪では低い[6]〜[8]。また，f_0の変化の幅については，悲しみでは小さく[8]，怒りでは大きいこと[9]が示されている。

図3.2は，表情音声データベース[10]に収録された，ある女性の「そうなんですか」というセリフについて，喜び，怒り，悲しみ，嫌悪の4種類の感情を込めた音声のf_0の変化とピッチ曲線を描いたものである。この例では，喜びにおけるf_0の高さ，怒りにおけるf_0の変化の幅の大きさ，悲しみにおけるf_0の変化の幅の小ささ，嫌悪におけるf_0の低さが現れている。

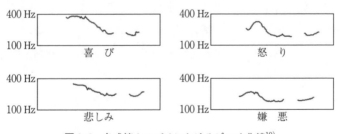

図3.2　各感情カテゴリにおけるピッチ曲線[10]

このように，感情音声の音響分析から，f_0が感情の表現に大きな役割を果たしていると言えよう。高さのほかにも，喜びを表す感情音声の音は，強く[6]，持続時間が短い[8]といったように，音の強さや，持続時間も感情に応じて変化するが，f_0ほどには研究間で一致した音響的特徴が抽出できているわけではないことに注意したい。

これらの感情音声を聞かせ，そこに込められた感情を選ばせる知覚課題では，おおよそチャンスレベル以上の正答率が得られる。しかし，恐怖については正答率が低い[7],[8]というように，感情による差も見られている。また，高木

らは正答率の低い感情で見られる混同のパターンを調べ，怒りと嫌悪での混同が多いことを報告している[8]。怒りと嫌悪は，f_0に顕著な違いが見られない，つまり音響的特徴が比較的類似した組合せである。このように音響的特徴の類似性が感情知覚の混同に影響を及ぼす一方で，音響的特徴が似ていないものどうし（例えば，悲しみと恐怖）で混同が生じる，あるいは音響的特徴に顕著な差が見られないものどうしでも混同が生じない（例えば，喜びと恐怖）という組合せもあった。つまり，f_0，f_0の変化の幅，および持続時間といった指標のみでは，感情の正答率の低さのすべてを説明できるわけではなかった。

このように，感情はf_0をはじめとするさまざまな音響的特徴が複雑に絡み合う形で表され，「こんな音響的特徴であれば，必ずこの感情を意味する」といった明確でシンプルな対応付けで表現されるというものではない。また，演技音声と自発的な発話では音響的特徴が異なる可能性がある[6]ことにも注意すべきであろう。それでも，「高い声はポジティブ」，「平坦な声はネガティブ」といった傾向は複数の研究，また日本語と英語といった異なる言語の間でも共通して見られることから，音声の韻律的特徴に見られる音響的特徴が感情知覚を左右する要因であることに疑いはない。

3.1.3 感情音声の普遍性

「喜びのときは高いf_0」といったように，感情音声の音響的特徴には，言語を越えた共通点が見られると述べた。3.1.1項では外国語話者の感情音声もなんとなくわかるかもしれない，と書いたが，本当に異なる言語話者の感情音声も正しく知覚していると言ってよいだろうか。

感情の知覚と表出における普遍性[11],[12]と文化差[13]が人間の顔の表情において議論されてきたように，感情音声においても，その普遍性が検討されている[14]〜[16]。例えば，スペイン語話者に，スペイン語，英語，ドイツ語，アラビア語それぞれの母語話者が発した感情音声を聞かせ，基本6感情（喜び，怒り，悲しみ，驚き，恐れ，嫌悪）の単語から選ばせる課題では，いずれの感情音声に対してもチャンスレベル（選択肢をでたらめに選んだ場合の確率）以上

の正答率が得られている[17]。また，エクアドルのシュアール語母語話者を対象に，中立的な意味を持った英文に感情を込めた音声を聞かせて，一致する表情を選ばせた場合も，やはり，チャンスレベル以上の確率で正解できる[18]。さらに，ほかの文化に触れる機会を持たないナミビアのヒンバ族でさえ，英語話者が発した基本6感情の感情音声を知覚できた[19]。ただし，基本6感情以外のポジティブな感情音声である「**達成**（achievement）」と「**楽しみ**（pleasure）」についてのヒンバ族の正答率は，ヒンバ語の音声に対してはチャンスレベル以上，英語話者の音声に対してはチャンスレベルに留まった。このように，基本6感情についてはおおむね，異なる言語話者の発した音声についても，普遍的に感情を知覚できることが示唆されている。

3.2 乳児はいつから感情音声を聞いているのか

3.2.1 感情音声に対する敏感性の萌芽

音声以外にも，感情は，表情，体勢や体の動きのような身体表現にも現れる。これらはいずれも目から入力した視覚情報として知覚する必要があるのに対し，聴覚情報である感情音声は，その対象に顔を向けていなくても知覚することができる。つまり，感情音声は，遮蔽物があっても，さらに横からでも後ろからでも，また遠くからでも聞くことができることから，伝達のしやすさという利点を持つ。

このことは，生まれたばかりの乳児にとって，非常に大きな意義を持つと考えられる。生まれる前の時期を過ごす胎内は真っ暗であり，視覚情報は使えない。また，生まれて外界に出てきてからも，視力が大人に近い程度になるまでには，1年から3年以上の時間を要する。生まれて間もない新生児の場合を考えると，目の前にいる人間の顔の輪郭線をぼんやり見ることはできても，はっきりとその表情を判別できるほどの視力は持っていないということになる。そのように，はっきりと知覚しはじめる経験を得るまでに出生後の時間を要する視覚情報に対して，聴覚情報の場合はすでに胎内にいるときから感じ取ること

3.2 乳児はいつから感情音声を聞いているのか　　123

ができ，経験を重ねていることになる。もちろん外界と隔てられている胎内では，子音や母音といった音韻情報のすべてがはっきりと聞こえるわけではない。しかし「どんなふうに話しているか」の部分，つまり感情音声に重要な韻律的特徴ならば，胎内にいるこどもにも届く。このことは，生まれたばかりの新生児が，母親の声や母語のリズムに対する敏感性を示すことからも明らかである[20]~[22]。こういった敏感性は，胎内で聞いていた聴覚情報の経験を反映していると考えられるからである。以上のように，こどもにとって聴覚情報，とりわけ韻律的特徴は，非常に早い時期から経験できる情報と言える。

　実際，感情音声についても，新生児が母語の感情音声とそれ以外の感情音声とで異なる反応を示すというように，胎内で感情音声に対する経験も重ねていることを示唆する結果も報告されている[23]。さらにこの報告では，喜びを表す感情音声に対して，そのほかの感情音声よりも目が開く回数が多かった，という結果も見られている。ここからは，異なる種類の感情音声に対し，音響的特徴に基づいて，なんらかの区別をしていることの片鱗（へんりん）が見受けられる。

　このように，発達のかなり早期の段階において，感情音声を耳にする経験をしていることと，感情音声を知覚することの萌芽が見られる。ただし，それらはあくまでも異なる感情の音声に対し，異なる反応を見せることを示しただけかもしれない。つまり，こどもは，「喜び」の感情音声からポジティブな情報を受け取り，「悲しみ」の感情音声からネガティブな情報を受け取っているというのではなく，ただ「喜び」と「悲しみ」の音響的性質を区別し，「違う音」ととらえただけにすぎないのかもしれない。このように，感情音声の種類によって違う反応を見せたとしても，それは，大人と同じ意味合いでこどもが感情を知覚している，という証拠にはならない。そこで次項では，乳児がいつになれば，どこまで音声からの感情を知覚していると言えそうか，これまで明らかにされている知見を見ていく。

3.2.2　乳児は感情音声をどこまで理解しているのか

　音声のみを聞かせた場合を見ると，5か月頃のこどもが音声から感情の意味

を読み取っていることが示唆されている。Fernaldは，5か月児に，さまざまな国の女性が話す**承認**（approval）の声（例えば，「いい子ね」）と**禁止**（prohibition）の声（例えば，「いたずらっこね！」）を聞かせ（**図3.3**），こどもが音声をどのくらい聞こうとするか，またそのときにどのような表情をしているかを指標として，感情音声の知覚を検討した[24]。その結果，5か月児は「承認」のほうをより長く聞こうとし，さらに，「承認」の音声に対してポジティブな表情を，「禁止」の音声に対してネガティブな表情を見せていた。さらに，聞かせることばを，言語情報としての意味をなさない無意味語にしたとき，もしくは，外国語の音声に対してであっても，5か月児は同様の反応を示していた。このように5か月になると，音声に含まれる「近づいてよいものか/悪いものか」という，ポジティブと，ネガティブの大きな感情の枠組みを感じ取り，それに応じた反応ができることが示唆されている。

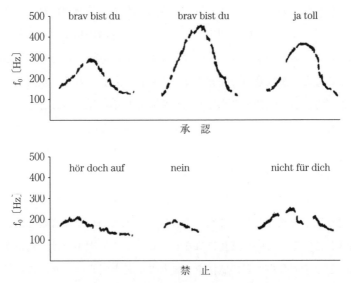

図3.3 承認/禁止の音声におけるピッチ曲線
（文献24）をもとに作成）

その一方で，Walker-AndrewsとLennonの行った馴化-脱馴化法による実験結果は，5か月児の場合，感情音声の違いを区別できるのは限定的な状況である可能性を示している[25]。この方法を使うと，最初に「喜び」の声を聞かせた後，「悲しみ」あるいは「怒り」に変えたときに脱馴化をすれば，こどもは音声に込められた感情の変化に気付いた，と考えることができる。この研究では，感情音声を聞かせる際，顔も見せるか，あるいはただのチェッカーボードを見せるかによって，結果が異なった。顔もチェッカーボードも，実験中に見せるのはそれぞれ1種類のみで，変化はない（**図3.4**）。

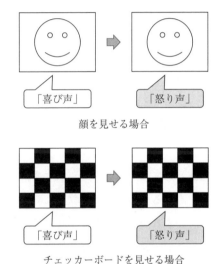

図3.4 Walker-Andrews と Lennon[25] の行った馴化-脱馴化法の刺激の一例

顔を見せながら感情音声を聞かせると，「喜び」から「怒り」に変化したとき，5か月児でも脱馴化が起きた。しかし，チェッカーボードを見せながら感情音声を聞かせた場合は，脱馴化が起きなかった。つまり，5か月児は，人間の顔を見ながらであればポジティブな感情音声とネガティブな感情音声の区別ができるが，音声のみを聞いた場合は，そのような区別をしない，という結果が得られたのである。顔を見ながらであれば区別ができるというのは，図3.4で示した例のように，顔と声の表す感情が一致しているものから，不一致のものに変わるときだけではない。例えば，喜び顔を見せながら「怒り」の声を

「悲しみ」の声に変化させるようなときでも，区別ができるという結果が見られている。このことから，単に顔を見ることも「いま聞こえているのは感情を表す情報である」という手がかりになるため，より低い月齢のこどもでは，顔を提示されたか否かで結果が変わる可能性が考えられる。単に顔を見せられるだけでより感情音声に引きずられるようになることは，大人を対象とした研究においても示されている[26]。より幼い3か月児の場合は，顔を見ながらであっても感情を区別している結果は得られていないが，「悲しみ」から「喜び」のみ脱馴化する，という部分的な結果も見られる[27]。このように，音声から感情情報を知覚することは，5か月頃から始まると言えるだろう。

ポジティブな感情とネガティブな感情以外の区別については，6か月以降で報告されている。Soderstromらの研究では，馴化–脱馴化法によって，6か月児が「**勝ち誇った** (triumph) **声**」と「**ほっとした** (relief) **声**」というポジティブどうしの感情音声を区別できること，さらに10〜12か月になれば，こどもは母語以外の音声についても，この二つのカテゴリを区別できることを示している[28]。

感情音声の知覚を検討するほかの方法としては，顔と音声が示す感情が一致しているか否かを判断するマッチングを調べるものもある。乳児に笑顔，あるいは怒っている顔の映像を見せながら，いずれかの音声を聞かせ，顔と声の示す感情が一致しているほうを長く見ることができるか，を指標にする[29]。この方法では，母親など，こどもにとって身近な大人の顔と声を使えばかなり早く，3.5か月のこどもですら顔と声の示す感情のマッチングを行っている可能性が示唆されている[30],[31]が，一般的には，7か月頃に安定してモダリティを越えた感情のマッチングをしていると言える[29]。また，体勢や，体の動きといった身体表現も，感情を表すものである。両手を頭の上に挙げたり，飛び上がったりすれば「喜び」，ファイティングポーズのようにこぶしを握り締めるのは「怒り」を表す[32]。このような体勢の写真や，体の動きを乳児に見せながら感情音声を聞かせて，マッチングができるかどうかも検討されている。その結果，6.5か月児はマッチングが可能で，3.5か月児では失敗することが報告さ

3.2 乳児はいつから感情音声を聞いているのか

れている[33),34)]。

　このように，3か月頃のこどもについては，まだ感情音声を知覚しているという確かな結果は得られていない。初めは身近な人に対してのみ区別をしていた中で，やがて5か月頃にかけてポジティブな感情とネガティブな感情を知覚する能力が発達する。さらにはポジティブの中での区別や，聞き慣れないほかの言語話者の音声へと，より広い対象に感受性が広がっていく様子が0歳代において見られる。

　ここまでに紹介した知見は，いずれも，目に見える乳児の行動を指標としたものである。行動指標のほかにも，音声を聞いた際の脳活動を測定することを通して，乳児の感情音声の知覚を検討することも試みられている。

　ERPを用いた研究では，7か月児が「怒り」の感情音声を聞いた際，「喜び」，「中立」では見られない，陰性方向にシフトする成分が観察されている[35)]。このような陰性方向へのシフトは母親の声を聞いたときなど，注意を向けるときに観察されるものであることから，7か月児は「怒り」の感情音声に対して，ほかの感情音声よりも注意を向けていることが示唆される。また表情と感情音声を提示した際は，感情が一致しているときは陽性方向の成分，不一致のときは陰性方向の成分が観察されている[36)]。つまり，7か月児は行動[29)]だけでなく，脳活動のレベルでも，異なるモダリティの感情どうしが一致しているか否かに気付いていることが示されている。

　さらに，fNIRS（近赤外光脳機能計測，1.2節参照）を使った研究[37)]によれば，7か月児では，「怒り」の音声に対し右側頭皮質，「喜び」の音声に対し右下前頭皮質の反応が見られ，大人との類似性が示唆された。ちなみに，この研究では4か月児の脳活動も測定している。4か月児では，音声を聞く際と，自然音のような非音声を聞く際の脳活動を比較したところ，右半球での活動には違いが見られたものの，7か月児や大人で見られるような，音声に対する左半球優位の脳活動が見られなかったという。4か月になれば，こどもがさまざまな音声を聞き分けている様子が見られることが，古くから行動指標によって報告されてきた。しかし，月齢による脳活動の違いを踏まえると，早い時期に見

られる音声の「弁別」は，より上の月齢のこどもの「弁別」とは質的に異なる可能性がある。

このように，行動指標のみでは見えなかった発達的変化が，脳活動の測定によって明らかになることもある。感情音声についても，一つの指標のみではなく，複数の指標を組み合わせて同じ月齢のこどもの知覚を調べることによって，こどもが感情音声を「どこまで」理解しているかがより明らかになっていくのを期待したい。

3.2.3　乳児の感情音声に対する敏感性のまとめ

以上に見てきたように，前言語期のこどもは，音声のパラ言語情報という側面に対する敏感性を持っている。音声から感情の情報を知覚することは，一般には5か月頃から始まり，6～7か月頃にはより大人に質的に近づいた形で，感情音声を知覚していると言えよう。

0歳代を通して，こどもは，パラ言語情報以外にも表情[38),39)]，体勢や体の動きといった身体表現[33),34),40)]に基づいて感情を読み取るようになっていく。まだ大人のようにことばを操れないからこそ，音声のことば以外の側面であるパラ言語情報に注意が向き，そこからもたらされる意味を手がかりにして，他者との関係性の基盤を築いていくと言えるだろう。

3.3　幼児期，児童期を通した感情音声理解の発達

それでは，そのように早期から感情音声を弁別する優れた能力を示す人間は，そのまま大人になるまで変わらぬ能力を保ち続ける，と断じてよいだろうか。この節では，もう少し後の様子，すなわち前言語期を終え，自分でことばを話せるようになった幼児と，さらに大きな児童期にかけてのこどもの感情音声の知覚の様相を見ていこう。

3.3 幼児期，児童期を通した感情音声理解の発達

3.3.1 幼児期における感情音声知覚の「谷」とその後の発達

意外なことに，幼児を対象にした研究から示されているのは，ことばを発しはじめる時期のこどもにとって，他者の音声から感情を判断するのは容易ではない，という結果である。

Quam と Swingley は，2 歳から 5 歳のこどもに，パペットがおもちゃに対して，「喜び」あるいは「悲しみ」を感情音声（「うーん」のような音韻），またはジェスチャーで表す様子を見せた[41]。そして，パペットが「喜び」を示したおもちゃをとってあげる，あるいは「悲しみ」を示したおもちゃは捨ててあげる，といった行動をこどもが行うかを調べた。その結果，2 歳児，3 歳児でも，感情音声とジェスチャー両方，あるいはジェスチャーだけを示されたときは，

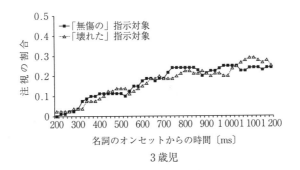

3 歳児

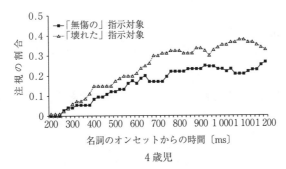

4 歳児

(a) ネガティブな音声を聞かせる条件（感情と一致するのは「壊れた」指示対象）

図 3.5 感情と一致するオブジェクトへの視線
（文献 42）をもとに作成）

130　3. 感　　　　情

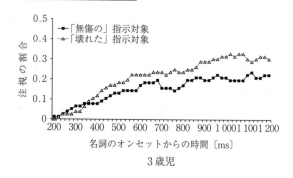

3歳児

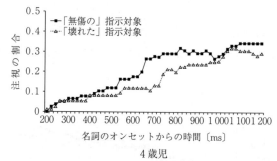

4歳児

（b）ポジティブな音声を聞かせる条件（感情と一致するのは「無傷の」指示対象）

図 3.5　（つづき）

パペットの感情に基づいた行動を行うことができた。その一方で，感情音声だけを示された場合，2歳児，3歳児は感情に基づいた判断を行わず，4歳でようやく半数以上のこどもが感情音声に沿った行動を見せた。つまり，2歳，3歳の段階では，音声のみに基づいて感情を判断することが難しく，4歳，5歳にかけて，感情音声の知覚が発達する，というのである。

3歳の段階で音声から感情を読み取っていない可能性は，感情音声を聞いた際のこどもの視線を調べた課題でも示されている[42]。この課題では，例えばこどもに「無傷の」人形と「壊れた」人形を見せて，ポジティブあるいはネガティブな感情を込めた「人形を見て」という音声を聞かせている。その結果，4歳児は，ポジティブな感情音声のときには「無傷の」人形に，ネガティブな感情音声のときには「壊れた」人形に，より目を向けた。一方で，3歳児では

そのような感情音声による注視の違いが見られなかった（図3.5）。

3.2節で紹介した数々の知見は，0歳児でも，感情音声を知覚し，それに沿った反応を示すことを明らかにしていた。そのような乳児における知見と，より大きな年齢である2歳，3歳の幼児が音声から感情を読み取らない，という知見とは，一見して，矛盾するようにも思える。これをどのように説明するかは，3.3.5項で後に考察するが，いずれにせよ，幼児が4歳にならないと音声に含まれる感情を見いださないことを示唆する研究から言えるのは，感情音声に対する敏感性は，乳児期からすぐに大人のレベルに達するものであるとか，その後大人まで一貫して「よくわかっている」という類のものではない，ということであろう。

3.3.2　幼児期から児童期にかけての感情音声の発達

感情音声の知覚は，幼児期のみならず，その後の児童期を通しても発達する。3～5歳児，6～9歳児，10～11歳児，大人を対象に，顔または声から「喜び」，「怒り」，「悲しみ」を知覚することの発達的変化を検討した研究によれば，音声に対する感情判断の正確性は，3～5歳から6～9歳，また10～11歳と大人の間でも上昇していた[43]。また，顔の表情では10～11歳と大人で差が見られなかったことと比べて，感情音声の知覚は表情よりもやや遅く発達する可能性が示唆されている。また，5～7歳児と，8～10歳児に対し，達成，満足，安心，楽しみ，中立，驚き，怒り，嫌悪，恐れ，悲しみ，というより細かなカテゴリを表す感情音声を聞かせた課題では，どちらの年齢群も正答率はチャンスレベルを超えているものの，5～7歳児よりも，8～10歳児のほうが高い[44]。

4歳から5歳という時期は，不快感情を表すことばの使い分けができるようになる時期である[45]。このような，感情そのものに対する理解が進むことが，感情音声の知覚の洗練につながる可能性が考えられる。あるいは，日常の環境において感情音声を聞く経験を積むことによって，細かな音響的特徴と感情との対応をつかんでいく，という可能性もある。幼児期から児童期にかけての発達になにが関わるかは，今後明らかにしていきたい課題である。

3.3.3 言語情報が示す感情とパラ言語情報が示す感情

　幼児期から児童期を通して感情音声に対する敏感性が磨かれていくことを差し置いてもなお，乳児期にポジティブとネガティブの感情音声を区別していたこどもたちが，2〜3歳頃という特定の時期に，その知覚ができなくなってしまうかのように見えること，言い換えれば，感情音声の知覚がV字のような発達を描くように見える現象は不思議で，興味深いものである。

　このような傾向は，感情音声とほかの手がかりを複数使って感情を推測するような課題で，より顕著に現れる。その一つが，言語情報とパラ言語情報が相反するような場合である。3.1節で述べたように，大人では，言語情報よりもパラ言語情報に現れた感情をより強く，いわば「本当の」感情として読み取る。例えば，「上手だね」という発話は，言語情報だけをとらえれば，ポジティブな意味合いを含んでいる。しかし，ネガティブなパラ言語情報として，平坦な高さで，いわば棒読みで「上手だね…」と聞けば，皮肉のようにとらえられ，本音では上手だなんて思っていないのだ，ととらえることができる[46]。反対に，「下手だね」は，字義どおりにとらえれば，ネガティブな言語情報である。だが，ポジティブな話し方で発話すれば，「からかい」を感じる[47]。

　しかしどうやら，幼児期のこどもはこういった言語情報とパラ言語情報が相反する発話に対し，大人とは違ったとらえ方をしているようである。Friendは，こどもに，怒った声で「とても上手ね」といったような，言語情報と非言語情報で表す感情が不一致である音声を聞かせ，話者が喜んでいるか，怒っているかを尋ねた[48]。すると，4歳児では言語情報に基づいた判断，つまり，怒った声で「とても上手ね」なら，ポジティブな発話としてとらえる判断が多かった。7歳児でもパラ言語情報に基づいた判断をするとは言えず，大人のようにパラ言語情報に基づいて判断するのは，10歳児のみであった（図3.6）。

　3.3.1項で紹介したように，4歳になれば，音声から感情を判断することはできるようになっているはずである。この研究でも，音韻をすべて「ma」，「ba」などの音韻に置き換えて語彙情報を除いた音声（日本語でたとえるなら，「上手だね」を「まーばまま」など）であれば，4歳児と7歳児も感情音

3.3 幼児期，児童期を通した感情音声理解の発達

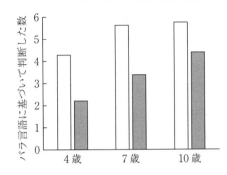

図 3.6 パラ言語情報に基づく感情判断の発達的変化（文献 48）をもとに作成）

声を判別することができていた。しかし，そのようにパラ言語情報のみだけであれば感情を正しく判断できるこどもたちも，言語情報が持つ感情が正反対であると，そちらに引きずられてしまうようである。この現象は児童期の中頃まで続き，大人と同様の判断ができるようになるのは10歳以降であることがわかっている[49]。

このように，こどもが話者の感情を判断する際，言語情報に引きずられてしまう現象はレキシカルバイアスと呼ばれている。レキシカルバイアスは，英語圏に比べてよりパラ言語情報の影響を受けやすい日本人[50]のこどもにおいても，やはり幼児期から児童期に生じることが報告されている[47],[51],[52],[71]。レキシカルバイアスという現象を通して示唆されるのは，感情音声に対する敏感性が再度見られるようになった後でも，こどもは，大人とは異なる情報の重み付けによって感情音声を知覚している，という可能性である。

3.3.4 顔が示す感情と声が示す感情

複数の手がかりが示す感情どうしが拮抗する状況は，言語情報とパラ言語情報だけのことにとどまらない。人から傷つくことを言われたとき，顔はニコニコしながらも，内心では，はらわたが煮えくり返る状態，ということもあるだろう。そんなときは，つい刺々しい声で返事をしてしまうかもしれない。すると，顔では「喜び」を表しているのに，声では「怒り」を表すことになる。このように，視覚情報である表情と，聴覚情報である感情音声の感情価が一貫し

ないこともありうる。

　表情と感情音声が相反する場合，日本人の大人では，感情音声に引きずられやすいことが明らかになっている[53]。つまり，感情を判断する手がかりとして，顔だけでなく，声にもかなりの重きを置いているのである。このような知覚の背景には，日本における，人前でネガティブな感情を出すのは失礼である，という感情の表出規則があると考えられる。ネガティブな感情の表出を抑制しようとすると，顔や，もしくは言語情報のようなものは偽りやすい一方で，感情音声については，そのような抑制が効きづらいと考えられる。すると，本音はパラ言語情報という形で現れる，ということになる。このように見ると，表情と感情音声の対称性と，言語情報とパラ言語情報との対称性はよく似ていると言えよう。

　そしてそのような顔と声に基づく感情のとらえ方の発達的変化にもまた，レキシカルバイアスと似た様相が見られる。5歳から12歳までを対象とした，顔と声から感情を判断させる実験によれば，11～12歳児は感情音声にも重点を置いて感情を判断する一方で，5～6歳児は，おもに表情に基づいて判断をする[54],[55]。そして表情よりも感情音声を優先したとらえ方は，児童期に徐々に増えていくことも明らかにされている。感情音声に対する敏感性が再び見られるようになった4歳以降のこどもでも，感情音声に対する重み付けの仕方が大人と異なる可能性が，ここにも現れているのである。

3.3.5　乳児研究と幼児研究の矛盾はどう説明できるか

　このように，乳児研究から，こどもが早期から音声に基づいて感情情報を読み取る敏感性を持ち合わせていることが示されてきた一方，幼児研究からは，感情音声の読み取りが難しい時期があることが示されてきたように，感情音声への敏感性は，大人になるまで同じレベルで保たれるようなものではないことが示唆されてきた。特に幼児を対象に言語情報とパラ言語情報の兼ね合い，表情と感情音声の兼ね合いを検討した研究において言えるのは，乳児に比べて，幼児が，感情音声を軽視しているようにも見えることである。乳児研究と幼児

研究の矛盾にも見える結果の違いは，どう説明したらよいだろうか．

一つ目の説明としては，課題に要求されている部分が異なる，という理由が考えられる．乳児では言語的な教示が難しいため，聞こえた音声に対する非言語な反応や視線の変化など，潜在的な反応を指標としている．また，自分に向けられている感情音声がわかるか，という視点で知覚の様相が調べられている．その一方で，幼児が要求されているのは，「この音声はどんな気持ちかと問われる」といった言語的な課題が多い．また，感情音声に基づいてパペットを手助けするといった「他者の気持ちを推測して自分が行動する，対応してあげる」といった，客観的な感情音声を知覚するもの，といった違いがある．乳児の実験で調べられているものが潜在的な指標だとしたら，幼児期以降のこどもで求められているのは，顕在的な指標，という違いとも言える．このような研究手法による結果の食い違いは，例えば，1歳半のこどもでも他者の心的状態を考慮しているように見える一方で[56]，言語の理解を要する誤信念課題†に通過するのは4歳以降であることが多くの研究で報告されているというように，心の理論をめぐる発達においても見られるものである．

二つ目の説明は，発達の過程では，音声言語の韻律的特徴一般に対する重要性が一時的に下がる時期がある，という可能性である．恣意的な音とラベルの対応である単語の学習を前にした乳児にとって，先にも述べたように，音声から意味をくみ取れる唯一の手がかりは韻律的特徴に基づくパラ言語情報である．このため，前言語期のこどもにとっては，これを知覚する能力がコミュニケーションにおいて必須である．しかしやがて，こどもは母語における一つひとつの単語を学び，また，それらを組み合わせて文として意味を表現するようになる．語彙爆発，文法獲得の素早さにも代表されるように，こどもは猛烈な勢いで，音声の言語情報を利用する術を学んでいく．このような素早い学習の背景に，言語情報につながる可能性の高い情報，おもに分節的特徴の知覚を最優先し，それ以外の情報を切り捨てるという方略が存在するのかもしれない．

---

† 登場人物が事実とは異なる「誤った信念」を持ちうるかを問うことにより，他者の心について推測する能力（心の理論）の有無を調べる課題の一つ．

> コラム 12

ASD児の感情音声知覚

　自閉症スペクトラム障害（**ASD**）は，DSM-5（コラム 16 参照）によれば，社会的コミュニケーション，社会的インタラクションにおける永続的な障害と定義されている。ASD の特徴の一つとして，他者の心的状態を推測することが難しいことが挙げられる。大人の ASD 者では，他者の感情の知覚についても **TD**（**定型発達**）者と比べて正確性が低いことが指摘されており，これまでに表情，身振り，そして感情音声の面から報告されている[57)~60)]。このことを踏まえると，こどもの時期において，ASD 児も，TD 児とは異なる形で他者の感情音声を知覚している可能性が示唆される。ただし，その違いがいつから現れるかは現在のところ定かではない。ASD と診断される時期が幼児期以降であることもあり，0歳代の乳児を対象とした研究がほとんど見られないためである。また，幼児期の ASD 児の感情知覚を対象とした研究でも，表情の知覚を検討したものが中心的である[61),62)]。そこでこのコラムでは，児童期以降の ASD 児を対象とした知見を紹介する。

　児童期の ASD 児においても，感情音声の知覚におけるパフォーマンスが TD 児より低くなるケースが報告されている。まず，Peppé らは，6歳から13歳までの幅広い年齢の ASD 児を対象に，**笑顔**（smiley）と**確信のない顔**（doubtful）の写真を見せ，聞こえた音声と一致するほうを選択させることで，感情音声知覚の能力を検討している[63)]。この課題では，ASD 児の正答率が TD 児に比べて低いという結果が得られており，大人のみならず，ASD 児においても，感情知覚の正確性が低いことが示唆されている。また，もう少し低い年齢（4歳から8歳までの平均6歳）を対象にしている Matsuda と Yamamoto の研究では，ある人物の表情と，ほかの人物の同じ感情を表している表情を選ぶ感覚内マッチングと，感情音声を聞かせて，同じ感情の表情を選ぶ感覚間マッチングの2種類の課題を行っている[64)]。いずれも喜び，悲しみ，怒り，驚きの4種類から選択する形で回答させた結果，ASD 児は，顔と顔の感覚内マッチングにおいては正答率が85.0％と高く，TD 児とパフォーマンスに差が見られなかった。しかし，感情音声を表情に当てはめる感覚間マッチングについては，TD 児の正答率が80.1％である一方で，ASD 児の正答率は58.1％に留まった。

　ただし，ASD 児は感情音声そのものの知覚ができない，というわけではない。Boucher らによれば，9歳の ASD 児に，感情音声に対して「この人はどう感じている？」と尋ねて感情をラベリングさせたところ，TD 児と正答に差が見られなかった。一方で，感情音声に対して一致する表情を選ばせたときに

は，TD児よりパフォーマンスが低いことも報告されている[65]。また，7歳から17歳までのASD児を対象に，感情音声を聞いて「喜び」，「悲しみ」，「中立」を選択させる課題でも，TD児と差が見られなかったことが報告されている[66]。

　これらの知見をまとめると，ASD児ではTD児に比べて，感情音声と表情をマッチングするような課題では，パフォーマンスが低いと言える。しかし，音声に感情語をラベリングするような場合は，パフォーマンスに差が見られないこともあることから，マッチングにおいてパフォーマンスが低いのは，他者の感情音声をまったく理解できないからではないのかもしれない。むしろ，ASDにおける感情音声知覚の特徴は，複数の手がかりを統合する面に起因している可能性が示唆される。ASDと定型発達の間での差が，視覚や聴覚といった感覚単体ではなく，それら複数の手がかりを統合する面で見られることは，これまでに音韻知覚において報告されている[67]。同じことが，感情知覚においても言える可能性がある。この点を確かめるにあたっては，3.3.3項で述べた言語情報とパラ言語情報，3.3.4項で述べた表情と感情音声のように，手がかりどうしが矛盾する際にどの手がかりを優先するかにおいて，TD児とASD児の違いを検討することが有用だと考えられる。

　一つの手がかりだけなら差がなくても，複数の手がかりを統合するという面で違いが見られるという点を踏まえると，ASD児の感情知覚の発達的変化とは，単にTD児よりゆっくり発達していくというものではないと考えられる。ASD児の場合，例えば視覚情報や聴覚情報と感情との対応関係を経験を積みながら結び付けるといったように，TD児と異なる手がかりを補償的に使うことで，結果的に定型発達の大人と似た判断を下せるようになる可能性もある。この場合，ASD児とTD児の発達の道筋は質的に異なると言えるだろう。また，ASDは「連続体（スペクトル）」であり，個人の差が大きい。感情音声知覚を扱った研究においても，TD児に比べると，パフォーマンスの個人差が大きい。このように，ASD児の場合，こどもによって，本章で示した発達の流れと年齢，質といった面で異なる道筋を経る可能性があるということについては，心に留めておくべきだろう。

幼児を対象とした単語認知研究においても，日本語のピッチアクセントや英語のストレスアクセントのような韻律的特徴に近い要素は，2歳から4歳頃の時期に軽視されやすいことが明らかにされている[68)～70)]。

また，特に感情音声をほかの手がかりより軽視することの説明については，実行機能のような一般的な認知能力の発達が関わる可能性も考えられる。例えば，切替え機能を測定する **DCCS 課題**（dimensional change card sort task）の成績が低いこどもは，言語情報に注目しやすいことが報告されている[71)]。しかし同時に，DCCS 課題の成績が高くても言語情報に注目するこどもがいることもあり，実行機能のみですべてを説明できるわけではない。もちろん，言語情報とパラ言語情報の知覚における発達と，顔と声の知覚における発達とでは，別々の要因が関わっているという可能性もある。顔と声からの感情知覚には文化差が見られることから[53)]，声から感情をくみ取ることには児童期における文化の経験が大きな影響を与えていると考えられる。

これらの可能性のなにがV字に見える発達的変化の要因となっているかは，まだはっきりと明らかになってはいない。また，一つだけではなく，複数の要因の発達が絡み合っている可能性もある。発達に関わる要因をどのように特定するか，またレキシカルバイアスと表情・感情音声における要因の共通性についても，さらなる研究が必要である。

3.3.6　感情音声知覚の発達に見られる文化差

感情音声に対する敏感性は，すべての文化において普遍的な形で発達するとは限らない可能性にも触れておく。

アメリカの2歳児，3歳児を対象にした研究では，こどもは，感情音声からポジティブ，ネガティブを区別しなかった[41)]。その一方で，日本の幼児を対象にした研究では，3歳ですでに音声のみからポジティブ，ネガティブの感情を区別する様子が見られる[51)]。ほかに，話者がどの程度確信を持って発話しているかも韻律的特徴に現れる。例えば，下降のピッチパターンで「トマ」と言うときのほうが，上昇のピッチパターンで「トマ？」と言うときよりも，話者の

発話内容に対する確信度が強い。そのような音声からの確信度の推定は，ドイツのこどもでは5歳よりも後であるのに対し，日本のこどものほうが3歳と早い時期から可能であるという報告もある[72]。これらの研究は，同じ音声を使って直接文化差を比較しているわけではない。しかし，日本人の幼児の場合は，ほかの文化圏のこどもに比べて，感情音声の読み取りが早い時期に発達している可能性が示唆される。このような差異が，コミュニケーション様式の文化差によるものか，あるいは言語的要因によるものかを明らかにする今後の検討が待たれるところである。

このような文化差に見られるように，ある年齢のこどもが普遍的に同じような知覚をしているわけではなく，感情音声の発達的変化にもバリエーションが見られる可能性は，忘れないでおくべきだろう。

3.4 感情音声の産出に見られる発達的変化

ここまでは，こどもが早い時期から感情音声を知覚する能力を持つこと，また，その知覚が年齢に伴い洗練されていくという発達の流れを追ってきた。

しかし，日常におけるこどもと大人のコミュニケーションは，こどもが一方的に大人の側から発せられた音声を聞いている，というだけのものではない。単語や文という意味での「ことばの」やり取りが難しい乳児であっても，大人の声に耳を傾け，また自らも声を発してつぎつぎとインタラクションを紡ぐ様子は，ごく自然な風景として見られることだろう。その中で，なんとか大人はこどもの発する音声の意味を読み取ろうとする。その代表例は，**泣き声**（crying）かもしれない。こどもの泣き声がネガティブな意味を含んだシグナルであることには疑いがないが，普段からこどもと接する母親や父親の場合は，それ以上の内的状態を読み取ろうとすることがある。自分のこどもの泣き声を同定するだけでなく[73]，なにを要求している泣きであるか[74]~[77]といった推測を行っている。

泣き声の発声が生まれてすぐに生じる一方で，ポジティブな発声の代表例で

ある笑い声（laughter）は，4か月頃から現れる[78]。ただし，自発的微笑に伴う発声は新生児でも見られている[79]。

3.4.1　感情音声の産出を追うことの難しさ

それでは，泣き声や笑い声以外の，ここまで知覚で検討してきたような感情音声の産出についてはいつから見られるのか。じつのところ，こどもにおける感情音声の産出についての研究は，知覚に比べて数が少ない。その理由の一つは，こどもでは演技による発話が難しいことにあるだろう。3.1節で取り上げた大人の発する感情音声の音響分析[7],[9]は，いずれも話者が決まった文を，あらかじめ指定された感情を込めて録音するという方法を取っている。しかし，このように演技をさせる方法は，言語的教示が使えない乳児の場合，まず不可能である。感情を喚起させたうえで発話させるにしても，乳児にとってネガティブな感情を喚起させる状況を作る，ということには，大人以上に倫理的な課題が付きまとう。したがって，乳児の感情音声の発話を調べるには，自発的な感情音声を待つことが現実的になる。

しかし，自発的な感情音声に頼る場合，今度は，それを発話しているこどもが本当にその感情状態であるかをどう確かめたらよいか，という問題が出てくる。大人であれば「先ほど，どのような気持ちでしたか？」と言語的に確認することができるだろうが，こどもの場合はそれも難しいため，いかにしてこどもの感情を推測するのがよいかを考えなければならない。さらに加えると，音声を産出することに発達的変化が見られたとき，それはこどもが表現方法を意図して変化させることによって音質が変化したのか，あるいは単に喉頭をはじめとする発声器官の器質的な変化によって音質が変化したのか，という要因の見極めが難しいということもある。

また，音声の産出をめぐる研究という面でも，これまでの中心的な関心は，母語の音韻を発することに寄せられることが多かった。音声の中でも，言語情報寄りの要素の産出に焦点が当てられていたわけである。このことも，パラ言語情報である感情音声の発声についての研究が乏しい理由の一つであろう。

そうかといって，こどもが泣き声や笑い声以外に，感情音声を発していないというわけではない．3か月から12か月の乳児の発声時の表情を調べた研究によれば，泣き声をあげているときはほぼネガティブな表情，笑い声のときはほぼポジティブな表情をしている．その一方で，それ以外の発話の際には，ネガティブな表情，ポジティブな表情，どちらでもない表情など，さまざまな表情を使い分けている様子が見られる[80),81)]．このことは，こどもが同じ音韻からなる，例えば「ああ」というような音声を，パラ言語情報によってポジティブにも，ネガティブにも使い分ける，といった感情音声を発することにつながっている可能性が考えられる．

以下では，ここまで見てきたような感情音声に注目し，大人が感情を読み取ることができるような発話をこどもがしていることを示した知見を見ていく．

3.4.2 乳児の音声に含まれる感情情報

大人がこどもの音声からなんらかの感情を読み取っていたとしても，それは，場面状況に基づいて判断したり，あるいはただでたらめに判断しているだけであったりして，音声に基づいて判断していないという可能性も考えられる．

しかし聴取実験を通して，自ら子育てをしているわけではない大人でも，乳児の音声からある程度一貫して感情を読み取る可能性が示唆されている．大学生に6か月から17か月時点のこどもの発話を聞かせ，その声がどんなふうに聞こえたか，「嬉しい」，「怖がる」といった複数の感情について評定をさせると，ポジティブな感情として評定されやすいものと，ネガティブな感情として評定されやすいものといった音声の存在が見えてくる[82),83)]．より幼い2か月児の音声であっても，大人が感情を読み取るような情報が含まれていることが示唆されている[84)]．そしてネガティブな評定をされやすいものについては，最低f_0が低い，持続時間が長い，音節数が少ないといった特徴が見られる[85)]．ここから言えるのは，少なくとも大学生はこどもの声をでたらめに評定しているのではなく，音響的特徴に基づいて感情を読み取るということである．言い換えると，乳児の音声には6か月，場合によってはすでに2か月の時点でも，大人が

感情を読み取れるだけの音響的特徴が含まれている可能性が示唆されている。

ただし、これはあくまでも大人が感情を見いだせる可能性のあるかぎりの音響的特徴が含まれているというものであり、大人たちの評定と、発話をした乳児の実際の感情とが対応しているかどうかはわからない。

生後7週から58週までを対象にしたScheinerらの研究では、親がこどもの感情をラベリングする形で判断し、その際の発話の音響分析を行っている。そして、いずれの月齢においても、ネガティブな感情の発話は、ポジティブな感情のときに比べ、f_0の変化の幅が大きくなる、持続時間が長くなる、というように感情の種類によって音響的特徴も異なる様子が見られている[86]。さらに、ネガティブな感情の際に持続時間が長くなるといった傾向、また泣き声の音響的特徴は、聴覚障害を持つ乳幼児と健聴の乳幼児のいずれにおいても報告されていることから[87]、こどもが聴覚フィードバックのような経験がなくても使えるような感情音声を発話する能力の基盤を持ち合わせている可能性も示唆されている。

LyaksoとFrolovaは、ビデオをもとに、評定者がこどもの感情状態を、快、中立、不快としてラベリングし、その際の発話に対する知覚課題および音響分析を行っている[88]。知覚課題では、6歳児の発話音声に対する正答率が、3か月児、12か月児、3〜4歳児のものに比べて高く、幼児期において感情音声の産出が変化する可能性が示唆されていた。また、乳児の音響的特徴については、3か月児、12か月児ともに、「不快」でf_0の変化の幅が大きく持続時間が長いというように、Sheinerらの研究と似た結果が得られている。

また、乳幼児の発話に対する大人の知覚には、普遍性が見られる可能性も示唆されている。スコットランドとウガンダの大人を対象に、それぞれの文化で育つ11〜18か月児の音声に対し、発話が生じた文脈（例えば、「食べ物を欲しがっている」、「友達におもちゃをあげている」）を判断させる課題では、いずれの文化においても、自分と異なる文化のこどもの発声に対してであっても高い正答率が得られている[89]。この課題は、厳密に言えば感情の知覚ではないが、こどもの感情音声に対しても、同様の普遍性が見られる可能性を示唆する

と言える。

3.4.3 幼児期から児童期の演技音声における感情情報

ここまではおもに乳児の自発的な発話を見てきた。一方で，ある程度大きくなったこどもの場合，自ら感情音声をコントロールすることはできるのだろうか。幼児（3〜6歳）と児童（7〜10歳）に対し，演技による感情音声の発話を求めた研究[90]では，幼児も，意図した感情を込めた発話ができることが示されている。この研究では，こどもに表情（喜び，驚き，悲しみ，怒り，中立）を浮かべたキャラクター（ピカチュウ）を見せて，まず，その感情がなにかを尋ねた。そして，それぞれの感情に相当することばがわかることを確認したうえで，それぞれの感情を込めて，キャラクターのセリフとして「ピカチュウ」と発話させた。

知覚実験では，大学生にこれらの音声を聞かせ，喜び，驚き，悲しみ，怒り，中立に「わからない」を加えた選択肢から音声が表している感情を選択させた。6個の選択肢があればチャンスレベルはおよそ17％，「わからない」を抜いて5個の選択肢と見なしても20％と考えられる。結果として，こどもが意図した感情と大人の知覚の一致率はそれらより高く（幼児49％，児童54％），幼児でも，他者に伝わるように感情を音声に込めることが可能であることが明らかになった。

ただし，幼児と児童との違いとして，「悲しみ」については児童の音声のほうが知覚されやすかった。音響的特徴の違いを見ると，幼児のほうが児童よりも「悲しみ」音声の f_0 が高く，f_0 の変化の幅も大きかった。これについて櫻庭らは，「悲しみ」という感情そのものの理解が，発話の違いにつながった可能性を指摘している。すなわち，幼児が「悲しみ」を「泣き」として表現するために f_0 を高くした一方で，児童は「悲しみ」の中に「落胆」のような「泣き」とは異なるものが含まれることを理解していたため，より正確に「悲しみ」の感情音声を表現できたと考えられる。このように，感情そのものに対する理解が，感情音声の知覚だけでなく，産出にも影響する可能性が示唆されている。

3.4.4 感情音声の産出におけるまとめ

　先にも述べたように，感情音声の産出についての研究は，知覚に比べて数が少ない。その中において，感情音声の発話の仕方とは，どこまでが普遍的，もしくは生得的な基盤を持つもので，一方，学習されうる部分がどこか，という点が大きな疑問として残っている。大人では，感情の表出と知覚の両面において文化差が見られる。そしてこどもにおいても，知覚の面で文化差が示唆されている。これらを踏まえると，感情音声の産出についても，日常におけるコミュニケーションを通して「この感情をいつ，どのように表現するか」といったチューニングが起こっているのかもしれない。ただし，感情音声の産出についての知見の多くが乳児期における自発的発声を検討したものに留まっている。乳児期，幼児期，児童期を通してどのように発達していくのか，また，そこに環境がどのように関わっていくかが，感情音声の産出における発達過程を明らかにする鍵になるだろう。

　感情は，音声の中でも特にパラ言語情報に現れる。このため，言語情報の知識が未熟な前言語期のこどもにとって，パラ言語情報に現れる感情の情報は，他者とのつながりを育む重要な媒体となりうる。
　実際に，感情音声に対する敏感性は乳児期の早期から見られ，また自身も大人に伝わる形で感情音声を発している様子が見られる。その一方で，言語情報を扱うスキルが巧みになる2〜3歳になると，感情音声に対する敏感性が減少するかのような発達的変化が見られる。感情音声の知覚は4歳以降，幼児期と児童期，さらに大人までの長い時期を通して洗練されていく。その中では，言語情報や，表情といったほかの手がかりと相反するようなとき，感情音声にどの程度重きを置くかも変化していく。そのような重み付けの発達には，言語獲得や領域一般的な認知発達との関与が考えられるものの，決定的な要因はまだ明らかにされていない。
　また大人の感情音声には，普遍性とともに文化差も見られる。他者が音声を通して感情を表現する様に耳を傾け，それに合わせて自らも発声を調節すると

いうように，相互作用によって環境に合わせてチューニングされていく発達的変化も考えられる。

このように，感情音声の知覚と産出の発達的変化は，単純な線形の発達ではなく，さまざまな要因をはらんだ複雑な発達であると言えるだろう。

引用・参考文献

1) Simon-Thomas, E. R., Keltner, D. J., Sauter, D., Sinicropi-Yao, L., and Abramson, A.：The voice conveys specific emotions：Evidence from vocal burst displays, Emotion, **9**, 6, pp. 838-846（2009）
2) Paulmann, S., and Kotz, S. A.：Early emotional prosody perception based on different speaker voices, Cognitive Neuroscience and Neuropsychology, **19**, 2, pp. 209-213（2008）
3) Sauter, D. A., and Eimer, M.：Rapid detection of emotion from human vocalizations, Journal of Cognitive Neuroscience, **22**, 3, pp. 474-481（2009）
4) Ambady, N., Koo, J., Lee, F., and Rosenthal, R.：More than words：Linguistic and nonlinguistic politeness in two cultures, Journal of Personality and Social Psychology, **70**, 5, pp. 996-1011（1996）
5) Murray, I. R., and Arnott, J. L.：Toward the simulation of emotion in synthetic speech：A review of the literature on human vocal emotion, The Journal of the Acoustical Society of America, **93**, 2, pp. 1097-1108（1993）
6) Scherer, K. R.：Vocal affect expression：A review and a model for future research, Psychological Bulletin, **99**, 2, pp. 143-165（1986）
7) 重野　純：感情を表現した音声の認知と音響的性質，心理学研究，**74**, 6, pp. 540-546（2004）
8) 髙木幸子，平松沙織，田中章浩：表情と音声に同時に感情を込めた動画刺激に対する感情知覚，認知科学，**21**, 3, pp. 344-362（2014）
9) Williams, C. E., and, Stevens, K. N.：Emotions and speech：Some acoustical correlates, The Journal of the Acoustical Society of America, **52**, 4, pp. 1238-1250（1972）
10) Tanaka, A., Takagi, S., Hiramatsu, S., Huis In't Veld, E., and de Gelder, B.：Towards the development of facial and vocal expression database in East Asian and Western cultures, Proceedings of the International Conference on Facial Analysis,

Animation, and Auditory-Visual Speech Proceeding 2015, pp. 63-66 (2015)
11) Ekman, P. : Universals and cultural differences in facial expressions of emotion, Nebraska Symposium on Motivation, **19**, pp. 207-283 (1972)
12) Ekman, P., and Friesen, W. V. : Constants across cultures in the face and emotion, Journal of Personality and Social Psychology, **17**, 2, pp. 124-129 (1971)
13) Elfenbein, H. A., and Ambady, N. : On the universality and cultural specificity of emotion recognition : A meta-analysis, Psychological Bulltin, **128**, 2, pp. 203-235 (2002)
14) Albas, D. C., McCluskey, K. W., and Albas, C. A. : Perception of the emotional content of speech : A comparison of two Canadian Groups, Journal of Cross-Cultural Psychology, **7**, 4, pp. 481-490 (1976)
15) van Bezooijen, R., Otto, S. A., and Heenan, T. A. : Recognition of vocal expressions of emotion A three-nation study to identify universal characteristics, Journal of Cross-Cultural Psychology, **14**, 4, pp. 387-406 (1983)
16) Scherer, K. R., Banse, R., and Wallbott, H. G. : Emotion inferences from vocal expression correlate across languages and cultures, Journal of Cross-Cultural Psychology, **32**, 1, pp. 76-92 (2001)
17) Pell, M. D., Monetta, L., Paulmann, S., and Kotz, S. A. : Recognizing emotions in a foreign language, Journal of Nonverbal behavior, **33**, 2, pp. 107-120 (2009)
18) Bryant, G. A., and Barrett, H. C. : Vocal emotion recognition across disparate cultures, Journal of Cognition and Culture, **8**, 1, pp. 135-148 (2008)
19) Sauter, D. A., Eisner, F., Ekman, P., and Scott, S. K. : Cross-cultural recognition of basic emotions through nonverbal emotional vocalizations, Proceedings of the National Academy of Sciences, **107**, 6, pp. 2408-2412 (2010)
20) DeCasper, A. J., and Fifer, W. P. : Of human bonding : Newborns prefer their mothers' voices, Science, **208**, 4448, pp. 1174-1176 (1980)
21) DeCasper, A. J., and Spence, M. J. : Prenatal maternal speech influences newborns' perception of speech sounds, Infant Behavior and Development, **9**, 2, pp. 133-150 (1986)
22) Moon, C., Cooper, R. P., and Fifer, W. P. : Two-day-olds prefer their native language, Infant Behavior and Development, **16**, 4, pp. 495-500 (1993)
23) Mastropieri, D., and Turkewitz, G. : Prenatal experience and neonatal Responsiveness to vocal expressions of emotion,Developmental psychobiology, **35**, 3, pp. 204-214 (1999)
24) Fernald, A. : Approval and disapproval : Infant responsiveness to vocal affect in

familiar and unfamiliar languages, Child Development, **64**, 4, pp. 657-674 (1993)
25) Walker-Andrews, A. S., and Lennon, E. : Infants' discrimination of vocal expressions : Contributions of auditory and visual information,Infant Behavior and Development, **14**, 2, pp. 131-142 (1991)
26) Ishii, K. : Mere exposure to faces increases attention to vocal affect : A cross-cultural investigation, Cognitive Studies, **18**, 3, pp. 453-461 (2011)
27) Walker-Andrews, A. S., and Grolnick, W. : Discrimination of vocal expressions by young infants, Infant Behavior and Development, **6**, 4, pp. 491-498 (1983)
28) Soderstrom, M., Reimchen, M., Sauter, D., and Morgan, J. L. : Do infants discriminate non-linguistic vocal expressions of positive emotions? Cognition and Emotion, **31**, 2, pp. 298-311 (2015)
29) Walker-Andrews, A. S. : Intermodal perception of expressive behaviors : Relation of eye and voice? Developmental Psychology, **22**, 3, pp. 373-377 (1986)
30) Kahana-Kalman, R., and Walker-Andrews, A. S. : The role of person familiarity in young infants' perception of emotional expressions, Child Development, **72**, 2, pp. 352-369 (2001)
31) Montague, D. P. F., and Walker-Andrews, A. S. : Mothers, fathers, and infants : The role of person familiarity and parental involvement in infants' perception of emotion expressions, Child Development, **73**, 5, pp. 1339-1352 (2002)
32) Atkinson, A. P., Dittrich, W. H., Gemmell, A. J., and Young, A. W. : Emotion perception from dynamic and static body expressions in point-light and full-light displays, Perception, **33**, 6, pp. 717-746 (2004)
33) Zieber, N., Kangas, A., Hock, A., and Bhatt, R. S. : Infants' perception of emotion from body movements, Child Development, **85**, 2, pp. 675-684 (2014)
34) Zieber, N., Kangas, A., Hock, A., and Bhatt, R. S. : The development of intermodal emotion perception from bodies and voices, Journal of Experimental Child Psychology, **126**, pp. 68-79 (2014)
35) Grossmann, T., Striano T., and Friederici, A. D. : Infants' electric brain responses to emotional prosody, Neuroreport, **16**, 16, pp. 1825-1828 (2005)
36) Grossmann, T., Striano, T., and Friederici, A. D. : Crossmodal integration of emotional information from face and voice in the infant brain, Developmental Science, **9**, 3, pp. 309-315 (2006)
37) Grossmann, T., Oberecker, R., Koch, S. P., and Friederici, A. D. : The developmental origins of voice processing in the human brain, Neuron, **65**, 6, pp. 852-858 (2010)
38) Kaneshige, T., and Haryu, E. : Categorization and understanding of facial

expressions in 4-month-old infants, Japanese Psychological Research, **57**, 2, pp. 135-142 (2015)
39) Ludemann, P. M., and Nelson, C. A. : Categorical representation of facial expressions by 7-month-old infants, Developmental Psychology, **24**, 4, pp. 492-501 (1988)
40) Hock, A., Oberst, L., Jubran, R., White, H., Heck, A., and Bhatt, R. S. : Integrated emotion processing in infancy : Matching of faces and bodies, Infancy, **22**, 5, pp. 1-18 (2017)
41) Quam, C., and Swingley, D. : Development in children's interpretation of pitch cues to emotions, Child Development, **83**, 1, pp. 236-250 (2012)
42) Berman, J. M. J., Chambers, C. G., and Graham, S. A. : Preschoolers' appreciation of speaker vocal affect as a cue to referential intent, Journal of Experimental Child Psychology, **107**, pp. 87-99 (2010)
43) Chronaki, G., Hadwin, J. A., Garner, M., Maurage, P., and Sonuga-Barke, E. J. S. : The development of emotion recognition from facial expressions and non-linguistic vocalizations during childhood, British Journal of Developmental Psychology, **33**, 2, pp. 218-236 (2014)
44) Sauter, D. A., Panattoni, C., and Happé, F. : Children's recognition of emotions from vocal cues, British Journal of Developmental Psychology, **31**, 1, pp. 97-113 (2013)
45) 浜名真以，針生悦子：幼児期における感情語の意味範囲の発達的変化，発達心理学研究，**26**, 1, pp. 46-55 (2015)
46) Winner, E., and Leekam, S. : Distinguishing irony from deception : Understanding the speaker's second-order intention, British Journal of Developmental Psychology, **9**, pp. 257-270 (1991)
47) 今泉　敏，野口由貴，小澤由嗣，山崎和子：発話意図の認知機構―発達的考察―，電子情報通信学会技術研究報告．SP，音声，**104**, 149, pp. 61-66 (2004)
48) Friend, M. : Developmental changes in sensitivity to vocal paralanguage, Developmental Science, **3**, 2, pp. 148-162 (2000)
49) Morton, J. B., and Trehub, S. E. : Children's understanding of emotion in speech, Child Development, **72**, 3, pp. 834-843 (2001)
50) Kitayama, S., and Ishii, K. : Word and voice : Spontaneous attention to emotional utterances in two languages, Cognition and Emotion, **16**, 1, pp. 29-59 (2002)
51) 池田慎之介，針生悦子：幼児期から児童期の子どもにおける発話からの感情判断の発達，心理学研究，**89**, 3, pp. 302-308 (2018)

52) 野口由貴，小澤由嗣，山崎和子，今泉　敏：音声から話者の心を理解する能力の発達，音声言語医学，45, 4, pp. 269-275（2004）
53) Tanaka, A., Koizumi, A., Imai, H., Hiramatsu, S., Hiramoto, E., and de Gelder, B.：I feel your voice. Cultural differences in the multisensory perception of emotion, Psychological Science, 21, 9, pp. 1259-1262（2010）
54) Kawahara, M., Sauter, D. A., and Tanaka, A.：Impact of Culture on the Development of Multisensory Emotion Perception, Proceedings of the 14th International Conference on Auditory-Visual Speech Processing, D2. S5. 2（2017）
55) Yamamoto, H. W., Kawahara, M., and Tanaka, A.：The developmental path of multisensory perception of emotion and phoneme in Japanese speakers, Proceedings of the 14th International Conference on Auditory-Visual Speech Processing, D2. S5. 1（2017）
56) Repacholi, B. M., and Gopnik, A.：Early reasoning about desires：Evidence from 14-and 18-month-olds, Developmental Psychology, 33, 1, pp. 12-21（1997）
57) Hubert, B., Wicker, B., Moore, D. G., Monfardini, E., Duverger, H., Da Fonséca, D., and Deruelle, C.：Recognition of emotional and non-emotional biological motion in individuals with autistic spectrum disorders, Journal of Autism and Developmental Disorders, 37, 7, pp. 1386-1892（2007）
58) Hobson, R. P.：The autistic child's appraisal of expressions of emotion, Journal of Child Psychology and Psychiatry, 27, 3, pp. 321-342（1986）
59) Macdonald, H., Rutter, M., Howlin, P., Rios, P., Le Conteur, A., Evered, C., and Folstein, S.：Recognition and expression of emotional cues by autistic and normal adults, Journal of Child Psychology and Psychiatry, 30, 6, pp. 865-877（1989）
60) Philip, R. C. M., Whalley, H. C., Stanfield, A. C., Sprengelmeyer, R., Santos, I. M., Young, A. W., Atkinson, A. P., Calder, A. J., Johnstone, E. C., Lawrie, S. M., and Hall, J.：Deficits in facial, body movement and vocal emotional processing in autism spectrum disorders, Psychological Medicine, 40, 11, pp. 1919-1929（2010）
61) Dawson, G., Meltzoff, A. N., Osterling, J., Rinaldi, J., and Brown, E.：Children with autism fail to orient to naturally occurring social stimuli, Journal of Autism and Developmental Disorders, 28, 6, pp. 479-485（1998）
62) Dawson, G., Webb, S. J., Carver, L., Panagiotides, H., and McPartland, J.：Young children with autism show atypical brain responses to fearful versus neutral facial expressions of emotion, Development Science, 7, 3, pp. 340-359（2004）
63) Peppé, S., McCann, J., Gibbon, F. E., O'Hare, A., and Rutherford, M.：Receptive and expressive prosodic ability in children with high-functioning autism, Journal of

Speech, Language, and Hearing Research, **50**, 4, pp. 1015-1028 (2007)
64) Matsuda, S., and Yamamoto, J.: Intramodal and cross-modal matching of emotional expression in young children with autism spectrum disorders, Research in Autism Spectrum Disorders, **10**, pp. 109-115 (2015)
65) Boucher, J., Lewis, V., and Collis, G. M.: Voice processing abilities in children with autism, children with specific language impairments, and young typically developing children, Journal of Child Psychology and Psychiatry, **41**, 7, pp. 847-857 (2000)
66) Grossman, R. B., Bemis, R. H., Skwerer, D. P., and Tager-Flusberg, H.: Lexical and affective prosody in children with high-functioning autism, Journal of Speech, Language, and Hearing Research, **53**, pp. 778-793 (2010)
67) Saalasti, S., Kätsyri, J., Tiippana, K., Laine-Hernandez, M., von Wendt, L., and Sams, M.: Audiovisual speech perception and eye gaze behavior of adults with Asperger syndrome, Research in Autism Spectrum Disorders, **42**, 8, pp. 1606-1615 (2011)
68) Quam, C., and Swingley, D.: Processing of lexical stress cues by young children, Journal of Experimental Child Psychology, **123**, pp. 73-89 (2014)
69) Singh, L., Tam, J. H., Chan, C., and Golinkoff, R. M.: Influences of vowel and tone variation on emergent word knowledge: a cross-linguistic investigation, Developmental Science, **17**, 1, pp. 94-109 (2014)
70) Yamamoto, H. W., and Haryu, E.: The role of pitch pattern in Japanese 24-month-olds' word recognition, Journal of Memory and Language, **99**, pp. 90-98 (2018)
71) 池田慎之介, 針生悦子：発話からの感情推測と実行機能の関連：発達的検討, 電子情報通信学会技術研究報告, **115**, 418, pp. 31-36 (2016)
72) 三浦優生：日本語およびドイツ語における確信度をあらわす語彙とイントネーションの理解の発達, 日本語用論学会第11回大会発表論文集, pp. 135-142 (2009)
73) Cismaresco, A., and Montagner, H.: Mothers' discrimination of their neonates' cry in relation to cry acoustics: The first week of life, Early Child Development and Care, **65**, 1, pp. 3-11 (1990)
74) 足立智昭, 村井憲男, 岡田 斉, 仁平義明：母親の乳児の泣き声の知覚に関する研究, 教育心理学研究, **33**, 2, pp. 146-151 (1985)
75) 神谷哲司：乳児の泣き声に対する父親の認知, 発達心理学研究, **13**, 3, pp. 284-294 (2002)
76) Sagi, A.: Mothers' and non-Mothers' of Infant cries, Infant Behavior and Development, **4**, 1, pp. 37-40 (1981)

77) 田淵紀子, 島田啓子, 坂井明美, 小松みどり：新生児の泣き声に対する母親の受けとめ方, 日本助産学会誌, **10**, 2, pp. 81-84（1997）
78) Sroufe, L. A., and Waters, E.：The ontogenesis of smiling and laughter：A perspective on the organization of development in infancy, Psychological Review, **83**, 3, pp. 173-189（1976）
79) Kawakami, K., Takai-Kawakami, K., Tomonaga, M., Suzuki, J., Kusaka, T., and Okai, T.：Origins of smile and laughter：A preliminary study, Early Human Development, **82**, 1, pp. 61-66（2006）
80) Oller, D. K., Buder, E. H., Ramsdell, H. L., Warlaumont, A. S., Chorna, L., and Bakeman, R.：Functional flexibility of infant vocalization and the emergence of language, Proceedings of the National Academy of Sciences, **110**, 16, pp. 6318-6323（2013）
81) Jhang, Y., and Oller, D. K.：Emergence of functional flexibility in infant vocalizations of the first 3 months, Frontiers in Psychology, **300**, 8, pp. 1-11（2017）
82) 志村洋子, 今泉　敏：乳児の音声における感性表出の聴覚的評価, 音声言語医学, **33**, 4, pp. 325-332（1992）
83) 志村洋子, 今泉　敏：乳児音声における感性情報表出の発達と個人差の検討, 音声言語医学, **35**, 2, pp. 207-212（1994）
84) 志村洋子, 今泉　敏：生後2ヵ月の乳児の音声における非言語情報, 音声言語医学, **36**, 3, pp. 365-371（1995）
85) 志村洋子：乳児の音声における非言語情報に関する実験的研究, 風間書房, 東京（2005）
86) Scheiner, E., Hammerschmidt, K., Jürgens, U., and Zwirner, P.：Acoustic analyses of developmental changes and emotional expression in the preverbal vocalizations of infants, Journal of Voice, **16**, 4, pp. 509-529（2002）
87) Scheiner, E., Hammerschmidt, K., Jürgens, U., and Zwirner, P.：Vocal expression of emotions in normally hearing and hearing-impaired infants, Journal of Voice, **20**, 4, pp. 585-604（2006）
88) Lyakso, E., and Frolova, O.：Emotion state manifestation in voice features：Chimpanzees, human infants, children, adults, Proceedings of International Conference on Speech and Computer（SPECOM）2015, pp. 201-208（2015）
89) Kersken, V., Zuberbühler, K., and Gomez, J.：Listeners can extract meaning from non-linguistic infant vocalisations cross-culturally, Scientific Reports, **7**（2017）
90) 櫻庭京子, 今泉　敏, 筧　一彦：音声による感情表出の発達的検討, 音声言語医学, **43**, 1, pp. 1-8（2002）

第4章 音楽

　音楽は人間の音声コミュニケーション手段の一つであり，言語と同様に「ほぼすべての文化に共通して存在する」[1]とされる。音楽の起源については長年議論が行われてきたが，いまだ終息を見ないようである。おもな議論として，鳥のさえずりのようにパートナーへの求愛や，他者・集団へのディスプレイシグナルとして用いられたとする議論や，感情表現に近い音楽的な発声が伝達機能を持つようになり言語へ進化したとする説[2]，言語進化の副産物であるとする説[3]，母子間の絆形成のコミュニケーションツールであった説[4]が挙げられる。どのように音楽が生まれてきたかはおくとしても，その形式や用いられ方は多様でありながら，時代や文化を通じて，音楽は人間の暮らしと密接に関わってきた。それはそのような環境に生まれ育つこどもにも当てはまることであり，こどもの音声発達を考えるうえで，音楽からの視点は欠かせないものと言えるだろう。

　そもそも「音楽」とはなにを指すのだろうか。「音楽」と「音楽ではない音」のボーダーラインは，緩やかではあるものの，文化内あるいは文化間，時代に共通した認識として存在している。Levitin は著書『音楽好きな脳』（原題 This is Your Brain on Music）[5]の中で，「作曲家エドガー・ヴァレーズ（Edgard Varese）が定義した有名なことばによれば，"音楽は組織化された音響（organized sound）"だ。」と述べている。だが「音楽」を厳密かつ明確に定義することはたいへんに難しいため[6]，すべての文化の音楽を包括的に整理することは，本章の範囲を超える。そこで，ここで対象とする「音楽」はその一部とし，これまで心理学でおもに扱われてきた西洋音楽文化の伝統に則った音楽とする。

　本章ではまず，こどもを取り巻く音楽環境としての養育者による歌唱を中心に取り上げながら，音楽に対するこどもの"興味"を見ていく。つぎに乳児期を中心とした音楽を聞く能力の発達，そして発声から歌唱へと発展していく，歌う能力の発達を概観し，最後に音楽と発達の関わりについての議論を紹介する。

4.1 音楽との出会い

4.1.1 養育者による対乳児歌唱
〔1〕 対乳児歌唱の特徴

多くの文化で人間が最初に出会う音楽の一つは，養育者による歌いかけである[7]。母親による**対乳児歌唱**（IDsong；infant-directed song）は，**対乳児発話**（IDspeech；infant-directed speech）と同様に，乳児不在または**対成人歌唱**（ADsong；adult-directed song）と音響的に区別しうる特徴を持っている（**図4.1**）。例えば，遅いテンポ，高い基本周波数，特徴的な**音色**（timbre），基本周波数と音圧の**ゆらぎ**（perturbation）が挙げられる[8]。カナダの研究者であるTrainorら[9]は，複数の母親によって歌われた**遊び歌**（playsong）と**子守歌**（lullaby）の音響分析を行い，この2種類の歌に共通するIDsongの特徴として，遅いテンポ，高い基本周波数，**フレーズ間の長いポーズ**（relative length of inter-phrase pauses），周波数のゆらぎを挙げている。

さらにカナダで行われた別の研究によると，母親のIDsongは乳児不在の歌唱よりもピッチが約2半音高くなり（ADsong：214 Hz → IDsong：220 Hz），テンポは約5％減速した（ADsong：114 bpm → IDsong：109 bpm）。ピッチ変化とテンポ変化には相関関係があり，ピッチの上昇変化が大きいほどテンポがより遅くなった[10]。一方，父親の歌唱音声は，母親よりもピッチが低く，テンポが遅い特徴が見られた。母親の歌唱音声では対乳児と乳児不在でピッチレンジがほぼ等しかったが，父親の場合には対乳児のほうが乳児不在よりもピッチレンジが大きいという点でも，父母間の違いが見られた。

また，6か月児に対する母親の歌唱音声の分析では，時間的変動はIDsongのほうがADsongより小さく，テンポのゆらぎが小さかった。音圧はIDsongのほうが低く，音圧変化はIDsongのほうがADsongよりも大きい[11]。IDsongはこの"程よい"**反復**（repetition）と**変化**（variation）のバランスを保っており，規則的でありながらわずかに変動する刺激に注意を向ける乳児を惹き付け

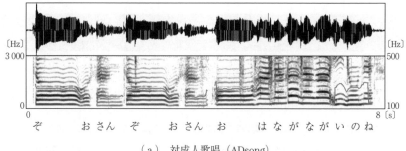

（a）対成人歌唱（ADsong）

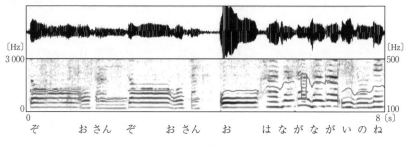

（b）対乳児歌唱（IDsong）

IDsong は 1 回目の「ぞうさん」が 2 回目よりも時間長が長く，2 回目は特に「さん」が短くなっている。また ADsong に比べ，ピッチの境界が不明瞭，またダイナミクスの変化が大きい特徴が現れている。

図 4.1　「ぞうさん」（作詞：まどみちお，作曲：團伊玖磨）の対成人歌唱（a）と対乳児歌唱（b）の波形とスペクトログラム

ているのだと考えられる。

　以上のように IDsong は，ADsong とは異なる音響特徴を持ち，ADsong よりも乳児の注意を惹き付けやすい音声である[12]。選好注視法を用いた実験では，5～6 か月児が IDsong を ADsong よりも選好することが示された。さらに乳児が選好した音声は，**愛情のこもった歌い方**（loving tone of voice）であると成人に評価された[13]。こうした IDsong の選好は複数の実験で実証され，生後 2 日の新生児において，両親とも聴覚が健常でない場合にも確認されていることから，生得的である可能性が指摘されている[14]。

〔2〕 対乳児歌唱の機能

IDsong の機能として，まず乳児の情動調節が挙げられる。IDsong の聴取が乳児に落ち着きをもたらす効果を検証した研究では，ストレス指標である唾液中のコルチゾール値の測定が行われた。結果はどの乳児でも一様にコルチゾール値が低下するというものではなく，値が安定的になること，すなわち聴取前に高レベルであった乳児については低下し，低レベルであった乳児については上昇するという変化が見られた[15]。

さらに行動実験によっても，IDsong が IDspeech よりも，乳児の注意を長く惹き付ける，機嫌を保つといった点で効果を持つことについて確認されてきている。

中田と Trehub[16] は，6 か月児に対して，歌いかける母親の映像と話しかける母親の映像を見せて，注視時間の計測と行動反応の観察を行った。この結果，乳児は母親の IDsong 映像のほうをより長く注視し，身体運動が減少することが明らかになった。このことから，IDsong は IDspeech よりも発信者に対する注意を喚起しやすいことが示唆された。この研究は，IDsong の機能を裏付ける画期的なものであったが，映像と音声を同時に提示する実験デザインであるために，乳児による選好が「音声を発している母親の顔」という視覚的要素により引き起こされたのか，「音声」自体によるものなのか，あるいはその両方であるのかが不明であった。また，ここで用いられた IDsong と IDspeech がどのような音響特徴の違いを持ち，なにが選好に関与するのかという点も明らかではなかった。

これに対して Corbeil ら[17] は，乳児に音声のみを提示する実験を行い，IDsong と IDspeech に対する選好を調べた。4〜13 か月児に非母語の IDsong と IDspeech を聞かせたところ，中田らの報告とは異なり IDspeech に対する選好が見いだされたのである。このように先行研究と反対の選好傾向が生じた理由の一つとして，研究によって刺激音声の特徴が異なっていた可能性が挙げられる。実験刺激に用いる IDsong と IDspeech の諸条件を揃えることは難しく，音声中のどの要素に対する反応を比較しているのかという点について注意

が必要である。そして Corbeil らの実験で使われた IDspeech は快感情を表現する音声であったのに対し，IDsong はなだめる音声であるという大きな違いがあった。音響特徴においても，IDsong のほうが平均基本周波数がやや高く，IDspeech は基本周波数のレンジ（範囲）が広くかつ分散も大きいという点で異なっていた。これらの分析に基づき，乳児の選好は，IDsong か IDspeech かという**声区**（register）の違いによるのではなく，音声が含む快感情の情報によるものではないかと考えられた。

　IDspeech は，上昇パターンの抑揚によって乳児の注意を惹き付け，下降パターンの抑揚によって乳児を落ち着かせるとされる[18]。IDsong のうち，なだめる機能を持つ子守歌には下降パターンのメロディ輪郭が多く含まれ，パターンの変化が少ない[19]という点が IDspeech の落ち着かせる音声と共通している。Corbeil らの研究結果は，IDspeech と IDsong に共通する抑揚パターンの特徴からも説明できるものであろう。

　IDsong と IDspeech に対する反応の違いは，低月齢児の心拍反応にも見いだされている[20]。この研究では，ベッドに寝ている覚醒状態の3か月児に対して，母親の姿は見えず声のみが聞こえるという設定のもとで，音声が提示された。実験の構成は，1分間の無音状態の後，母親による IDsong または IDspeech を3分間提示し，その後再び1分間の無音状態というものであった。音声に対する乳児の心拍反応としては，IDsong と IDspeech のいずれにおいても，声が聞こえはじめるとすぐに低下し定位反応が見られた（図4.2）。ただし，その後の変化に音声による違いが見られた。IDsong では3分間にわたって乳児の心拍数減少が持続したのに対し，IDspeech では2分目から心拍数が増加方向に転じたのである。このことは，IDsong は緩やかに乳児の注意を持続させ鎮静状態へ導くのに対し，IDspeech は活性状態へ導くことを示していると考えられる。

　IDsong が乳児の緩やかな注意を持続，鎮静させることは，7か月児を対象とした研究でも報告されている。これは7か月児にアニメーションを提示しながら非母語音声を聞かせる実験で，乳児がぐずり出すまでの時間が計測され

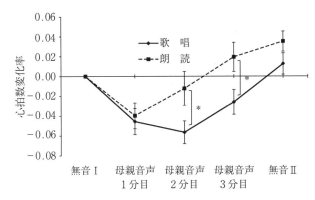

図 4.2 母親の歌唱条件と朗読条件での1分ごとの心拍変化（＊：$p<0.05$）

た。IDsong，IDspeech，ADspeech を聞かせた場合を比較すると，IDsong の場合が最もぐずり出すまでの時間が長く，鎮静効果があることがわかったのである[21]。

また，6〜10 か月児が母語（英語），非母語（ロシア語）にかかわらず，IDsong と IDspeech を弁別し，さらに，IDsong のほうをより長く聞くことも示されている[22]。この研究に使われた IDsong は，IDspeech よりも規則的な拍，リズムパターンの反復，**固定的なピッチ連関の反復**（repeated occurrence of stable pitch relations）が多いというように，音楽的要素を多く含んでいた。さらに IDsong は，IDspeech よりテンポが遅くピッチレンジが小さいという特徴があった。これらの音響的な要素が，乳児の注意を惹き付けたと考えられている。

以上の研究をまとめると，IDsong と IDspeech は異なる音響特徴を持つこと，またピッチレンジの大きさや輪郭パターンから，乳児に対して遊びやあやしの場面で発せられる IDspeech は，注視行動など乳児の能動的な注意を喚起することが言える。一方，狭いピッチレンジ，下降パターンの輪郭や規則的な拍といった特徴を持つ IDsong は，乳児の情動を鎮静的な状態に保ち，音声への持続的な注意を誘導すると考えられる。

ただし，歌唱と発話ともに，聞き手である乳幼児の年齢や発達は，発せられ

る音声の特徴に対して影響をもたらし，また，音声に対する乳児の反応はそれらの持つ特徴によって異なる[23]。例えばフレーズ末の伸長は，3か月児に対して歌われるときよりも6か月児に対して歌われるときのほうがより大きいことが報告されている。この現象については，歌を聞かせながらフレーズのまとまりを教える機能があることとの関連が議論されている[24]。このように乳児の言語や音声知覚の発達に応じて，歌い手は歌い方を変化させているのである。今後はこれらの差異にも注目しつつ検討していく必要がある。

〔3〕 対乳児歌唱の種類

IDsong は，なだめる機能を持つ子守歌と活性化させる機能を持つ遊び歌の二つに大まかに分けられる。Rock[25]らの報告では，母親による歌唱音声を大学生に分類させたところ，高い精度で子守歌と遊び歌に分けることができた。また子守歌は軽やかで滑らかな歌い方，遊び歌は微笑むような明るい歌い方と評価された。

IDsong の全般的な特徴として，遅いテンポと高い基本周波数がこれまでに指摘されてきたが，IDsong の種類によって，乳児が選好するテンポと基本周波数の高さが異なることが報告されてきている。

Conrad ら[26]は6～7か月児を対象とした実験で，非母語の子守歌と遊び歌のテンポ選好を比較した。オリジナルのテンポは 50 bpm（beat／min，拍／分）と 58 bpm，速くしたバージョンのテンポは 63 bpm と 75 bpm で，テンポの差異は約 25 ％に設定されていた。これらテンポの異なる歌に対する乳児の注視時間を比較したところ，子守歌の場合にはテンポによる違いが見られず，遊び歌の場合には速いバージョンに対する選好が見られた。このことによって，乳児が歌によって惹き付けられるテンポは異なることが裏付けられた。

基本周波数の高さに関しても同様の実験が行われ[27]，音程が約5半音異なる，低いバージョンと高いバージョンの子守歌と遊び歌が提示された。そして子守歌では低いバージョン，遊び歌では高いバージョンに選好が偏ることが確認された。

子守歌と遊び歌の違いは，メロディ輪郭のパターンにも見いだされている。

Falk[28]はIDsongがIDspeechと同じように，輪郭パターンによって乳児の注意を調節するのかを検討した．フランス，ドイツ，ロシアで，母親に乳児をあやしてもらい，場面ごとに発話と歌唱の輪郭パターンを比較した．遊び場面では，発話と歌唱の間で輪郭パターンはおおむね類似し上昇パターンが用いられるが，歌唱ではいったん上昇して下降する逆U字型が多く用いられた．一方，なだめる場面では下降という変化の方向性は一致するものの，輪郭パターンにはsongとspeech，さらに言語による違いが見られ，共通点は少なかった．この研究から，発話と歌唱に共通する機能に関連した音響特徴が抽出可能である一方で，言語による差異が存在することも示された．

4.1.2 視聴覚メディアによる音楽

現代では，オーディオ機器，テレビ，DVD，携帯電話などが普及している社会において，いつでもどこでも，個人的に音楽を楽しむことが可能である．そして大人だけでなくこどもが耳にする音楽も，こうした機器を通じて提供されることが多くなってきている．

0～2歳児を持つ家庭を対象に2004～2006年にイギリスで行われた調査[29]によると，CDプレイヤーなどオーディオ機器を使ってこどもに音楽を聴かせる家庭は90％以上であった．これに対し，寝かしつけと遊びの場面で直接歌いかけをする家庭は，それぞれ約20％だった．同様にアメリカで行われた調査[30]でも，0～3歳児を持つ家庭で，毎週音楽を聴かせたり歌いかけをしたりする家庭は約90％であるのに対し，毎日と回答した家庭は60％であったことが報告されている．1歳児の保護者245人を対象に行った2012年の日本の調査[31]では，音楽を聞かせる手段がテレビやラジオである人が約80％，DVDとビデオ，CDがそれぞれ約40％という結果であった．ここから，現代日本では大人がこどもに聞かせる音楽を選んで再生するよりも，こども向け番組などをテレビで見ている際に流れてくる音楽を聞く，という受動的な音楽聴取が多い傾向が明らかになった．

こうしたメディアに使われる音楽は，多くの場合こども向けとされる童謡や

子守歌，遊び歌，クラシック音楽，なかでもバロックや古典期の短くシンプルな曲である[32]。メディアを通した音楽経験は，乳児の音楽聴取にどのような影響を及ぼすのだろうか。Ilariら[32]によると，8か月児はなじみの低いラヴェルの2曲を，オーケストラ演奏では弁別したがピアノ演奏では弁別しなかった。しかし，2週間にわたってこの2曲を乳児に聞かせ，さらに2週間の遅延をおいた後には，ピアノ音でもこれらを弁別することができるようになった。乳児には"難しい"，"複雑な"音楽は適さないという考えが一般的に広まっていて，その背景には乳児の音楽聴取能力が未熟という考えがあるが，従来考えられてきたよりも乳児は音楽の特徴を詳細に聞き分けることができ，その能力はシンプルな構造の音楽に限定されるものではなかった。なじみの低い"複雑な"音楽も，繰り返し聞くことで学習可能であることが，この研究から示されたのである。また，クラシック音楽のオリジナル版で指定された楽器演奏と編曲版シンセサイザー演奏のいずれに乳児が注目するかを調べた研究においても，日常的なクラシック音楽の聴取頻度が注目の仕方に影響することがわかった[33]。1歳前からメディアを通して接する音楽の種類やその聴取頻度は，乳児の音楽の好みや弁別能力に影響を与えているのである。

4.2 知覚と認知―聞く―

4.2.1 リズムとテンポ

音楽を構成する要素の中でも，中核的な役割を担う[34]リズムは胎児期から知覚されている。出生前4週間にわたり聴取したなじみのある童謡を聴くと胎児の心拍数が減少し，新奇な童謡を聴いた際には変化が見られなかった。この現象は，胎児が歌のリズムによって，童謡を弁別したことによると考えられている[35),36)]。

新生児では，拍の知覚について脳波計測を用いた研究が行われている。成人は，8拍のリズムパターンを繰り返し聞いているときに，2，4，8拍目のいずれかがランダムに脱落しても気付きにくくリズムが維持されていると認識する

が，小節の最初の拍（ダウンビート）の脱落には気付きやすく，リズムパターンの変化として認識する。同様に，新生児においてもリズムパターン認識に影響が大きいダウンビートの脱落に対して，**事象関連電位**（ERP）反応が見られることが確認された[37]。

拍の知覚は，乳児期においてさらに学習により形成されていく。7か月児を対象とした実験では，実験者が乳児を抱いた状態で，拍の不明瞭な曲に合わせて2拍子または3拍子のリズムで身体を揺らす刺激を与えた。この後に，拍を示す手がかりを顕著にした同じ曲を聞かせたとき，2拍子で揺らされた乳児は2拍子の曲を，3拍子で揺らされた乳児は3拍子の曲を選好した（図4.3）[38]。

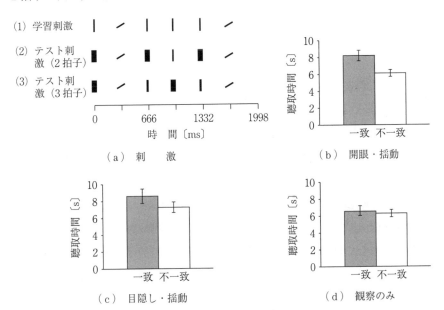

(a)：音声のリズムパターン。縦線はドラム，斜線はスラップスティックによる。ドラム音がリズムパターンを表す。(b)～(d)：乳児によるテスト音声聴取時間。2拍子で揺らされながら学習刺激の音楽を聴いた乳児では，一致条件がテストで2拍子（(a)の(2)）の音楽を聴取した場合，不一致条件が3拍子（(a)の(3)）の音楽を聴取した場合。3拍子の乳児はその逆。学習刺激を聴いているときに乳児が，(b) 目を開けている，(c) 目隠しされる，(d) 乳児自身は揺らされずに音楽に合わせて動く実験者を観察する。

図4.3 音声と揺動のリズムパターン知覚実験の刺激と結果
（文献38）をもとに作成）

この結果から，乳児は自らの身体運動のリズムに基づいて，聴覚刺激である音楽のリズムを知覚していたことがわかる。

また，1歳になるまでに等時的な拍の西洋音楽に触れていた幼児は，複雑な非等時的拍（バルカンの民族音楽）の変化に気付かなくなることも示されている。そして非等時的拍に気付かない幼児も，2週間にわたって非等時的拍の曲を聞く経験の後には，複雑な拍の変化を区別することができるようになった[39]。このように自分の育つ音楽環境や音楽経験の影響を受け，それに合わせるように，拍に対するこどもの感受性は発達していくのである。

同じ文化の中でも，音楽経験により拍知覚の個人差が見られる。0歳の間に受けた音楽経験が多いこどもは，少ないこどもよりも早く拍の知覚が発達する。1〜6か月齢で音楽教室に通いはじめた7か月児は，音楽教室に通わない同月齢児に比べて，特定の拍に同期した脳反応が大きく現れたのである。この研究では，**定常状態誘発電位**（SS-EP ; steady-state evoked potentials）と呼ばれる脳反応が，知覚された拍に同期したピークを示すことを利用して，乳児の拍知覚を検証している。そして6拍のリズムパターンを聞かせたときに，音楽教室に通っている乳児では，通っていない乳児よりも2拍子のピークが大きく現れることを見いだした（**図4.4**）[40]。

リズムと同じくテンポの変化に対しても，胎児期から反応が見られる。38〜41週の胎児にブラームスの子守歌を5分間聞かせた際に，テンポが60 bpmであった場合には音楽提示開始から30秒間の心拍数が増加したのに対し，118 bpmの場合には心拍数が減少した[41]。これは速いテンポが乳児の聴覚系の活動を高め，覚醒レベルが上昇したことを示すと考えられている。

また，テンポ選好について，4か月児では，拍間隔が100 msと300 ms，300 msと900 ms，100 msと900 msの音列を比較して聞かせた際に，いずれにおいても選好が見られなかった。これに対し，6歳と10歳児は100 msを選好し，成人は100〜1500 msの間で中間レベルのテンポを選好した。2〜4か月児では，600 msの拍間隔から弁別できるとされている[42]。

乳児期のテンポ知覚は，単一感覚よりも先行して，複数感覚からの同時入力

4.2 知覚と認知 — 聞 く —

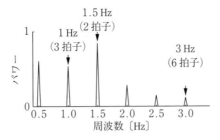

（a） 音声刺激の周波数スペクトル

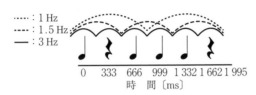

（b） リズムパターン

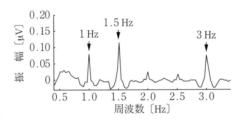

（c） SS-EP 平均値。3拍子（1 Hz），2拍子（1.5 Hz），6拍子（3 Hz）にピークが現れている。

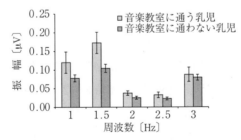

（d） 音楽教室に通う乳児では2拍子（1.5 Hz）に大きな反応が見られた。

図 4.4 6拍子リズムパターン聴取時の乳児の脳反応（SS-EP）（文献40）をもとに作成）

に支えられているという指摘もなされている。3か月児に，玩具のハンマーが上下する視覚刺激と，その上下運動に同期する聴覚刺激を同時提示した実験では，2種類のテンポ（110 bpm と 240 bpm）を識別したが，視覚刺激あるいは聴覚刺激のいずれか一方の提示では識別しなかった[43]。

4.2.2　ピッチ（音程）

　ピッチの変化は，胎児期から知覚される。Lecanuet ら[44]は，D4（292 Hz）と C5（518 Hz）のピアノ音を 36 〜 39 週齢の胎児に聞かせ，心拍数を指標とした馴化脱馴化法によりこれらを胎児が弁別することを確認している。

　乳児では，二つのピッチ間の差異が半音またはそれより小さい場合でも聞き分けることができる。ただし，複数のピッチで構成される音系列を聞く場合には，ピッチ間の関係つまり**輪郭**（pitch contour）が最も顕著な情報となる。例えば 6 〜 8 か月児は，6 音からなるメロディのピッチが1オクターブ変化した場合，またピッチの時間間隔の関係を維持したままテンポのみ変化した場合には，変化前後のメロディを区別しない。一方で，メロディを構成するピッチのうちの一つが変化した場合や，メロディ進行の上下方向が変化した場合には，乳児は二つのメロディを区別する[45]〜[47]。

4.2.3　協和音と不協和音

　協和音は，より単純な周波数比からなる和音（オクターブ1：2，完全5度2：3）であり，澄んだ印象を与える。これに対して不協和音はより複雑な（比率の大きい）周波数比（トライトーン 32：45，短9度 15：32）で濁った印象を作り出す。協和音は澄んだ音色で快の感情を引き起こし，不協和音は濁った音色で不快な感情を起こす。二つの音の周波数が近いときに音が大きくなったり小さくなったりするうなりが生じ，それによって協和性が減少するのである[48]。

　協和音に対する選好は低月齢の時期から起きていることが，これまで複数の研究によって支持されてきた[49]〜[51]。Trainor らは，選好注視法を用いて2か月

と4か月児の選好を調べている[51]。この実験では，協和音刺激として，完全5度（A3−E4, C4−G4）とオクターブ（C4−C5, E4−E5）の和音，不協和音刺激として，トライトーン（B^{b}3−E4, F4−B4）と短9度（B^{b}3−B4, E4−F5）の和音が用いられた。この結果，協和音に対しての注視時間は不協和音に対する時間を上回った。2か月ではまだ音楽文化のピッチ構造や和声についての学習が進んでいるとは考えにくく，胎児期からの言語や音楽の聴取経験に基づく学習による選好であることが議論されている。さらにこの実験では，2か月児に対して不協和音を先に聞かせると協和音への注視回復が起こりにくく，不協和音を聞くことによって，その後に続く協和音の情報を処理することまでも妨げられると考えられた。

これに対して，Plantigaらの実験[52]では6か月児でも協和音に対する選好を示さなかった。協和音，不協和音いずれかにかかわらず，音刺激を3分間聞かせると，既知刺激に対する選好が見られたのである。一部の研究では，協和音の選好は生得的であるとされてきたが，文化や時代によって音楽の中での和音の使われ方は異なるものであり，Plantigaらが主張するように，協和音選好も学習されると考えたほうが妥当であるのかもしれない。

4.2.4 メロディの記憶

メロディは，胎児期後期から記憶されていることがこれまでさまざまな研究によって実証されてきた。Hepper[53]は妊娠中の母親がよく見ていたテレビ番組のテーマ曲を流すと，36〜37週齢の胎児では身体の動きが増加したのに対し，29〜30週齢の胎児では，母親がその番組を見ていない群と同じく変化が見られないことを明らかにした。さらに同じ対象児が誕生してから2〜4日後に番組の曲を流した際にも，身体の動きと心拍数の減少が見いだされた。また別の研究では，29週齢から週当り5回ずつ「きらきら星」を聞かせたところ，新生児期と4か月齢時に，メロディの変化に対する脳反応が見られている[54]。これらの結果から，胎児期にはすでになじみのある音楽に対する反応があり，誕生前の聴覚経験は誕生後の反応に継続して影響すると言える。

胎児のメロディの記憶は，輪郭パターンによっているようである。35～37週齢の胎児に1日2回ずつピアノ音でメロディの下降パターンを継続して聞かせたところ，誕生後1か月時に下降パターンに対して心拍数減少が認められたことが報告されている[55]。

0歳後半には，メロディの記憶がより詳細なものとなる。7か月児は2週間にわたって毎日聴いたモーツアルトのソナタからの抜粋と，それに似た新奇なソナタからの抜粋を2週間の保持期間後にも区別することから，1曲全体を通して聴いていた曲の部分を取り出して認識できるようになっていることがわかる[56]。また，2週間聴いた子守歌の4半音ピッチが変化するとその違いに気付くこと[57]も示されている。さらに，6か月児はピアノまたはハープ音で1週間聴いたメロディと新奇なメロディを区別するが，オリジナルからテンポと音色を変えた場合には新奇メロディと区別しなくなること[58]から，ピッチや音色，テンポといった要素も含めてメロディを記憶していることが明らかになってきた。

4.2.5　音楽の感情価の認知

音楽の**感情価**（affective value）とは，音楽を聴いたときに聴取者がその音楽の表す感情として認知したものを示す[59]。これは音楽を聴いたときに聴取者がどのような気分になるかという問題とは切り離して考えられるべきだとされている。

音楽の感情価の認知の発達について，成人と幼児を比較した実験が行われている[60]。この実験では，既存の曲から速いテンポで長調の曲を「happy」，遅いテンポで短調の曲を「sad」として選び出し，それぞれの曲の調とテンポを操作して，成人に感情価を評価してもらった。オリジナルの曲では「happy」と「sad」の評価が大きく分かれ，さらにテンポと調をそれぞれ変更することによって，評価は影響を受けた。テンポと調を両方共操作した場合，つまりオリジナルが「happy」の曲を遅いテンポで短調に，「sad」の曲を速いテンポで長調に変更した場合には「happy」と「sad」で評価の違いが見られなくなった。

つぎに，同様の手続きで6〜8歳児に評価を行ってもらった場合は，成人と同じ結果となった。これに対して，5歳児では調の変更によって評価に影響は受けなかったが，テンポによる影響が見いだされた。さらに，3〜4歳児では成人の結果と大きく異なり，「happy」と「sad」の評価に違いが見られなかった。この結果から，音楽の感情価の認知においてはまずテンポ，次いで調が手がかりとして用いられること，また3〜4歳児では音楽の感情価を区別していないことが示唆された。

一方，最近の別の実験では，乳児においても音楽の感情価を区別しはじめていることが報告されているものもある[61]。ここでは成人と幼児によって「happy」，「sad」と分類された音楽を3〜9か月児に聞かせ，馴化-脱馴化法で感情価による曲の弁別をテストしている。このとき，9か月児は「happy」，「sad」のいずれも弁別することができたのである。5か月児と7か月児では「sad」に馴化して「happy」へ変化した場合には脱馴化，すなわち感情価の変化を検出したが，「happy」から「sad」への変化には気付かなかった。さらに3か月児はどちらの変化にも反応を示さなかった。なお，この実験で用いられた「happy」の曲はいずれも長調，速いテンポ（81〜160 bpm）高いピッチ（390〜490 Hz）広い周波数レンジという特徴を持ち，「sad」の曲は短調または長調，遅いテンポ（48〜73 bpm），低いピッチ（300〜420 Hz），狭い周波数レンジであった。この実験結果からは，成人による「happy」の評価と同じように乳児が音楽を「happy」として評価しているか否かは不明である。だが少なくとも，感情価を区別する音響特徴を手がかりとした音楽の分類が9か月の段階で可能になっていることは示されたと言える。

4.3 生成 —歌う—

4.3.1 音楽的発声の始まり

Papoušek[62]によれば，乳児が言語を話しはじめる前，すなわち前言語期のコミュニケーションは，発話と歌唱の区別がつかない状態であり，しだいに両

者は分化していく。

　こどもの最初の発声は**啼泣**（crying）である。生後1～2か月頃には,「あー」「うー」など母音様の発声である**クーイング**（cooing）が出現する。この時期には,音楽的特徴を備えたピッチやリズムを持つ発声も観察される[63]。このような発声を Moog[64] は**音楽的喃語**（musical babbling）と呼んだ。音楽的喃語の発声頻度と質は,母親からの歌いかけの量に関連することを Tafuri ら[63]は見いだしている。この研究では,妊娠6～8か月頃から母親に定期的に音楽セッションのグループに参加してもらい,童謡を歌ったり音楽を聴いたり体を動かしたりするプログラムを行った。さらにセッション以外にも毎日歌ったり音楽を聴いたりするように依頼していた。こどもの誕生から1か月を過ぎた頃にセッションは再開され,8か月齢まで継続された。出生前および出生後2か月,4か月,6か月,8か月の時点での母親の歌いかけに対する乳児の反応の観察と日誌的記録の分析を行った。音楽セッションに参加した乳児では,2か月の時点で上昇-下降グリッサンドの発声が多く見られ,4か月以降はほぼ全員に異なる長さの組合せによるリズム（例：♩♪）の発声が見られた。これに対して,音楽セッションに参加しなかった統制群では,歌いかけられても発声すること自体が少なく,上昇-下降グリッサンドは4か月齢で数人が発声したのみであった。

　クーイング期の後に,発声の探索期が始まる。この頃には,叫び声や短いスタッカートのような発声,周波数変調を伴う「あ～」というような母音に近い音など,さまざまな発声を試すかのように行う。4～6か月頃に出現する独り言のような発声は,**声遊び**（vocal play）[62]と呼ばれるように,偶然の発声を楽しみながら一人で繰り返すことが見られる。

　例えば6か月頃には,下降調のグリッサンドが現れ,つぎに上昇調が出現する[67]。1歳頃には,3音を組み合わせたメロディ輪郭,2音の繰返し（ソミソミ）が現れる。この発声の出現時期は,家庭での音楽環境と関連し,音楽への接触頻度や親の働きかけ方が影響するようである。このことは Tafuri らの見解とも一致する。

コラム 13 コミュニケーションの音楽的要素

人間に備わる音楽性の基盤の一つは，個人の知覚や表出に加えて，発達初期のコミュニケーションにも見ることができる．Malloch と Trevarthen は生後数か月の乳児とその母親の行動を観察して，行動の生起パターンに音楽的とも呼べるような規則性を見いだし，これを"**コミュニカティヴミュージカリティ**（communicative musicality）"と名付けた[65],[66]．

コミュニカティヴミュージカリティとは，**協調的コミュニケーションの形態**（art of human companionable communication）である．**拍**（pulse），**質**（quality），**ナラティヴ**（narrative）の三つの領域においてシステマティックな動きが母子双方によって生じる．拍は発声などの表現の規則的な連続，質は発声のメロディの輪郭と音色によって表される．ナラティヴは，拍と質によって作り出される，相手と時間を共有しているという感覚，さらに感情を共有しているという感覚による**連帯感**（companionship）である．1か月半の乳児と母親の"会話"音声を分析すると，**発声重複**（overlap）が起こりつつ約 1.5 秒の発声ユニットが繰り返されていた．また 3 か月児と母親の"会話"では，発声タイミングの調整が発達して重複が起こらなくなり，約 2.0 秒の発声ユニットの繰返しが観察された．

図は，母親によるわらべ歌の発声リズムと 4 か月児の発声を示したものである[66]．図の上段（わらべ歌の 2 行目）では，乳児ははじめ弱拍で発声し，つぎに強拍へとタイミングを変化させ，下段では母親の発声の空白を補うように最後の拍だけを発声することによって，音楽セッションのようなやり取りを母親

図 4 か月児と母親の発声パターン
（文献 66）をもとに作成）

と行っている様子が見てとれる．このように前言語期の乳児も，音楽的なルールに則った方法で，母親との音声やり取りの構造に参加しているのである．

　これらの定型的なやり取りは，まだ音楽行動と呼べるような特徴を十分に備えてはいないかもしれないが，相手の行動予測を容易にし，自身の行動タイミングも調整しやすくするような規則性を持つ，コミュニケーションの音楽的要素ということができる．

　こうした声遊びによって，乳児はピッチや音色，音圧，時間的変化などをコントロールする術を身に付けていく．この声遊びは6か月齢頃に最初のピークを迎えるが，継続した後に言語発達や歌唱の発達につながっていく．

　同時に3か月頃から，親の声のピッチやリズム，メロディパターン（複数の音程の組合せ）を模倣するようになる．Puyveldeら[68]は，観察した母子インタラクションのうち約10％で，ピッチや時間間隔の模倣が起こっていたことを報告している．

4.3.2　歌　　　　唱

　4.3.1項で述べたように，0歳の時期には歌唱と発話の区別がほぼつかないが，歌唱として区別できる発声は1歳から1歳半頃に出現する．

　発話，リズムに合わせて発話するチャンツと歌の違いは明瞭ではない．そこでDowling[69]は**母音の伸長**（prolongation）を歌唱と発話の分類基準とした．母音を伸長すると，ピッチにアクセントがかかり変調もしやすくなる．このアクセントと変調によって歌っているように聞こえるのである．歌唱の第二の特徴は，**時間構造**（temporal organization）の**規則的な拍**（regular pulses）である．ある決まったフレーズがそのまま，あるいは形を変えながら繰り返し現れる構成は，発話と異なる歌唱の特徴と言える．

　Stadler Elmer[70]は，乳幼児期の歌唱の発達を以下の7段階に分けた．

（stage1）　原初的コミュニケーション：生得的表現力と社会環境との共進化
（stage2）　遅延模倣，儀礼の出現，声遊びの延長，ピッチマッチからターンテイキングへ

4.3 生成―歌う―

(stage3) 歌や発話らしい発声意図
(stage4) 感覚運動ストラテジー：聴覚と発声の調整による歌の断片または全体の表出
(stage5) 特定の歌から規則般化
(stage6) 慣習的な歌唱ルールの潜在的な統合
(stage7) 行為・意味・シンボル・概念の反映の開始：文化的枠組みの中での創作

これらの段階を先行研究である Moog[64] と照らし合わせると，2歳では歌が出現することから stage3 にあると考えられる。したがって stage1 と 2 は 1 歳以前，さらに 2 歳から 3 歳にかけては歌唱がより明瞭で表出の頻度が多くなってくる時期となり，stage4 にあたると言えるだろう。

こどもの歌いはじめは，既知歌の**メロディ再生**（melodic reproduction）で，メロディの音程上昇・下降パターンを表出する。メロディ構成に重要な音程間のピッチ間隔は 3 度が出現し，やがてこの間隔内の音程も出せるようになって，オリジナルのメロディに表出が近づいていく。

Moog[64] の観察では，3 歳児の 44 ％でオリジナルに類似した歌唱が可能になり，4 歳児の 38 ％で小さな誤りはあるもののほぼ正確に表出できるようになる。そして 5 歳に近づくと音程が安定してくる。

一方，Welch ら[71]は，歌唱の発達を以下 4 段階に分類している。

(phase1) 歌詞が先行し，チャンツのような発声。ピッチレンジが狭くメロディフレーズが限定的。
(phase2) 声のピッチを意識して調節できることに気付きはじめる。メロディ輪郭はオリジナルにおおむね類似する。自分が置かれている音楽文化の影響を受けた歌を自作する（**図 4.5**）。ピッチレンジが徐々に拡張する。
(phase3) メロディ輪郭とピッチ間隔がより正確になる。発声機構が未発達であるため，調性のゆらぎが起きる。ピッチの外れは減少する。
(phase4) ほぼミスなく歌える。

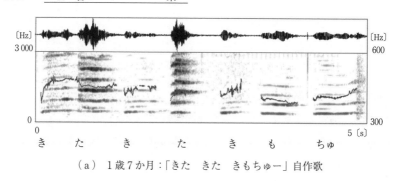

（a） 1歳7か月：「きた きた きもちゅー」自作歌

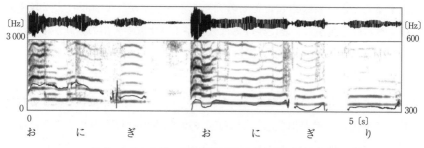

（b） 1歳8か月：きらきらぼしの「まばたきしては」のメロディに，「おにぎり」という歌詞を付けて歌っている。既存歌のメロディを正確には再現できていないが，（a）より音程が安定している。

図4.5 歌唱の発達

　各段階に対応する年齢の目安は記述されていないが，5歳児では歌詞がピッチイントネーションよりも正確に再現できたことが報告されており，この時点がphase1である。そこから3年の間にピッチイントネーションが改善していったとされている。年齢によらず，こどもそれぞれの発達レベルに応じて，この段階の順を踏んで発達していくのである。なお，こどもの声域は，中央ド（C3）あるいはレ（D3）から5度上のソ（G3），ラ（A3）の範囲であるとされている[72]。

　歌の感情表現に関して，4〜12歳児は既知歌を**喜び**（happy）と**悲しみ**（sad）の感情価で歌い分けることが可能である[73],[74]。喜びの感情価を示す歌唱

は悲しみに比べて，テンポが速く，ピッチが高く，音圧が高かった。また，8～10歳児の感情を表現した歌唱は，成人にも同年齢児にも正しく認識された。6～7歳児の歌唱も感情価を判断できるものであったが，その正答率はやや低かった。さらに，6～7歳児は同年齢児の歌唱の感情価を正しく認識できなかったことから，理解に関してはまだ十分に発達していないことが言える。

自作の表現としては，乳児期から声に抑揚を付けた，メロディのように聞こえる発声が観察される。ここを出発点として，幼児期にはこどもオリジナルの歌へと発展していく。このようなこどもが自分で作る歌は，ことばに節を付ける段階から始まって，つぎに3種類①～③に分かれていくとされる[75]。

① **音声表現**（vocal expression）：ことばがなく，そのときの動きやモノ，気分に関連した発声
② **ひとり発声**（monologue）：没頭しているときに少数の音節を繰り返すもの
③ **歌**（song）：物語になっていたり見たものを描写したりというような内容のある歌詞を伴うもの

オリジナルの歌は，既存歌の模倣表出に比べて，ピッチの調整が十分ではないことがある。また多くの場合，成長とともにオリジナルの歌は消えていくようである。

4.4 発達と音楽

4.4.1 音楽と言語の関わり

音楽経験を一定期間続けることによって，音楽のみならず音楽以外の能力の発達に影響が見られるという指摘は，長年にわたり繰り返し行われてきた。特に音楽と聴覚情報処理系を共有する言語に関しては，肯定的証拠を挙げる報告が多い。例えば，Schlaug[76]らは楽器を習いはじめて4年後の9～10歳児は，音程の弁別，指先のタッピングに加え，語彙のテストにおいても，楽器を習っていないこどもより高い成績であったと述べている。さらに，彼らの脳活動を

fMRI（機能的磁気共鳴画像法，1.2節参照）で計測したところ，音楽を聞き分けるテストを受けているときの運動野と聴覚野の活動は，習っていないこどもたちよりも活発であった。

また，約4年間の音楽トレーニングを受けた8歳児では，メロディと文それぞれの最後の音程を変化させた際に，トレーニングを受けてこなかった同年齢児に比べて検出力が高く，ERP（事象関連電位）の変化が顕著であったこと[77]，同様に4～5歳児でもピアノ，ヴァイオリン，純音の提示に対する脳波の反応が，音楽トレーニングの有無によって差が生じること[78]などが報告されている。このような音楽トレーニングが言語音声の聴き取り能力に影響を及ぼすことについて，音声情報に対する注意とワーキングメモリが音楽トレーニングにより促進されたためではないかと議論されている[79]。

さらに乳児においても，音楽聴取経験量が音楽と言語の音声情報処理に影響を及ぼすということが指摘されはじめている。Zhaoら[80]は，9か月児に対して音楽経験を増やす操作を行って，経験量の違いによる脳活動の差異を検討した。乳児には，1か月間に1回15分のセッションに12回参加してもらった。このセッションでは，9か月児にとってあまりなじみがない3拍子のさまざまな童謡を聞きながらそれに合わせて身体を動かしてもらい（音楽群），コントロール群には音楽を流さずに保護者と遊んでもらった。1か月後に，両群のこどもたちが音楽のリズム変化（3拍子から2拍子への変化）を聞く際の脳活動をMEG（脳磁図，1.2節参照）によって調べると，音楽群では側頭野と前頭前野で大きな反応が見られた。さらにそれだけでなく，言語リズムの変化（「ビッビ/bibbi/」から「ビビ/bibi/」への変化）に対しても同様に群の間で違いが見られたのである。このような音楽と言語に共通した脳内での情報処理の発達が0歳代から音楽経験によって促進されることは，音楽トレーニングが音楽認知能力にとどまらず，言語能力にも影響を及ぼすことが幼児や児童で見いだされてきたことの説明になりうるものであるかもしれない。

コラム 14 こどもの注意力と音楽

BGM（バックグラウンドミュージック）を流すことで，単純作業の効率が上がったり学習をスムーズに行えたりする効果が生じることは，さまざまな場面で報告されてきた。そのBGMにモーツァルトの曲を用いた研究が有名になったことで，音楽提示により作業や認知の効率が高まる現象はモーツァルト効果と呼ばれることがある。このモーツァルト効果に関して，音楽は人間の感情に働きかける作用を持つため，聴取する音楽に応じて聴取者の覚醒と気分が変化して，作業の際の認知的処理に影響がもたらされると議論されている[81]。

Schellenberg らが行った実験[82]では，大学生がモーツァルトのアップテンポの曲（ソナタ）を聴いた後に知能テストの一部（記号探索）を行った場合には，音楽を聴かない場合よりも成績が上昇したが，アルビノーニのスローテンポの曲（アダージョ）を聴いた後には上昇が見られなかった。ではモーツァルトの曲に何か秘密があったのか，と思いたくなるが，じつはそうではなかった。日本人の5歳児で実験を行うと，モーツァルトでもアルビノーニでも聴取後のお絵かきの作業効率が上昇せず，作業効率が上昇したのは童謡を歌ったり聴いたりした後であった。このときには，長い時間集中してお絵かきしただけでなく，力強く，創造的な作品を描き上げることができたのである。

また，BGMによって学習が妨害される場合も報告されている。10〜12歳児にBGMを聞かせながら行った記憶テストでは，穏やかな音楽は記憶を促進するが，賑やかな音楽や不快な音楽，テンポの速い音楽は記憶テストの遂行を阻害する傾向が見られたのである[83]。

同様に6か月児と18か月児に対して，モデルとなる行動を，目の前で実演する条件とビデオで見せる条件のもとで，行動の遅延模倣を観察した実験でも，BGMの阻害効果が見いだされた[84]。音楽の有無，年齢にかかわらず目の前での実演の条件では，行動の生起頻度がベースラインよりも高くなった。これに対してビデオで提示した条件では高くならず，さらに，効果音と音楽をビデオに合わせるものに変更した場合には上昇が見られた。この要因として，ライブ（実演）とビデオという伝達手段の違いに加えて，ビデオに付随する音楽が映像内容と合っていないと，乳幼児の認知的負荷となって，ターゲットとなる行動の学習を妨げた可能性が考えられる。

4.4.2 音楽行動と社会性の発達

音楽の進化に関する議論の多くに共通して，音楽行動が人間の社会的共同生活を円滑にする助けになったため，個々にあるいは種として利益を得ることにつながったとされている。つまり音楽は社会の結び付きを強める機能を持って，コミュニケーションの手段として進化してきたのであり，コミュニケーションの文脈において，行動を含めて統合的に理解することが必要であると言えるだろう。

例えば5か月児において，歌は"仲間"を示すシグナルとして働いていることが示されている。実験では2週間にわたり家で歌を聴いてもらった後に，親が歌ったメロディを歌う他人と新奇なメロディを歌う別の他人の映像を見せて，どちらを長く注視するかをテストした。この結果，親が歌ったメロディを歌う他人に対して，乳児は注目した。一方，音楽再生機能を内蔵したおもちゃや他人が歌うビデオによって，同じ音楽を家庭で聴いていた乳児では，同様の傾向が見られなかった。したがって，親と同じ歌を歌う他人に対する注視行動は，単にメロディを記憶していたことによるものではなく，歌を手がかりとして社会的な結び付きを持つ（かもしれない）相手を識別しているのだというのである[85]。

また，音楽と身体運動の関わりは，音楽の社会的な意味を考えるうえで重要である。そもそも音楽表現や音楽認知は，身体の動きから切り離して考えることはできない。演奏者も聴取者も身体の動きによって，音楽の構造や意味を認識し，意識にかかわらず共有しようとする[86]。5か月～2歳児においても，言語音声が提示されたときよりも音楽が提示されたときには，自発的にリズミカルな身体の動きが増加する[87]。

こうした音楽に合わせた身体の動きを表出すること，またそれを周囲の他者と同期させたり同時表出したりすることは，社会的行動を喚起することにつながる。成人と同様に4歳児においても，音楽に合わせて同期した動きを同年齢児と経験することによって，その後に遊びの場面で相手が困っている状況に遭遇したとき，相手を手助けする行動を多く示した[88]。さらに1歳児でも，音楽

4.4 発達と音楽　177

に合わせて同じリズムで身体を動かした，つまり一緒にダンスをした大人に対して，後で相手がとりたいボールに手が届かないなどの場面に出会ったとき，向社会的行動をとりやすくなった．この実験ではコントロールもとっており，リズムが一致しないダンスをした相手に対しては積極的に助ける頻度が低いこ

コラム 15

音楽と映像-聴覚と視覚の関わり

　私たちは音を聴いたときに，「高い」，「低い」，「鋭い」などと表現することがあるが，これらの形容語はモノの空間的な位置や，形状といった視覚的な情報を表現する際に使われるものである．だがごく自然にそれらの語を比喩的に使って，私たちは聴覚情報に対しても当てはめているのである．この背景には，視覚情報と聴覚情報の感覚間統合，すなわち視聴覚の情報を結び付ける認知の働きがある．大人の場合，「高い」音すなわち周波数の大きい音には，明るさ，鋭さ，小ささ，高さを結び付けて認識するとされる．このような感覚間統合は，いつ頃から発達するのだろうか．

　Mondloch と Maurer[89]は 2 歳半の幼児に視聴覚情報を示すアニメーションを見せる実験を行った．アニメーションは，サイズの異なる二つの円（ボール）がバウンドするもので，相対的に高い音または低い音を提示して，「この音は大きいボールの音か，小さいボールの音か」を幼児に判断させるというものである．この結果，2 歳半で音の高さと，モノの明るさおよび大きさを関連付けて認識していることが示された．

　Haryu と Kajikawa[90]は 10 か月児に同様のアニメーションを見せ，馴化-脱馴化法によって「順当な組合せ」と「順当でない組合せ」を乳児が区別し，順当でない組合せを注視することを確認した．このときに区別した組合せは，音の高さとモノの明るさであり，音の高さとモノの大きさは当てはまらなかった．音の高さとモノの明るさについては，学習できるような事象が環境内で頻繁に起きるとは考えにくいことから，この視聴覚情報を統合する脳内ネットワークの存在が要因として議論されている．

　Walker ら[91]では，上昇するボールのアニメーションに対して低音から高音へ上昇する音系列（メロディ）の同時提示を 3〜4 か月児が選好すること，Dolscheid ら[92]は，4 か月児で音の高さとボールの位置，モノの太さが関連付けられており，言語による比喩を獲得する前にこうした関連付けが備わっていることを指摘している．

とも明らかになった[93]。

　Benzon[94]は，複数の人どうしが身体の動きや発する音のタイミングを同期させることによって生起する感情が類似し，自分の精神状態を他者と調和させることで人々の結び付きが生じると述べている。この現象は，音楽を聴きながら表情の違いを学習することによって，1歳児の感情理解が促進されるという実験結果[95]から，1歳代ですでに見られると考えられる。

　音楽は古来人間社会で用いられてきたものであるが，時代とともにその使用が移り変わって，現代日本ではわざわざ購入して好きな音楽を聴こうとする人の数は少なくなってきている。音楽は自分の人生そのものだというくらいに重きを置く人々がいる一方で，自分で選択した音楽を聴くということをしない，音楽を大切だとは考えない人々もいる。このように音楽に対する価値観や関わり方が多様化する現代においても，私たちが音楽から逃れて生きることは難しい。好むと好まざるとにかかわらず，街に一歩足を踏み出せばさまざまな音や音楽が私たちの耳に届いてくる。こうした音の環境を，カナダの音楽家であり音楽研究者のR. マリー・シェーファーは「サウンドスケープ」と名付けた。そして1970年代以降，空間をデザインすることと同じように，音環境をデザインする流れが生まれてきた。

　こどもにおける音楽知覚・認知や音楽行動の発達，社会性との関わりを見ていくと，現代においてもこどもの発達に音楽や音がもたらす影響は大きく，私たちは，いまよりももっと音環境に対して意識を向けることが必要ではないだろうかという思いが湧き上がってくる。はじめに書いたように研究対象とする「音楽」の定義は難しく，さまざまな文化を含めようとすると幅広い範囲に及ぶため，音楽の心理学・脳科学研究はまだ一部の範囲の音楽に限定されている。このため，まだ十分に音楽とこどもの関わりが解明されたとは言えない段階である。さらに音楽の普遍性，文化固有性に切り込みながら，こどもの発達との関わりに迫っていくことが必要である。

引用・参考文献

1) Miller, G.：Evolution of human music through sexual selection. In：The Origins of Music, Wallin, N.L., Merker, B., and Brown, S.（Eds.）, pp. 329-360, The MIT Press（2000）
2) Mithen, S.：The Singing Neanderthals：The Origins of Music, Language, Mind, and Body, Weidenfeld & Nicolson Ltd.（2005）
熊谷淳子 訳：歌うネアンデルタール：音楽と言語から見るヒトの進化，早川書房（2006）
3) Pinker, S.：How the Mind Works, Norton（1997）
4) Dissanayake, E.：Antecedents of the temporal arts in early mother-infant interaction. In：The Origins of Music, Wallin, N.L. Merker, B., and Brown, S.（Eds.）, pp. 389-410, The MIT Press（2000）
5) Levitin, D.J.：This Is Your Brain on Music, Grove/Atlantic（2007）
西田美緒子 訳：音楽好きな脳 人はなぜ音楽に夢中になるのか，白揚社（2010）
6) Tan, S., Pfordresher, P., and Harré, R.：Psychology of Music：From Sound to Significance, Psychology Press（2013）
7) Trehub, S.E., and Schellenberg, E.G.：Music：Its relevance to infants, Annals of Child Development, **11**, pp. 1-24（1995）
8) Trehub, S.E.：Human processing predispositions and musical universals. In：The Origins of Music, Wallin, N.L., Merker, B., and Brown, S.（Eds.）, pp. 427-448. The MIT Press（2000）
9) Trainor, L.J., Clark, E.D., Huntley, A., and Adams, B.A.：The acoustic basis of preferences for infant-directed singing. Infant Behavior and Development, **20**, 3, pp. 383-396（1997）
10) Trehub, S. E., Unyk, A. M., Kamenetsky, S. B., Hill, D. S., Trainor, L. J., Henderson, J. L., and Saraza, M.：Mothers' and fathers' singing to infants. Developmental Psychology, **33**, 3, pp. 500-507（1997）
11) Nakata, T., and Trehub, S. E.：Expressive timing and dynamics in infant-directed and non-infant-directed singing. Psychomusicology：Music, Mind and Brain, **21**, 1/2, pp. 45-53（2011）
12) Trehub, S.E., and Trainor, L.J.：Singing to infants：Lullabies and play songs. In：Advances in Infancy Research, Rovee-Collier, C., Lipsitt, L., and Hayne, H.（Eds.），

pp. 43-77, Ablex Publishing (1998)
13) Trainor, L.J. : Infant preferences for infant-directed versus noninfant-directed playsongs and lullabies. Infant Behavior and Development, **19**, 1, pp. 83-92 (1996)
14) Masataka, N. : Preference for infant-directed singing in 2-day-old hearing infants of deaf parents. Developmental Psychology, **35**, pp. 1001-1005 (1999)
15) Shenfield, T., Trehub, S. E., and Nakata, T. : Maternal singing modulates infant arousal. Psychology of Music, **31**, 4, pp. 365-375 (2003)
16) Nakata, T., and Trehub, S.E. : Infants' responsiveness to maternal speech and singing. Infant Behavior and Development, **27**, 4, pp. 455-464 (2004)
17) Corbeil, M., Trehub, S.E., and Peretz, I. : Speech vs. singing : Infants choose happier sounds. Frontiers in Psychology, **4**, 372 (2013)
18) Fernald, A. : Meaningful melodies in mothers' speech to infants. In Papoušek, H., Jurgens, V., and Papoušek, M. (Eds.), Nonverbal Vocal Communication : Comparative and Developmental Aspects, pp. 262-282, Cambridge University Press (1992)
19) Unyk, A.M., Trehub, S.E. Trainor, L.J., and Schellenberg, E.G. : Lullabies and simplicity：A cross-cultural perspective. Psychology of Music, **20**, pp. 15-28 (1992)
20) 梶川祥世，黒石純子：母親音声に対する乳児の心拍反応：歌唱と朗読の比較。玉川大学脳科学研究所紀要，**4**, pp. 11-17 (2011)
21) Corbeil, M., Trehub, S.E., and Peretz, I. : Singing delays the onset of infant distress. Infancy, **21**, 3, pp. 373-391 (2016)
22) Tsang, C.D., Falk, S., and Hessel, A. : Infants prefer infant-directed song over speech. Child Development, **88**, 4, pp. 1207-1215 (2017)
23) Costa-Giomi, E., and Ilari, B. : Infants' preferential attention to sung and spoken stimuli. Journal of Research in Music Education, **62**, 2, pp. 188-194 (2014)
24) Delarenne, A., Gratier, M., and Devouche, E. : Expressive timing in infant-directed singing between 3 and 6 months, Infant Behavior and Development, **36**, 1, pp. 1-13 (2013)
25) Rock, A.M.L., Trainor, L.J., and Addison, T.L. : Distinctive messages in infant-directed lullabies and play songs, Developmental Psychology, **35**, 2, pp. 527-534 (1999)
26) Conrad, J.J., Walsh, J., Allen, J.M., and Tsang, C.D. : Examining infants' preferences for tempo in lullabies and playsongs, Canadian Journal of Experimental Psychology, **65**, 3, pp. 168-172 (2011)

27) Tsang, C.D., and Conrad, N.J.：Does the message matter? The effect of song type on infants' pitch preferences for lullabies and playsongs, Infant Behavior and Development, **33**, 1, pp. 96-100（2010）
28) Falk, S.：Melodic versus intonational coding of communicative functions：A comparison of tonal contours in infant-directed song and speech, Psychomusicology：Music, Mind & Brain, **21**, pp. 54-68（2011）
29) Young, S.：Lullaby light shows：Everyday musical experience among under-two-year-olds, International Journal of Music Education, **26**, pp. 33-46（2008）
30) Custodero, L.A., Britto, P.R., and Brooks-Gunn, J.：Musical lives：A collective portrait of American parents and their young children, Journal of Applied Developmental Psychology, **24**, pp. 553-572（2003）
31) 梶川祥世，森内秀夫：1歳児における音楽経験と発達の関連，日本発達心理学会第25回大会（2014）
32) Ilari, B., and Polka, L.：Music cognition in early infancy:infants' preferences and long-term memory for Ravel, International Journal of Music Education, **24**, 1, pp. 7-20（2006）
33) Merkow, C.H., and Costa-Giomi, E.：Infants' attention to synthesised baby music and original acoustic music, Early Child Development and Care, **184**, pp. 73-83（2014）
34) Thaut, M.H.：Rhythm, Music, and the Brain：Scientific Foundations and Clinial Applications, Taylor & Francis Group（2005）マイケル・H・タウト 著，三好恒明，頼島 敬，伊藤 智，柿崎次子，糟谷由香，柴田麻美 訳：リズム，音楽，脳：神経学的音楽療法の科学的根拠と臨床応用，協同医書出版社（2006）
35) DeCasper, A. J., Lecanuet, J., Busnel, M., and Granier-Deferre, C.：Fetal reactions to recurrent maternal speech, Infant Behavior and Development, **17**, pp. 159-164（1994）
36) Provasi, J., Anderson, D.I., and Barbu-Roth, M.：Rhythm perception, production, and synchronization during the perinatal period, Frontiers in Psychology, **5**, 1048（2014）
37) Winkler, I. Haden, G.P., Ladinig, O., Sziller, I., and Honing, H.：Newborn infants detect the beat in music, Proceedings of the National Academy of Sciences, **106**, 7, pp. 2468-2471（2009）
38) Phillips-Silver, J., and Trainor, L.J.：Feeling the beat:Movement influences infant rhythm perception, Science, **308**, 5727, p. 1430（2005）

39) Hannon, E., and Trehub, S.E. : Tuning in to musical rhythms : Infants learn more readily than adults, Proceedings of the National Academy of Sciences, **102**, pp. 12639-12643 (2005)
40) Cirelli, L.K., Spinelli, C., Nozaradan, S., and Trainor, L.J. : Measuring neural entrainment to beat and meter in infants:Effects of music background, Frontiers in Neuroscience, **10**, 229 (2016)
41) Kisilevsky, B.S., Hains, S.M.J., Jacquet, A.Y., Granier-Deferre, C., and Lecanuet, J.P. : Maturation of fetal responses to music, Developmental Science, **7**, 5, pp. 550-559 (2004)
42) Baruch, C., Panissal-Vieu, N., and Drake, C. : Preferred perceptual tempo for sound sequences : Comparison of adults, children, and infants, Perceptual and Motor Skills, **98**, 1, pp. 325-339 (2004)
43) Bahrick, L.E., Flom, R., and Lickliter, R. : Intersensory redundancy facilitates discrimination of tempo in 3-month-old infants, Developmental Psychobiology, **41**, 4, pp. 352-363 (2002)
44) Lecanuet, J.P., Graniere-Deferre, C., Jacquet, A.Y., and DeCasper, A.J. : Fetal discrimination of low-pitched musical notes, Develpmental Psychobiology, **36**, 1, pp. 29-39 (2000)
45) Trehub, S.E., Thorpe, L.A., and Morrongiello, B.A. : Infants' perception of melodies : Changes in a single tone, Infant Behavior and Development, **8**, pp. 213-223 (1985)
46) Trehub, S.E., Thorpe, L.A., and Morrongiello, B.A. : Organizational processes in infants' perception of auditory patterns, Child Development, **58**, pp. 741-749 (1987)
47) Trehub, S.E. : Infants as musical connoisseurs, The Child as Musician : A Handbook of Musical Development, McPherson, G.E. (Eds.), pp. 33-49, Oxford University Press (2006)
48) 羽藤　律：音楽と音響, 星野悦子 編著：音楽心理学入門, pp. 26-44, 誠信書房 (2015)
49) Masataka, N. : Preference for consonance over dissonance by hearing newborns of deaf parents and of hearing parents, Developmental Science, **9**, 1, pp. 46-50 (2006)
50) Zentner, M.R., and Kagan, J. : Infants' perception of consonance and dissonance in music, Infant Behavior and Development, **21**, 3, pp. 483-492 (1998)
51) Trainor, L.J., Tsang, C.D., and Cheung, V.H.W. : Preference for sensory consonance in 2-and 4-month-old infants, Music, Perception, **20**, 2, pp. 187-194 (2002)

52) Plantiga, J., and Trehub, S.E. : Revisiting the innate preference for consonance, Journal of Experimental Psychology : Human Perception and Performance, **40**, 1, pp. 40-49 (2014)
53) Hepper, P. : An examination of fetal learning before and after birth, The Irish Journal of Psyhoclogy, **12**, pp. 95-107 (1991)
54) Partanen, E., Kujala, T., Tervaniemi, M., and Huotilainen, M. : Prenatal music exposure induces long-term neural effects, PlosOne, **8**, 10, e78946 (2013)
55) Granier-Deferre, C., Bassereau, S., Ribeiro, A., Anne-Yvonne, J., and DeCasper, A. : A melodic contour repeatedly experienced by human near-term fetuses elicits a profound cardiac reaction one month after birth, PlosOne, **6**, 2, e17304 (2011)
56) Saffran, J.R., Loman, L.L., and Robertson, R.R.W. : Infant memory for musical experiences, Cognition, **77**, 1, B15-B23 (2000)
57) Volkova, A., Trehub, S.E., and Schellenberg, E.G. : Infant memory for musical performances, Developmental Science, **9**, 6, pp. 583-589 (2006)
58) Trainor, L.J., Wu, L., and Tsang, C.D. : Long-term memory for music : Infants remember tempo and timbre, Developmental Science, **7**, 3, pp. 289-296 (2004)
59) 谷口高士：音楽と感情　音楽の感情価と聴取者の感情的反応に関する認知心理学的研究，北大路書房（1998）
60) Dalla Bella, S., Peretz, I., Rousseau, L., and Gosselin, N. : A developmental study of the affective value of tempo and mode in music, Cognition, **80**, 3, B1-B10 (2001)
61) Flom, R., Gentile, D.A., and Pick, A.D. : Infants' discrimination of happy and sad music, Infant Behavior and Development, **31**, pp. 716-728 (2008)
62) Papoušek, M. : Intuitive parenting : A hidden source of musical stimulation in infancy. In : Musical Beginnings : Origins and Development of Musical Competence, Deliege, I. and Sloboda, J. (Eds.), pp. 88-112. Oxford University Press (1996)
63) Tafuri, J., and Villa, D. : Musical elements in the vocalisations of infants aged 2-8 months, British Journal of Music Education, **19**, 1, pp. 73-88 (2002)
64) Moog, H. : The Musical Experience of the Pre-school Child, Schott (1976)
65) Malloch, S., and Trevarthen, C. : Communicative Musicality:Exploring the Basis of Human Companionship, Oxford University Press (2009)
66) Malloch, S. : Mothers and infants and communicative musicality, Musicae Scientae, **3**, 29, pp. 29-57 (1999)
67) Kelly, L., and Sutton-Smith, B. : A study of infant musical productivity. In:Music and Child Development, Peery, J.C., Peery, I.W., and Draper, T.W. (Eds.), pp. 35-53,

Springer-Verlag (1987)
68) Puyvelde, M. V., Vanfleteren, P., Loots, G., Deschuyffeleer, S., Vinck, B., and Verhelst, W. : Tonal synchrony in mother-infant interaction based on harmonic and pentatonic series, Infant Behavior and Development, **33**, 4, pp. 387-400 (2010)
69) Dowling, W.J. : The development of music perception and cognition. In The Psychology of Music, Deutsch, D. (Eds.), pp. 603-625, Academic Press (1999)
70) Stadler Elmer, S. : Human singing : Towards a developmental theory, Psychomusicology : Music, Mind, and Brain, **21**, pp. 13-30 (2011)
71) Welch, G. F., Sergeant, D. C., and White, P. : The singing competences of five-year-old developing singers, Bulletin of the Council for Research in Music Education, **127**, pp. 155-162 (1996)
72) McDonald, D.T., and Simons, G.M. : Musical Growth and Development : Birth Through Six, Schirmer Reference (1988) ドロシー・T・マクドナルド, ジェーン・M・サイモンズ 著, 神原雅之, 難波正明, 里村生英, 渡邊 均, 吉永早苗 共訳：音楽的成長と発達—誕生から6歳まで, 渓水社 (1999)
73) Adachi, M., and Trehub, S. E. : Children's expression of emotion in song, Psychology of Music, **26**, pp. 133-153 (1998)
74) Adachi, M., and Trehub, S. E. : Decoding the expressive intentions in children's songs, Music Perception, **18**, 2, pp. 213-224 (2000)
75) Young, S. : Young children's spontaneous vocalizations in free-play : Observations of two- to three-year-olds in a day-care setting, Bulletin of the Council for Research in Music Education, **152**, pp. 43-53 (2002)
76) Schlaug, G., Norton, A., Overy, K., and Winner, E. : Effects of music training on the child's brain and cognitive development, Annals of the New York Academy of Science, **1060**, pp. 219-230 (2005)
77) Magne, C., Schon, D., and Besson, M. : Musician children detect pitch violations in both music and language better than nonmusicain children:Behavioral and electrophysiological approaches, Journal of Cognitive Neuroscience, **18**, 2, pp. 199-211 (2006)
78) Shahin, A., Roberts, L.E., and Trainor, L.J. : Enhancement of auditory cortical development by musical experience in children, Neuroreport, **15**, 12, pp. 1917-1921 (2004)
79) Besson, M., Chobert, J., and Marie, C. : Transfer of training between music and speech:Common processing, attention, and memory, Frontiers in Psychology, **2**, 94

(2011)

80) Zhao, T.C., and Kuhl, P.K. : Musical intervention enhances infants' neural processing of temporal structure in music and speech, Proceeding of the National Academy of Science, **113**, 19, pp. 5212-5217 (2016)
81) Thompson, W.F., Schellenberg, E.G., and Husain, G. : Arousal, mood, and the Mozart Effect, Psychological Science, **12**, 3, pp. 248-51 (2001)
82) Schellenberg, E.G., Nakata, T., Hunter, P. G., and Tamoto, S. : Exposure to music and cognitive performance:Tests of children and adults. Psychology of Music, **35**, 1, pp. 5-19 (2007)
83) Hallam, S., Price, J., and Katsarou, G. : The effects of background music on primary school pupils' task performance, Educational Studies, **28**, 2, pp. 111-122 (2002)
84) Barr, R., Shuck, L., Salerno, K., Atkinson, E., and Linebarger, D.L. : Music interferes with learning from television during infancy, Infant and Child Development, **19**, pp. 313-331 (2010)
85) Mehr, S.A., Song, L.A., and Spelke, E.S. : For 5-month-old infants, melodies are social, Psychological Science, **27**, 4, pp. 486-501 (2016)
86) Davidson, J.W., and Correia, J. S. : Body movement. In : The Science and Psychology of Music Performance : Creative Strategies for Teaching and Learning, Pancutt,R., and McPerson, G.E. (Eds.), Oxford University Press (2002) リチャード・パーンカット，ゲーリー・マクファーソン 編，安達真由美，小川容子 監訳：演奏を支える心と科学，誠信書房（2002）
87) Zentner, M., and Eerola, T. : Rhythmic engagement with music in infancy, Proceedings of the National Academy of Sciences, **107**, 13, pp. 5768-5773 (2010)
88) Kirschner, S., and Tomasello, M. : Joint music making promotes prosocial behavior in 4-year-old children, Evolution and Human Behavior **31**, pp. 354-364 (2010)
89) Mondloch, C. J., and Maurer, D. : Do small white balls squeak? Pitch-object correspondences in your children, Cognitive, Affective, & Behavioral Neuroscience, **4**, pp. 133-136 (2004)
90) Haryu, E., and Kajikawa, S. : Are higher-frequency sounds brighter in color and smaller in size? Auditory-visual correspondences in 10-month-old infants, Infant Behavior and Development, **35**, pp. 727-732 (2012)
91) Walker, P., Bremner, J. G., Mason, U., Spring, J., Mattock, K., Slater, A., and Johnson, S. P. : Preverbal infants' sensitivity to synaesthetic cross-modality correspondences,

Psychological Science, **21**, pp. 21-25（2010）

92) Dolscheid, S., Hunnius, S., Casasanto, D., and Magid, A.：Prelinguistic infants are sensitive to space-pitch associations found across cultures, Psychological Science, **25**, 6, pp. 1256-1261（2014）

93) Cirelli, L.K., Einarson, K.M., and Trainor, L.J.：Interpersonal synchrony increases prosocial behavior in infants, Developmental Science, **17**, 6, pp. 1003-1011（2014）

94) Benzon, W. L.：Beethoven's Anvil：Music in Mind and Culture. Perseus Books 西田美緒子 訳：音楽する脳，角川書店（2001）

95) Siu, T.S.C., and Cheung, H.：Emotional experience in music fosters 18-month-olds' emotion-action understanding:A training study, Developmental Science, **19**, 6, pp. 933-946（2015）

第5章

障害と音声

　ことばを聞くことと話すことが循環的につながることで，音声言語によるコミュニケーションが成立する。では，こどもの音声言語発達において，このループのどこに問題が生じると，コミュニケーションが阻害されるのだろうか。「聞く」に関しては，末梢の聴覚機能と中枢の音声情報処理，言語理解過程のいずれに問題があっても，音声言語獲得が難しくなるであろう。「聞く」機能自体には問題がなくても，入力される音声のどこに注意を向けるのかによって，言語理解になんらかの困難を生じる可能性がある。一方，調音器官を適切にコントロールして「話す」という行為自体にも，末梢の調音器官の器質的な問題から発話プランニングの困難まで，さまざまな段階での障害を想定することができる。さらに，話す，聞く双方に問題がなくても，場面に応じた発話をしたり，パラ言語情報やことばの裏の意味を理解するといった側面で，コミュニケーションに問題が生じている場合もある。こどもの音声獲得における多様な障害の中で，本章では，近年注目を集めている自閉症スペクトラム障害，発達性吃音，聴覚障害を取り上げて解説する。

5.1　発達障害における音声コミュニケーション：自閉症スペクトラム障害（ASD）と発達性吃音

　本節では，自閉症スペクトラム障害と発達性吃音のこどもたちの音声コミュニケーションに焦点を当てる。これらはいずれも，最新の DSM-5 診断基準（コラム 16）では，**神経発達症群 / 神経発達障害群**（neurodevelopmental disorders）に分類されている[1]。

　自閉スペクトラム症 / 自閉症スペクトラム障害（ASD；autism spectrum

disorder）は，従来からの診断名である自閉症，高機能自閉症，アスペルガー症候群などを包含する連続体（スペクトル）で，社会的コミュニケーションの障害を中核症状の一つとする症候群である。人口の約1％に出現し，男性が女性の5倍多いとされる。話しことばをまったく持たない症例から，国際的に活躍する著作者，芸術家，科学者も含まれる幅の広いスペクトルである。

一方，発達性吃音は，DSM-5では**小児期発症流暢症（吃音）/小児期発症流暢障害（吃音）**（childhood-onset fluency disorder（stuttering））と表現される。音の繰返し，引き伸ばし，阻止が多発して流暢な発話が難しくなる状態で，「吃(どもり)」とも表現される。人口の約5％が吃音を経験するものの7～8割は学童期に自然治癒し，成人期に入っても持続する場合は男性が女性の3～5倍多いとされる。

なお，本章で「定型発達」と書く場合は年齢相応の平均的な発達を，「非定型発達」は平均からの偏差が大きい発達状態を表す。「非定型発達」は並外れて優れている場合も含むので，必ずしも「障害」を意味するわけではない。また，「言語の形式面の発達」と表現するとき，音韻や語彙，統語，意味に関する概念獲得状態と基本的構文能力の発達を指す。基本的構文能力は文法的にも

コラム16

DSM-5

DSM-5は**アメリカ精神医学会（APA）**が発行した**精神疾患の診断分類体系**（DSM：Diagnostic and Statistical Manual of Mental Disorders）の第5改訂版である。初版のDSM-Ⅰは1952年に発行され，さまざまな議論を経て改定を重ね，最新版のDSM-5は2013年に出された。日本語版DSM-5では自閉スペクトラム症/自閉症スペクトラム障害のように～症と～障害とが並記される。DSM-Ⅳでは広範性発達障害として，自閉性障害，Rett障害，Asperger障害など5項目に細分されていた。**世界保健機関（WHO）**が発行している**疾病および関連保健問題の国際統計分類**（ICD；International Statistical Classification of Diseases and Related Health Problems）とともに国際的に活用されている。最新版ICD-12が近々発行予定とされているものの，執筆時点では未発行なので，本書ではDSM-5だけを紹介した。

5.1 発達障害における音声コミュニケーション：自閉症スペクトラム障害 (ASD) と発達性吃音

意味的にも妥当な文を作る能力を指している。これに対して，「言語の運用面の発達」は，語用論が解析対象とするようなコミュニケーション場面・状況に適した音声表出と理解能力の発達を表す。

5.1.1 自閉症スペクトラム障害（ASD）

ASDは，こどもに限局した障害ではなく生涯持続するとされ，原因の根治治療法はいまのところ発見されていない。DSM-5が示す診断基準は2点で，A：社会的コミュニケーションと対人的相互反応の欠陥，B：限定された反復的な行動・興味・活動，である。診断基準Aに関しては，興味や感情の共有が難しい，視線を合わせることが難しい，身振りの理解や適正な表出が難しい，仲間への興味が弱いかまったくないなどの下位項目が示されている。診断基準Bに関しては，玩具を1列に並べるなどの拘（こだわ）り行動の繰返し，聞いたことばをそのまま繰り返す反響言語，同じ道順をたどるなど習慣への頑（かたく）なな拘り，駅名の記憶など特定対象に執着した興味，感覚刺激への過敏さや鈍感さ，といった下位項目が挙げられ，2項目以上が含まれることを前提としている。

〔1〕 **ASDの歴史的背景**

歴史を振り返ると，1943年にKannerが「人との情緒的な接触が困難，極端な孤立」，「話しことばがない，あるいは意思疎通ができない」，「同一性保持への強い欲求」，「物を巧みに操作し没頭する」といった特徴を持つこどもたちを「早期乳幼児自閉症」と報告したのが始まりとされる[2]。ほぼ同時期にAspergerが「人との距離やマナーなど社会性の困難」，「特定の対象への限局した強い興味」，「相互的な会話の困難」などの特徴を持ったこどもたちを「小児期の自閉的精神病質」として報告した[3]。WingとGouldはこれらの報告に「社会性の障害」，「コミュニケーションの障害」，「想像や思考の柔軟性の障害」という共通性を見いだし「自閉症スペクトラム」としてまとめた[4]。

DSM-5以前の診断基準では，知的障害を伴う自閉症，知的障害を伴わない高機能自閉症，アスペルガー症候群，特定不能な広汎性発達障害など多様な診断名が使われていた。明確な区分が難しいこともあって，DSM-5ではこれら

を包含する連続体（スペクトル）とした。

〔2〕 **ASDと伝統的疾患名との関係**

DSM-5の診断基準には含まれていないものの，つまりASD診断の必須条件ではないものの，知的障害や言語発達障害を併せ持つかどうかは音声コミュニケーションの発達を考えるうえでは重要である。音声コミュニケーションの検査対象になるのはASD児全般というより，ことばをある程度は獲得できた児に限られるため，旧来の疾患名が使用されることもある。そのため，伝統的に使用されてきた疾患名とASDとの関係を理解しておくことも役立つと思われる。知的発達を横軸に言語発達を縦軸にとって，伝統的に使用されてきた疾患名とASDの関係を図5.1に示す。言語発達障害と知的障害を伴う自閉症，知的障害を伴わないものの言語発達に遅れがある高機能自閉症，知能にも言語にも明確な障害を持たないものの運用面に非定型性があるアスペルガー症候群がASDに含まれる。

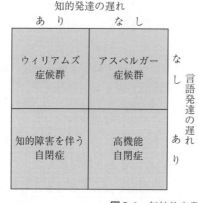

本節では，ウィリアムズ症候群以外をASDとして扱い，先行文献を引用する場合に，知的障害を伴う自閉症，高機能自閉症，アスペルガー症候群という用語を使用する。なお，ウィリアムズ症候群を図のようにASDと対比させることには異論もある。

図5.1 伝統的疾患名とASDの関係

知的障害を伴う場合は，ことばを獲得できず使えないこどもが多い。高機能自閉症では言語の形式面と運用面の双方，アスペルガー症候群では形式面より運用面の非定型性を指摘する報告が多い。ウィリアムズ症候群は診断基準Aには該当せず，ASDと対比的に引用されることが多いものの，図5.1の左上

に配置することに関しては異論もある。

〔3〕 **ASDの原因仮説**

ASDに関して**表5.1**に示すようなさまざまな原因説が提案され検討されている。音声コミュニケーションに限らず，人の認知・思考・行動全般の発達に関連しうる非定型性が指摘されている[5)~14)]。それぞれの仮説が指摘する非定型性を個々のASD児はそれぞれに固有の強さで併せ持っており，それがASDの多様性を生み出していると思われる。これらの仮説との関連で，**脳神経回路網**（connectivity）が定型発達児と異なるとする報告が最近増加しており，注目される[12)~14)]。脳の発生・発達に関わる多様な遺伝子がそれぞれ固有の役割を特定の発達段階で発現し，それぞれの発達段階で必要となる生体内外の環境との相互作用を糧としながら脳神経系を構築・調整していく。その複雑な過程は人

表5.1 ASDの原因仮説

感覚知覚情報処理系の非定型性仮説[5),6)]	聴覚や視覚，触覚などの感覚の過敏・鈍麻，感覚情報の知覚・統合処理過程の非定型性。
求心性統合機能の非定型性仮説[7)]	物事を構成する要素をバラバラにではなく統合された全体（ゲシュタルト）として理解する能力の非定型性。文脈や状況に即した言葉の理解が困難といった側面にも，細部を芸術的に表現できる際立った能力にも関連しうる非定型性。
「心の理論」ないし心理化機構の非定型性仮説[8)]	他者の言動からその人の心を読む能力の非定型性。誤信念課題などで検査される。マインドブラインドネスと表現されることもある。
ミラーニューロン系の非定型性仮説[9)]	他者の行動を解釈するときに活動するニューロン群が，同じことを自分が行うときにも活動するというミラーニューロン系，その働きが弱いとする仮説。
社会脳の非定型性仮説[10)]	他者への関心など社会的であろうとする動因や，それを支える脳機構発達の非定型性を重視する仮説。
遂行機能系の非定型性仮説[11)]	状況に即して不適切な行動を抑制し適切な行動を遂行する機能の非定型性。ASDで見られる拘り，偶発事象へのとらわれ，抑制の欠如などが遂行機能の非定型性によるとする仮説。
脳神経回路網の非定型性仮説[12)~14)]	脳神経系の解剖的・機能的結線が定型発達児と異なるとする仮説。ASD以外のneurodevelopmental disordersについても報告が増加している。

によって違いのある脳神経回路網を構築していく道程であると同時に，一人ひとりの認知・思考・行動の定型性と非定型性を生み出していく過程でもある。遺伝と環境の相互作用を重視するこの仮説はASDの多様性の解明や効果的な支援方法の開発につながりうる可能性を持っていると期待される。なお，1950年代には家庭内，特に母親とのコミュニケーション環境がASDの原因だとする仮説が広がったこともあったものの，その後の研究でこの仮説は否定されている。

〔4〕 話しことばの獲得が難しいASD児

知的障害を併せ持つASD児では話しことばの獲得が困難で，意思疎通が成立しにくい場合が多い。西村，水野，若林は文献的調査に基づいて，自閉症児の28～49％が話しことばを獲得できないと推定している[15]。岩田と佃は話しことばを獲得できなかった自閉症例について報告をしている[16]。本章の筆者の責任で要点をまとめてみると，① 岩田・佃が1年以上治療を継続した143例中，まったく話しことばのない自閉症児群は24％，話しことばはあってもコミュニケーションのとりにくい症例を加えると約40％であった，② まったく話しことばのない自閉症児は24人存在し，発声行動「なし」が4人，発声行動があっても「奇声」が15人，「単母音」が2人，「ジャーゴン（意味不明な発声行動）」が8人で観測された，③ まったく話しことばのない自閉症児には知能の遅れがあって，それが話しことば獲得の大きな阻害要因と考えられた，④ 状況判断の困難，意思表現の困難など基本的コミュニケーション能力が不十分なため，自傷傾向や他害傾向を持つ症例が半数以上を占めた，と報告している。

〔5〕 反 響 言 語

反響言語とは，他者が話した語あるいは文節を反復する行動で，ASDや失語症ではよく観測される。場面や文脈に無関係なコマーシャルの文言を繰り返すなど，意味理解を伴わないと思われる場合も少なくない。即時反響言語は音声を聞いてすぐに生じる反復，遅延反響言語はもとの発話から時間をおいて行われる遂語的反復である。反響言語を知らない聞き手にとっては違和感のある

発声行動である。定型発達者であっても外国語や外国語訛りでなにか尋ねられたりしたとき，相手の質問を反復しながら質問意図を推察する場合がありうる。聴いた音声を模倣して繰り返せる ASD 児では，反復をすることによって発話の状況を想起しようとしているのだという指摘がある[17]。他者の発話を反復することによって状況に即した伝達意図を理解しようとする行動である可能性がある。

反響言語は，聴取された音声を模倣して表出する能力が部分的にではあっても機能していること，聴覚入力を音声出力に対応させる脳神経系が働いていることを示すもので，訓練による音声言語獲得の可能性を示す現象と考えられる。実際，小椋は反響言語が出現した時期に話しことばが発達しはじめた症例を報告している[18]。

〔6〕 韻律（プロソディ）の生成と知覚

コミュニケーション場面に適した言語運用能力に関連して，音声の韻律の非定型性を指摘する報告が多い。コミュニケーション場面に即した適切な言い方が可能かどうか，話しことばの文字上の意味とコミュニケーション上の伝達意図が食い違う，皮肉や比喩などの音声表現が理解可能かどうかを研究した報告である。

ASD 児の音声を解析した結果を概括すると，話速が遅い，声が低い，抑揚が平坦であり，違和感があるという報告[19]，ささやき声，甲高い声，抑揚のない一本調子の話し方，最後が必ず上がるような独特の抑揚[20]，ピッチ変動幅が大きい[21]などの報告がある。ピッチ変動幅が大きいとする報告と小さいとする報告があるものの，コミュニケーション場面に適さない韻律という点では共通性がある。この点で ASD 児の発話が誤解を招きやすいと危惧されており，体系的な訓練プログラムも提案されている[22]。

一方，知覚の面でも定型発達児と異なる傾向を示すことも報告されている[23),24]。音声の韻律だけを変化させて，文字上の意味とコミュニケーション上の伝達意図が対立する「皮肉音声」や「冗談音声」と，一致する「称賛音声」や「非難音声」を作成して，定型発達児や ASD 児，**注意欠如・多動性障害**

(ADHD ; attention deficit hyperactivity disorder) 児の認知的発達を調べた結果を**図 5.2**, **図 5.3** に示す。図 5.2 は定型発達児の年齢による変化を示したもので, 定型発達児でも 7 歳くらいまでは対立する音声を字義どおりに解釈する児は存在する。図 5.3 は 10 歳児の結果で, ASD 児では字義上の意味と伝達意図とが異なる皮肉や冗談の音声の理解が難しいことがわかる。

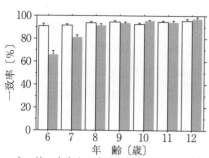

白 棒：文字上の意味と伝達意図が一致する音声（称賛, 非難）
灰色棒：文字上の意味と伝達意図が対立する音声（皮肉, 冗談）
定型発達児でも 7 歳くらいまでは対立する音声を字義どおりに解釈する児が存在する。

図 5.2 発話意図理解の発達的変化
（文献 24）をもとに作成）

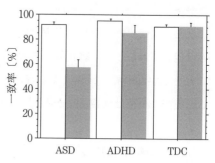

白 棒：文字上の意味と伝達意図が一致する音声（称賛, 非難）
灰色棒：文字上の意味と伝達意図が対立する音声（皮肉, 冗談）
ASD：ASD 児, ADHD：注意欠如・多動性障害児, TDC：定型発達児
ASD 児では対立する音声（■）の正答率がほかと比較して有意に低く, 字義どおりに解釈する傾向が強い。

図 5.3 ASD 児の発話意図理解
（文献 24）をもとに作成）

〔7〕 音声コミュニケーション機能の総合的評価

治療室など特殊な状況では現れない症状も少なくないため, 日常的なコミュニケーション機能全般を把握するためには, 対象児と一緒に過ごす時間が長い保護者や養育者が記入する質問紙法が有効である。Children's Communication Checklist (CCC-2) は, 言語の形式的側面と語用的側面とを含めてこどものコミュニケーション能力の評価を目的とした標準化された質問紙である[25]～[28]。日本語版も標準化されている[25],[28]。質問紙は言語の形式的側面として, A) 音声, B) 文法, C) 意味, D) 首尾一貫性の 4 領域, 運用的側面として, E) 場

面に不適切な話し方,F) 定型化されたことば,G) 文脈の利用,H) 非言語的コミュニケーションの4領域,さらに特にASDで問題となる領域として,I) 社会的関係,J) 興味関心の2領域,計10領域(各7問,合計70問)から構成されている。

例えば,「音声」は音の省略や歪み,置換などが起きる頻度を「0:週に1回以下(もしくはまったくない)」〜「3:日に数回(3回以上またはいつも)」の4点法で評価する。「首尾一貫性」は「筋道を立てて話せない」といった症状の頻度を4点法で評価する。年齢と性別による差異を標準化するために粗点を評価点に変換してA〜Jの10領域を評価する。さらにA〜Hの評価点の合計を **GCC**(general communication composite)として「一般コミュニケーション能力群」の指標,E, H, I, Jの合計評価点とA〜Dの合計評価点の差を **SIDC**(social interaction deviance composite)として「社会的やり取り能力の逸脱群」の指標としている。

日本版CCC-2[25]によると,男女差と年齢差がすべての項目で有意で,女児のほうがコミュニケーション能力は高く,加齢とともに上昇する。GCC値が55以上の対象者は統率群(定型発達児)では100%だったのに対してASD児では37.5%であった。また,ASD児のSIDC得点は対象ASD児65人中37人(57%)で負の値になった。これらの結果は,ASD児では音声コミュニケーションに関わる言語の形式面と運用面に困難を抱えることが多く,形式面の発達が比較的良好であっても運用面に脆弱性を抱えていることを示している。

〔8〕 **ASDの訓練・支援**

話しことばを持たない自閉症児に対して,サインドスピーチによるコミュニケーション訓練の有効性が示されている[29]。「バイバイ」の手の動き(非言語的サイン)と「バイバイ」という音声とを同時併用して意思疎通を図り,かつ「バイバイ」という音声とその意味とを関連付ける方法で,サインドスピーチと定義されている。Nishimura[30]や西村[31]の報告によると,訓練開始時には「バイバイ」や「食べたい」など,20程度のサインを使用して意思疎通の確立を目指し,ある程度意思疎通が可能になった段階で,サインドスピーチ(サイン

と音声の同時併用)でコミュニケーション訓練を行う。最終的には音声のみでコミュニケーションができるように導く。ASDでは聴覚より視覚を介したコミュニケーションが優位である場合も多いことに着目した訓練法で,実際的なコミュニケーションを通して話しことばの獲得を促す方法である。

直接的な構音訓練の可能性を指摘する報告もある。森,熊井は重度知的障害を伴う自閉症高等部生徒の構音訓練の効果を報告している[32]。言語聴覚士が対面指導を母音から始めて,単音節の構音訓練,子音の構音訓練(両唇破裂音・鼻音,歯茎破裂音・鼻音,摩擦音・破擦音,弾音・半母音,軟口蓋破裂音の順),単語,2語文の対面訓練を継続しつつ,11か月後からデジタル教材による家庭での自習訓練を導入した。デジタル教材では単音節,単語を指導者の音声と口型を動画像で提示している。対面指導訓練開始時には37%であった単音節構音明瞭度が徐々に改善し,デジタル教材導入後に81%に達した。訓練開始時には検査が不可能だった単語明瞭度は,対面指導訓練開始5か月後に20%,6か月後に33%,デジタル教材導入後に63%まで上昇した。対面指導に加えて,ASD児の興味を高める可能性が高いデジタル教材の活用は将来性のある方法だと思われる。

音声コミュニケーションになんらかの困難を抱えるASD児に対して,それぞれの特性に合わせた言語聴覚療法が行われている。言語発達に遅れがある場合に活用されるS-S法[33],言語の運用面やコミュニケーションソーシャルスキルに非定型性や遅れがある場合に活用されるINREALアプローチ[34],こどもにわかりやすく構造化された方法でコミュニケーションスキルや生活スキルの習得を目指すTEACCH自閉症プログラム[35],などの体系的訓練方法が広く知られている。その詳細は専門書を参考にしてほしい[36]。

5.1.2 発達性吃音

吃音を持つ人の人口に対する割合(有症率)は1%前後,発症率(吃音になったことのある人の割合)は約5%と報告されており,吃経験者の約80%は一時的に吃音になった後,回復していることになる[37]~[39]。初めて吃音にな

ることを「発吃」といい，多語文を話せるようになる2歳前後から4歳くらいに多く，さらに複雑な構文発話が発達する6歳から7歳にも発吃の山が見られる。幼児期発吃には男女差が小さいものの，女児の自然治癒率は男児より高く，成人期の吃音者は男性が女性より3〜5倍程度多くなる。

幼児から小学校低学年までは自分の非流暢性の問題に気付いていないことが多く，情動的な問題はほとんどないのが普通である。この時期の吃音症状は**表5.2**に示す中核症状の中でも音の繰返しや引き伸ばしが多い。しかし，小学校低学年から中学年にかけて気付きが始まり，話し方へのからかいや，注意，叱責などを経験すると，怒りや悲しみ，自己否定感など情緒的反応が出やすく，音声面では阻止が増加する。小学校高学年にかけて吃音が生じることへの予期

表5.2 吃音の特徴付ける現象

分 類	種 類	特 徴
中核症状	音やモーラ，音節の繰返し（連発）	[t,t,t,to:kʲyoto]
	語の部分的繰返し	[to:k to:k to:k to:kʲyoto]
	引き伸ばし（伸発）	[to:::::kʲyoto]
	阻止（ブロック，難発）	[_ _ _ _tokʲyoto]
そのほかの非流暢性	語句の繰返し	[to:kʲyo to:kʲyoto]「東京　東京都」
	挿　入	[e: a: ano:]「えー，あー，あのー」
	言い直し	[to:kʲyoto to:kʲyotoɯa]「東京都　東京都は」
	中　止	[to:kʲyotoɯa_ _ _]「東京都は　　」
	途切れ	[to:kʲyo toɯato:i]「東京　都は遠い」
	間	[to:kʲyotoɯa (pause) to:i]「東京都は遠い」
プロソディ	速度変化，声の大きさ・高さ・質の変化，残気発声	
随伴症状	異常呼吸やあえぎ，舌打ちや目ばたき，渋面，首を振る，手足を振る，こぶしを握る，体幹の硬直やのけ反りなど	
工夫・回避	吃音状態から脱しようとする解除反応，吃が起きないような語句を先行させるなどの助走，婉曲な表現や間を開けて吃を延期させる，吃りやすい語を避けてジェスチャーで表現する，など	
情緒的反応	「はにかみ」や「恥じらい」，「虚勢」など	

不安が強くなり，吃音を避ける回避，工夫や，随伴反応（緊張を伴う体動）の出現につながり，さらに自己有能感，肯定感の低下や社会不安に進展して，吃音に対する情動，行動，認知の問題の複雑化，重症化が進む。

〔1〕原因仮説

表5.3に示すように，発達性吃音の原因に関してさまざまな仮説が提案され検討されている。吃音というと「音声」の問題に限定されると考えられがちであるものの，原因仮説はより広い視野から検討されている。吃音の発達的変化に注目した仮説[40]，発話の生成過程に注目した潜在的修正仮説[41]やEXPLAN仮説[42]，要求と能力モデル[43]，感情や情動の関与も重視する仮説[44,45]，さらに，より多次元的に**知識・認識面**（cognitive），**心理・感情面**（affective），**言語面**

表5.3 発達性吃音の原因仮説

2段階モデル[40]	繰返しや引き伸ばしが中心で本人が吃音に気付いていない一次性吃音と，力の入った繰返し／引き伸ばし／阻止が中心で，不安や緊張を自覚している二次性吃音の2段階があるとする仮説。
潜在的修正仮説 (covert repair hypothesis)[41]	メッセージを音韻として符号化する過程で誤りが生じ，これを無意識のレベルで修正するため吃音が起きるとする仮説。
EXPLAN仮説[42]	メッセージ生成の言語的企画過程（planning）と発話運動実行（execution）との時間的不整合が吃音の原因とする仮説。
要求と能力モデル (demands and capacities model)[43]	発話の言語的複雑さ，調音運動の困難さ，および発話に対する話者自身や周りからの要求（demands）が話者の発話能力（capacities）を超えると吃音を引き起こすとする仮説。
二重素因仮説 (dual diathesis-stressor model)[44]	情動および音声言語に関するストレス要因とそれに対する認知・反応特性が吃音を引き起こすとする仮説。
多因子仮説[45]	吃音者当人の罪の意識や不安，コミュニケーション場面に対する恐怖やストレスなど悪化要因と，自信，覇気，意気込みなど軽減要因によって，吃の重症度が決まるとする仮説。
CALMS model[46]	吃音に対する知識・認識面 (cognitive)，心理・感情面 (affective)，言語面 (linguistic)，発語運動能力 (motor)，社会性・社交性 (social) の5側面の複合として吃音をとらえ，脆弱な側面を強化することによって治癒を目指す。
脳神経回路網の非定型性仮説[47,48]	脳神経系の解剖的・機能的結線が定型発達児と異なるとする仮説。幼児期に軽快する場合と成人期まで持続する場合の差異などに関しても知見が得られつつある[47]。

(linguistic),**発語運動能力**(motor),**社会性・社交性**(social)に関わる問題が複合する現象として吃音をとらえる CALMS モデル[46]など多様な仮説が提案され検討されている.また,最近では脳神経回路網の非定型性仮説に関わる報告[47),48)]が増加しており,ASD などほかの神経発達障害との違いや共通性に関する解明も進展しつつあり,ほかの仮説の脳科学的な裏付けを与え新しい治療法の発展につながりうるものとして期待される.

ここでは,特に日本語音声を対象に行われた吃音を引き起こすトリガーに関する研究を中心に述べる.吃音を誘起する音声特徴は,音素のような単音なのか,モーラや音節なのか,語や文節,文あるいはアクセント句のようなより大きな単位なのか,といった音声と関わりの深い視点から吃音を考える.吃音と不安に関する仮説も最後に簡潔に振り返ってみたい.

〔2〕 **吃音の中核症状と関連指標**

吃音の中核症状や随伴反応などをまとめて表 5.2[49)]に,**図 5.4** には吃音音声[50)]の一例を示す.

吃音の中核症状は,音やモーラ,音節の繰返しや引き伸ばし,語の一部分の繰返し,発語しようとするにもかかわらず始められない阻止である.吃音の重症度と密接に関連する中核症状の出現頻度は式 (5.1) で表現される.発語文節数は検査対象となった文節の総数である.

$$\text{吃音中核症状頻度}〔\%〕=\frac{\text{吃音中核症状数}}{\text{発語文節数}}\times 100 \qquad (5.1)$$

非吃音者でも見られる語句の繰返し,フィラーの挿入,言い直し,中止,途切れ,間(ポーズ)などは「そのほかの非流暢性」として中核症状とは区別される.式 (5.2) の「そのほかの非流暢性頻度〔%〕」と,式 (5.3) の「総非流暢頻度〔%〕」も使用される.「そのほかの非流暢性」に分類される発話行動は,吃音を避けるために意図的に多用されることもあるため,吃音症状の重要な指標となっている.

$$\text{そのほかの非流暢性頻度}〔\%〕=\frac{\text{そのほかの非流暢性数}}{\text{発語文節数}}\times 100 \qquad (5.2)$$

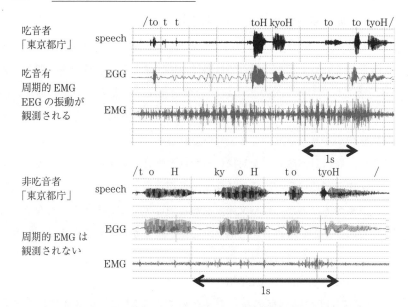

EGG (electroglottography) は，声帯を左右から挟む位置に喉頭の皮膚に電極を付け，弱い電圧をかけて声帯振動に伴う電流変化を計測する装置である。声帯振動つまり声門開閉に伴う EGG 振動が観測される。EGG の基線の遅い揺れは喉頭全体の揺れを表す。吃音者の音声は最初の /to t t/ の繰返しに続いて阻止が生じている。筋活動が非吃音者に比較して大きいことがわかる。

図 5.4 吃音者（上）と非吃音者（下）の音声，電気的喉頭図（EGG），口輪筋の筋電図

$$総非流暢頻度〔\%〕=\frac{吃音中核症状数＋そのほかの非流暢性数}{発語文節数}\times100 \quad (5.3)$$

また，吃音が一定の条件で一貫して生じるかどうかを表す一貫性指数も使用される。例えば，語頭音の一貫性指数は式 (5.4) のように定義される。

$$一貫性指数〔\%〕=\frac{個々の音素の語頭発吃率}{個々の音素の語頭出現率}\times100 \quad (5.4)$$

吃音検査法[49]では，吃音中核症状頻度に応じて重症度 1～6 が決められており，1：正常範囲（3％未満），2：ごく軽度（3％以上～5％未満），3：軽度

(5％以上〜12％未満), 4：中等度（12％以上〜37％未満），5：重度（37％以上〜71％未満），6：非常に重度（71％以上）である。

総流暢性頻度は1：正常範囲（12％未満），2：ごく軽度（12％以上〜14％未満），3：軽度（14％以上〜22％未満），4：中等度（22％以上〜50％未満），5：重度（50％以上〜90％未満），6：非常に重度（90％以上）である。

これらの症状に加えて，韻律面に現れる症状や，体幹の硬直などの「随伴症状」，吃音状態から脱しようとする解除反応，吃を回避するための工夫，「はにかみ」や「恥じらい」などの情緒的反応も吃音の重要な特徴となっている。

〔3〕 吃音の一貫性効果と適応性効果

JohnsonとKnottは，成人吃音者が同じ文を繰り返し音読すると同じ語で吃音が生じること，繰返し回数とともに吃音頻度が減少することを見いだし，それぞれ一貫性効果，適応性効果と定義した[51]。彼らは，特定の語や音が吃音を引き起こすという経験的学習が吃音に対する予期不安を増大させ，一貫性効果をもたらすという解釈を示し，以後の吃音研究に大きな影響を与えた。一方，NeelleyとTimmonsは復唱法を用いて5〜8歳の吃音児と非吃音児計60人を対象に非流暢性の適応性効果と一貫性効果の測定を行い，吃音児にも非吃音児にも適応性および一貫性効果が生じたと報告している[52]。

〔4〕 音素の影響

これに対して，大橋は，吃に対する予期不安を自覚する前の吃音児29人（2歳7か月〜9歳8か月）の自発発話を解析し，語の意味や品詞などの言語学的属性ではなく，音素の音声学的特徴が吃を引き起こすと主張した[53]。大橋の主要な知見は以下のとおりである。

① 吃音頻度の個人差はきわめて大きく，年齢と吃音頻度の間に相関はなかった。

② 吃音の97〜98％は語頭で起きた。

③ 語頭における発吃音素数と吃音頻度の相関係数は，2〜4歳代ではやや高く，5〜6歳以上では吃音頻度とは無関係に多くの音素で発吃する傾向があった。

④ 年少児群においては，出現頻度の高い音素に吃音が頻出する傾向があったが，5,6歳以上の吃音児では出現頻度の高い音素の発吃率は必ずしも高くなかった。

⑤ 吃音頻度が高くなるにつれて，吃音が一貫して生ずる音素の数も増加し，頻度が20％を超えるとこの傾向はさらに強まり，一貫性指数も高くなった。

⑥ 吃音が一貫して生じた音素は，/n/,/k/,/t/,/h/,/m/,/b/,/a/,/o/,/i/ であった。

⑦ 声道を狭めたり閉鎖したりして呼気流を妨げる動作を伴う語音で吃音が多発する傾向があった。

大橋の要点は特定の音素が吃を引き起こすのであって，語の意味や品詞などの言語学的属性が吃を引き起こすのではないという点にある。

〔5〕 **音節構造および音節列の影響**

吃音者が /k-k-k-kubi/ のように繰り返している場合，/k/ の音に吃っているのか，あるいは後続の母音 /u/ や /b/ を発するのが困難なために /k/ を繰り返しているのか，あるいは /kubi/ 全体が困難なため語頭で 躓(つまず)いているのか，必ずしも明確ではない。

この疑問を解明するため，Shimamori と Ito は語頭音節の核母音から後続音素への移行に注目して，軽音節で始まる3モーラ3音節語と，重音節で始まる4モーラ3音節語を使用して，音節構造が吃に与える影響を調べている[54]。その結果，軽音節で始まる語が重音節で始まる語より吃音頻度が高く，長母音で構成される重音節で始まる語の吃音頻度が最も低かった。また，島守と伊藤は音節内の音素移行の有無と吃の関係を単音節生成課題で調べ，音節内で核母音から後続音素への移行がある重音節のほうが軽音節より，かつ母音の延長である長母音より撥音への音素移行がある重音節のほうが吃を引き起こしやすいと結論している[55]。

核母音から後続音への渡りが吃のトリガーとなるという仮説は，言語によって音節構造に違いがあり吃音も言語に応じて異なるという仮説に基づいてい

る。オンセット，核母音，コーダで構成される音節構造が，日本語ではオンセット＋核母音の結合が強いのに対して，英語などでは核母音＋コーダの結合が強い。結合度の低い部分の渡りに困難が生じると吃がトリガーされやすくなる。音節内の渡りより音節間の渡りのほうが結合度はさらに弱く，したがって，吃がより生じやすくなるという仮説である。

〔6〕 文節複雑度の影響

単音節や単語の音読と違って，自発発話では音節ごとに発話を逐次的に企画・実行しているという証拠は必ずしもない。少なくとも，アクセント句や文節といった単位か，それ以上のまとまりとして発話の企画・実行が進行している可能性が高い。そのような視点からは，アクセント句や文節のような自発発話の運動企画単位の複雑性が吃音頻度にどう影響するかを解析する価値もあると思われる。本間らは，年齢の異なる二つの吃音児群の自由発話を対象に検討し，文節のモーラ数や文中位置が吃音率に及ぼす影響には，年齢に応じた変化があると指摘している[56]。

発話やコミュニケーションに対する不安や恐怖だけでなく，**社会不安**（social anxiety）を抱える吃音者は少なくない。実際，吃音のある成人を対象に行った研究[57],[58]では，**図 5.5** に一例を示すように，コミュニケーションに対する不安が増大すると吃音頻度が有意に増大することが判明している。これらの現象

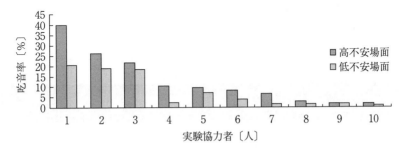

10人の吃音者に対して，高不安場面と低不安場面で観測された吃音率。心理的指標（STAI）で測定された状態不安が大きい場面では，吃音率が上昇する。ここでの吃音率は吃音中核症状頻度を示す。

図 5.5 状況に依存した吃音率の変化

は，表5.3に示した吃音の発達的変化を示唆する2段階モデルや，不安など言語以外の要因も重視する二重素因仮説，多因子仮説，CALMS model の妥当性を支持している．

〔7〕 吃音の治療・訓練

言語機能や発話運動機能の発達期にあって発吃から間もない幼少期と，予期不安や過度の緊張など心理的・情緒的反応が強く吃音が定着した成人期とでは，異なる方法で訓練が行われる．幼少期では吃音の進展を予防し軽減を図るために，流暢な発話体験を増やすための両親への指導と，対象児への働きかけが行われる．両親への指導では，吃音に対する正確な知識の提供，コミュニケーション環境の適正な調整，楽な発話モデルの提示，般化（訓練室だけでなくどんな場面でも楽な発話ができるようになるため）の指導などが行われる．対象児への働きかけとしては，流暢な発話の誘導や指導が行われる．体系化された指導法としてリッカムプログラム[59]が知られている．

成人に対する訓練では，発話に直接働きかける直接法として流暢性形成訓練や吃音軽減訓練，間接的訓練法として，認知行動療法や年表方式によるメンタルリハーサル法[60]などが試みられている．年表方式によるメンタルリハーサル法は都築によって開発された方法で，内言での流暢発話体験を重視するユニークな方法である．認知行動療法では予期不安や恐れなどへの対応が重視される[61]．また，耳かけ型遅延聴覚フィードバックなど工学的な手段の活用も行われており[62]，将来性が期待されている．

言語リハビリテーションの詳細は，専門書[63]を参考にしてほしい．

5.2 こどもの聴覚障害と音声

こどもに聴力障害，聴覚障害があると，音声の聴取が困難になる．音声が聴取困難であると，発音発語が明瞭に行えない場合がある．このため，聴覚障害児を対象とした教育・療育機関（コラム17）では，補聴器や人工内耳を装用して音声が聞こえるようにすること，または，音声情報に手指による手がかり

を与え，音声情報を視覚化する方法や，聴覚や音声を用いない教育法を用いて，聴覚障害児が言語を獲得できるよう指導を行っている。

本章では，聴覚障害児が音声の聴取が困難であることによる影響，教育現場における音声が聴取困難であることに対する教育的支援について述べ，最後に関連して発音発語指導に関する略史を添付した。

> **コラム17**
> **聴覚障害児を対象とした教育・療育機関**
>
> 教育機関としては，聴覚障害を専門とする特別支援学校がある。名称はさまざまであり，聴覚障害特別支援学校，聾学校，○○特別支援学校聴覚障害部門などがある（本章では「聾学校」を用いている）。ほかに，通常の学校にある（難聴）特別支援学級，難聴を主とする通級指導教室が存在する。
>
> 療育機関としては，聴覚障害を主とする（通所支援）児童発達支援センターがあり，ほかの障害種のセンターと区別するために，かつての名称である「難聴幼児通園施設」を併記する場合も多い。ほかに，耳鼻咽喉科内に難聴言語外来を設け，言語聴覚士が指導を行っている機関もある。

5.2.1 聴力障害と聴覚障害

〔1〕 聴 力 障 害

聴覚障害は，①障害の程度，②障害の部位，③障害を受けた時期によって分類される。①障害の程度とは，軽度（26～40 dB），中等度（41～55 dB），准重度（56～70 dB），重度（71～90 dB），最重度（91 dB以上）のほか，いくつかの区分が用いられている。②障害の部位としては，治療や手術で聴力の回復が可能となる外耳・中耳の感染や奇形で難聴となる「伝音難聴」と，治療や手術では聴力の回復が難しい内耳や聴神経などに難聴の原因がある「感音難聴」に大別される。③障害を受けた時期としては，遺伝や胎生期・周生期に難聴の原因がある「先天性難聴」と，出生後に難聴となる「後天性難聴」に大別される。発声や音声言語の獲得という面では**「言語獲得前失聴（pre-lingually deaf）」**と**「言語獲得後失聴（post-lingually deaf）」**に区分するほうが

妥当である。また，青年期以降に失聴した場合を「中途失聴」と呼ぶことが多い。

聞こえにくさを表すものとして，縦軸を聴力レベル（dBHL），横軸を周波数（Hz）として，対象者の最小可聴閾値を周波数ごとに示したオージオグラムが用いられる。このオージオグラムに，① 中川と大沼の研究[64]をもとに，長時間平均音声スペクトルをもとに発話を聞き取るための主領域であるスピーチレンジ（スピーチバナナ）を重ねたもの（図5.6）[65]，② 母音や子音などの音声のおおよその配置を加えたもの（図5.7）[66]などが用いられている。

重ね書きされたオージオグラムを利用することで，保有聴力と語音聴取の可能性との関係が明確となる。例として，図5.6の右耳ではほとんどの音声が聴取不可能であることがわかり，左耳は低周波数帯域に音響特徴を持つ母音は聴取可能であるが，子音は聴取が難しいであろうと理解できる。

オージオグラムの縦軸は聴力障害の程度を表し，横軸（Hz）は聞こえの様態を示すとも考えられる。例えば，より聴力障害が重度であれば（グラフ下部に閾値があれば），音声を聞き取ることがより困難となる。また，図5.6の例のように，閾値をつなぐ線の傾きにより，母音や子音の聴き取りの様態が変わってくる。

発音要領は，① 模範となる音声の聴取，② 模範音声と自発音との比較により自分の発音要領の修正学習が成り立つことで，獲得されていく。このため，日常生活場面での聴力（補聴器や人工内耳などのデバイスを利用した状態での「装用閾値」）と，児の発音の明瞭さには関係があり，聴力障害が重度であり，または高音域の聴力閾値が下がっている高音漸傾型や高音急墜型（スキースロープ型）の聴力図を持つ児の場合，特別な指導をしないと明瞭な発音を獲得することが難しい。1980年代半ばまで，重度の聴覚障害児にポケット型補聴器（箱型補聴器）しか選択肢がなかった時代は，聴覚補償を行っても低音部の補償が精一杯であり，子音部の増幅が困難であった。それゆえ発音は「聾児声（deaf voice）」と呼ばれ，子音が母音化し，さらに母音のイントネーションパターンが単調となった声[67]になることがあった。

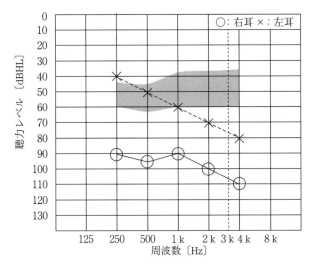

図 5.6 スピーチレンジ（灰色部分の領域）が入った
オージオグラムの例[65]

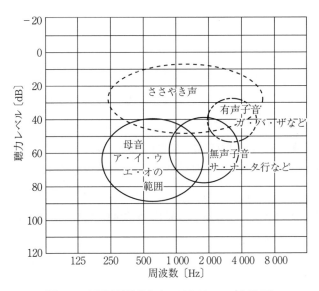

図 5.7 主要言語帯域とオージオグラム（文献 66）
をもとに作成）

〔2〕 聴覚障害,聴覚情報処理障害

　上記の聴力の低下に対し,中枢における音情報の処理の障害が生じることで,閾値の低下が伴わないが語音や環境音の聴取や弁別などが困難となる場合を「**聴覚情報処理障害**(APD ; auditory processing disorder)」と呼ぶ[68]。聴覚の情報の処理には,音源定位,パターン認知(救急車のサイレンとパトカーのサイレンの識別力),雑音下聴取,劣化音声聴取,分離聴,融合聴,時間分解能などの多くの処理が含まれ,これらの聴取困難は組み合わさって出現する[69]。

　日本語には特殊音として促音(「っ」)と長音(「ー」)がある。麦谷ら[70]は日本人両親の子を対象にした実験で,生後5か月児以降12か月までの間に促音カテゴリが形成されることを明らかにした。一方,日本語を学ぼうとする留学生が最も聴取や再生に苦労するのが,こうした特殊音であるとの報告は多い[71]。また,留学生の日本語の話しことばがわかりにくい原因として,ポーズの長さが日本語母語話者と異なっていることが挙げられている[72]。韓国人留学生が長期休暇中の報告を「私はいま,ヨロパにいます」とメール送信してきた。本来の「ヨーロッパ」から見事に長音と促音が欠落している。表記にも現れる日本語特殊拍音声やポーズの表出困難は,促音の知覚,すなわち無音部の持続時間の知覚に起因すると思われる。この無音部の持続時間の知覚について,日本語の学習レベルに分析した研究[73]や,留学期間による研究[74]がある。これらから,無音部の知覚は学習により向上しうることを示唆している。

　日本語母語話者を対象とした研究では,聴覚障害児を対象に「行った」,「居た」の無音区間の弁別能と時間分解能との関連について,佐藤[75]の研究が詳しいが,聴力が正常であるにもかかわらず,特異的に無音区間の弁別,時間分解能に劣る児の報告は少ない。

　APDの研究は,アメリカにおいて先駆的な研究が多くなされ,**ASHA**(American Speech-Language-Hearing Association)からガイドラインも発表されている[76](ほかにも AAA ; American Academy of Audiology, 2010[77])。これらには APD 検出のための評価法が紹介されているが,なかでも,SCAN-3[78],GINテスト[79]は多くの評価施設で用いられている(コラム18)。このうち,無音区間の

弁別能は，母語言語にかかわらず評価が行える利点が強調されている[80]。一方で，APDは注意の欠陥であるとする報告[81]もあり，さらなる研究が待たれる。

> **コラム 18**
>
> **APD 検出のための評価法**
>
> （1） **SCAN**（a screening test for auditory processing disorders）
> Robert W.Keith らによる APD 検出のためのスクリーニングテスト。2017年時点で SCAN-3 が最新版である。幼児用の SCAN-3：C と，成人用の SCAN-3：A がある。このスクリーニングテストは，つぎのような三つの下位検査から構成されている。
> ① gap detection：連続した空白時間がある2音を聞かせ，音が一つに聞こえたか，二つに聞こえたかを問うことで空白時間の検出力を評価する。
> ② auditory figure ground：左右耳に対し，それぞれ雑音下（+8 dB）で単語または文章を聞かせ，追唱できるかどうかを評価する。
> ③ competing words：左右耳に同時に異なった単語を聞かせ，追唱できるかどうかを評価する。
>
> （2） **GIN テスト**（GIN：gaps in noise）
> Frank Musiek によって開発された時間分解能を評価するテスト。6秒間のノイズの中に，無音時間が異なる無音を3か所設け，左右別に，音が切れたと思うところを合図させる。2, 3, 4, 5, 6, 8, 10, 15, 20 ms の10個の無音をランダムに各6回聞かせ，合図があった個数を 60 で割った％で結果を表示する。

5.2.2 聴覚障害児に対する補聴デバイス

〔1〕 **補聴器，人工内耳などの個人用補聴デバイスによる聴覚補償と音声**

聴覚障害児の音声は，聞こえの様態を規定する下記の5点

① 聴覚障害児としての教育・補聴開始時期，
② 児の保有聴力（裸耳聴力）の程度と聴力型，
③ 補聴器や人工内耳といった（個人用）補聴デバイスの選択とそれらの調整状態，
④ 補聴デバイスの装用状態での閾値（装用閾値），
⑤ 対象児の指導者の発音発語指導力と養育者の関心

によって規定できる。

　最も容易に理解できる事実は、養育者の音声が聴取困難である場合は、母語音声の習得が困難となることである。すなわち、「聞こえていなければ、話せない」。1975年頃の聴覚障害児の発見要因は養育者による「ことばが遅い」という気付きによるものであり、喃語の消失、初語の遅れ、音声言語不明瞭ということから、聴覚障害が疑われ、精密検査により聴覚障害が発見される例が多かった。

　発音発語の獲得という点では、自声フィードバックの観点が欠かせない。聴力正常者の場合、自分の発声を口→外耳→中耳の気導経由音と、声帯振動・口腔内振動→内耳の骨導経由音をミックスして聞いている。自分の声を録音して自ら聞くと、自分の声とは違って聞こえてくるのは、骨導経由音がミックスされるからである。

　聴力正常児の母子間コミュニケーションの音声の音圧関係を図5.8に簡易的に示した[82]。養育者の声は発生源（母親の口）から80 cmほどの距離で児の耳に到達する。児が発声した自声音は発生源（児の口）からの距離は10 cmほどであり、かつ骨導経由音が加わるために、母親の音声より$10+\alpha$〔dB〕ほど大きく聞こえる。聴力正常児は、このような音環境の中で養育者の母語音

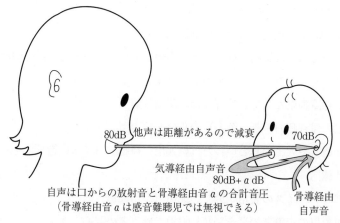

図5.8　母子間コミュニケーションの音声の音圧関係

声（他声音）と自声音を比較聴取しながら母語音声を獲得していく。

　一方，内耳に難聴の原因がある感音難聴児の場合は，骨導経由音が聞こえないため，補聴器や人工内耳（コラム 19）を装用しないと自声音が聞こえない。このことが，明瞭な発話の獲得や言語記憶に与える影響は大きい。また，感音難聴児の場合は，ラウドネスの異常（リクルートメント現象）により聴野が狭くなっているため，自声音を「**快適レベル**（MCL ; most comfortable loudness level）」になるよう補聴デバイスの増幅度をセットすると，他声音が小さいと感じてしまうし，他声音を MCL になるようセットすると，自声音をやかましく感じてしまうという難しさがある。近年，デジタル補聴器が誕生したこと

コラム 19　　補聴器と人工内耳

（1）　**補聴器**（hearing aid）**の種類**

　補聴器のタイプには，**ポケット型補聴器**（body aid），**耳かけ型補聴器**（BTE; behind the ear），**耳あな型補聴器**があり，耳あな型補聴器はそのサイズにより，**フルシェル**（ITE），**カナル**（ITC），**外耳道深部**（CIC）に分かれる。また，外耳道を閉鎖する密閉型（closed type）と閉鎖しないオープンタイプ（open type）がある。BTE には，レシーバが補聴器本体にある従来の BTE に加え，レシーバを外耳道に置く **RIC** 型（receiver in the canal）がある。また，増幅回路や調整機能の違いにより，デジタル補聴器，アナログ補聴器のほか，アナログコントロールデジタル補聴器もある。

（2）　**人工内耳**（cochlear implant）

　ユーザーが装着するスピーチ（サウンド）プロセッサ（体外装置）により音を電気信号に変換する。体外装置からの信号は磁気誘導の原理で皮膚を介し，体内にあるコイルに信号を送られる。その信号により，手術により内耳に挿入した数十か所の素子がある電極を刺激することで聴力を得られる。現在，90 dB を超える高度・重度難聴に適応とされている。しかし，手術を要すること，聞こえの様態は自然な音ではなくなることから，軽度～中等度の難聴には補聴器が推奨されている。聾学校の在籍児のうち，人工内耳を装用しているのは調査対象となった 5 728 人のうち，1 758 人（30.7 %）である（2017 年）。このうち，学部別の割合を見ると，幼稚部では 40 % であり，年々人工内耳装用児の割合は増加していく傾向にある。

で,周波数帯域ごとに,入力音の音圧によって,補聴器の増幅度(利得)が変化するノンリニア増幅ができるようになった。結果,相対的に音圧が弱い他声音にはより大きな利得とし,強い自声音には小さな利得とすることができることで,自他声を近いラウドネスで聴取できるようになったことから,これらの問題は解決しつつある。

(1) **個人用補聴デバイスの評価と音声** 補聴器,人工内耳などの個人用補聴デバイスを装用している場合は,それらの増幅度を評価し,デバイスの調整に活かす必要がある。このために,補聴デバイスを装用している際の閾値を音場に置いたスピーカからの**震音**(warble tone)によって測定する。この結果(dBSPL)をdBHLに変換した数値を装用閾値としてオージオグラム(図5.6)に記載する。前述のとおり,補聴デバイスを使用した際の音声の聞こえ具合がわかり,**裸耳聴力と装用閾値の差**(functional gain),左右の装用閾値の差,母音や子音の聞こえ具合などを総合的に評価し,補聴デバイスの調整目標

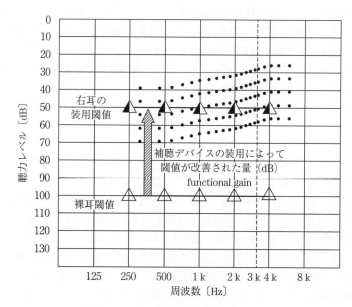

図5.9 日本語の明瞭度貢献度による count-the-dot audiogram

5.2 こどもの聴覚障害と音声

を立てる[83]。

　この際,例えば,500 Hz で 5 dB 閾値改善する場合と,3 kHz で同じく 5 dB 閾値改善する場合では,同じ 5 dB であっても音声聴取への貢献度が異なる。子音部の閾値改善は音声聴取時の明瞭度をより高くできる。そこで 20 の等貢献度（0.05）を持つ周波数帯[84]について 5 ドットとし,長時間平均音声スペクトルの幅を 30 dB として,ドットを配置したオージオグラムを「count-the-dots audiogram」（図 5.9）と呼び,「articulation index（AI 値）」または「SII（speech intelligibility index）」として装用閾値の評価値として用いている。図上に装用閾値を記載し,その閾値をつないだ線より上にある 1 ドット（聴取可能な範囲のドット）の数を数えれば,日本語の AI 値を％で示すことができる。例えば,図 5.9 のようにどの周波数でも装用閾値が 50 dB である場合,50 dB の閾値線より下の点が可聴であり,50 dB の線より下にある 43 個のドットの数により,AI 値は 43％だと読み取ることができる。

　（2）補聴デバイスの音入力の位置による違い　いかなる補聴デバイスであっても,それらのマイクロフォンの位置により,収音できる音が異なってくる。Erber[85]は,ポケット型補聴器の体振動効果を明らかにした。これによれば,話者の声は補聴器装用者の胸部の振動を受け,低音部が増強され補聴器のマイクロフォンに入力される。自声も同様に胸部の振動を受け,他声音,自声音ともに低音部が強調されて聞こえる。このことが「聾児声」の要因となる。

　1985 年頃,高出力耳かけ型補聴器が誕生し,ポケット型補聴器から耳かけ型補聴器への移行が急速に進んだ。聾児声のこどもが減り,こどもらしい,やや高めの声を出すこどもたちが増えることになった。これらに着目した研究として,自声音（自己音声の音圧）に舘野の研究[86]があり,さらに,立入[87],[88]が,ポケット型,耳かけ型,ベビー型補聴器のマイクロフォン位置による他声と自声音との音圧比を明らかにした（図 5.10）。感音難聴児であれば,他声音の音圧と自声音の音圧の差である自他声差が少ないマイクロフォン位置が適切であるとの結論を導き,ポケット型補聴器から耳かけ型補聴器へのこどもの補聴器の選択ストラテジーが変わることになった。

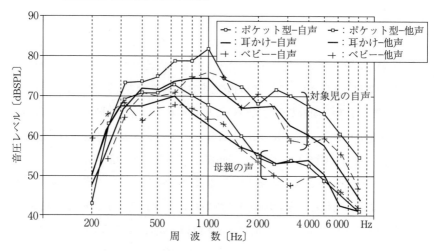

図 5.10 補聴器型の違いによる入力音声レベルの違い
（文献 88）をもとに作成）

〔2〕 教育の場における音場増幅装置などの補聴援助システムと音声

　学齢児が学校で学ぶ際に，教員の音声を明瞭に聞くことができるような音環境が必要であり，校舎建築時にはさまざまな音環境に対する設計を行うことが定められている[89]。しかし，誰もいない教室の空間を評価しているにすぎず，実際に授業を行っている際の音響環境の基準はなく，実際はきわめて劣悪な音環境のもとでの学習を強いられている。草山は通常学級の騒音レベルを調べ，その音圧レベルは 71.7 dB（最大値 96 dB，最小値 57 dB）だとしている[90]。表 5.4 は，小学校における児童が着座している場所での平均 SN 比[91]であるが，学習環境に必要であるとされる SN 比である 15 dB[92]はまったく確保できていない。

表 5.4 教師音声（S）と教室内雑音（N）との座席位置による平均 SN 比[91]

	最前列中央	最後列中央
500 Hz	+4 dB	−4 dB
2 000 Hz	−2 dB	−10 dB

そこで，教師がワイヤレスマイクを装着し，個人用補聴デバイスに直接，教師の音声を伝送する方法（ヒヤリングループ，FM，2.4 GHz ワイヤレス，赤外線など）や，教室の四隅にスピーカを設置し，教師の声を増幅することで，教室内の全員を対象に明瞭な音声を届ける**音場増幅装置**（sound field amplification）といった**補聴援助システム**（ALD；assistive listening devices）が利用されている[93]。

聾学校では，教師の声を教室内の個人用補聴デバイスにワイヤレス伝送するシステムを用いており，これを「**集団補聴器**（GHA；group hearing aid）」と呼んでいる。GHA を用いることで，隣室からの雑音や教室の残響を受けない明瞭な音声を個人用補聴デバイスに伝えることができ，聴覚利用による言語指導の効果を高めることができる。

〔3〕 視覚併用，手話・指文字，聴覚代替，感覚代行

（1） **視覚的補助手段とコミュニケーション**　聴覚障害児の場合，明瞭な音声が聞き取れないがゆえに，明瞭な発音発語の獲得が困難となり，結果として，構音障害を二次的に持つことがある。学校指導要領解説「自立活動編」には，「幼児児童生徒の障害の状態によって，（音声の）明瞭度は異なっているので，音声だけでなく（中略），手話・指文字や文字等を活用して…」との記載がある[94]。音声によるコミュニケーションをベースにしつつ，視覚的な補助手段やコミュニケーション方法を主体的な意志表出の手段として使用している。

（2） **発音誘導サイン，キューサイン，キュードスピーチ**　聴覚障害児に対し発音を指導する場合，構音要領を教えることがある。例えば，/t/ 音の場合は，上歯茎に舌先を付け，下に弾くように降ろす。こうした「弾音」の指導の際，上歯茎にウェハーを小さく切って貼り付け，それを舌先で触り，調音点を意識させるという指導法（ウェハーメソッド）がある[95]。

個別の発音発語指導場面での構音要領の獲得の後，構音要領が定着するよう，児が構音要領を想起しやすいように考えられたのが「発音誘導サイン」である。教師と児との会話場面で，児の /t/ の発音が不明瞭である場合に，教師が発音誘導サインを示すことで，構音要領の想起を促し，構音要領を意識し

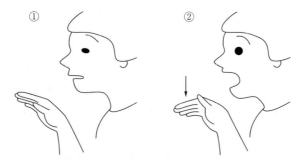

自然な形で立てた手のひらを，4指を揃えたまま小さく折る。

図5.11 香川聾学校のキューサインのうち，「タ行」

た発音を行わせることができる。

　これをコミュニケーションに応用したのがキュードスピーチである。話者がタ行音の音声の際には，/t/のサイン（**図5.11**）を付け，タチツテトという母音の弁別は口形を手がかりとするコミュニケーション方法である[96]。京都府立聾学校（1967年〜）[97]，奈良県立ろう学校（1969年〜）[98]が先駆的に取り入れ，ほぼ全国の聾学校の幼稚部で使用されるに至った。その後，後に述べる手話・指文字の導入が始まると，幼稚部期から指文字を利用するようになり，コミュニケーション方法としてキュードスピーチを採用する聾学校はほぼなくなったが，発音誘導サイン（キューサイン）として，幼稚部，小学部でいまも用いられている。

（3）手　　話　木村と市田[99]は，「ろう文化宣言」において，聴覚障害者を聴覚器官に病理的欠損がある障害者と考えるのではなく，手話という言語を用いる言語的少数者の集団である，という社会的文化的視点への転換を主張した。

　こうした考え方に基づいて聴覚の利用を考えずに，手話による教育を行う方法（バイリンガル教育法）は1983年からスウェーデン[100]で，1988年からアメリカ[101]で開始されていたが，2008年の明晴学園の開校により日本でも開始された。聴覚障害児が聴覚の利用をしないということは，すなわち，音声言語をも用いないことと同義であり，音声言語の獲得も発達も期待しない。一方，乳

幼児期からの手話言語によるコミュニケーションを経て，手話によって言語たるものを理解させ，居住国の一般的な言語については，読み書きによって獲得させる教育法を採る。手話言語と，読み書きによる居住国言語の二つの言語獲得を目指すことから，「バイリンガル教育法」と呼ばれている。現在，日本では私立聾学校[102]と公立校[103]それぞれ1校がバイリンガル教育を行っている。

5.2.3 聴覚障害による二次的障害
〔1〕 音声出力（発音発語）への影響と指導

発音発語の発達のためには，音声の聴取が前提となる。乳幼児の外耳道の形状は成長とともに変化することが知られており，その変化とともに聴取する音声も変化する。誕生直後，外耳道の長さは成人の約半分であり，外界からの音声は $10 \sim 15$ mm の共鳴腔を経て鼓膜に達する。このため，計算上では $5\,600 \sim 7\,000$ Hz の音が 15 dB ほど増強される。その後，3 歳頃には成人と同じく 30 mm 近い外耳道となり，2\,800 Hz 近傍で 18 dB の増強という成人と同様の共鳴特性となる（図 5.12）[104]。このことから，3 歳ぐらいまで，2\,800 Hz 前後の子音，例えば /s/ 音は聞こえていない，もしくは聞こえているとしても，きわめて小さい音でしか聴取されていないことがわかる。高見らは小児の構音発達について，「[s], [ʃ], [dz], [ts], [r] は完成の時期が遅れる」[105]と述べているが，外耳道の成長に伴う音声の聞こえと構音の獲得には関連があるとも言えよう。

聴覚障害により音声の聴取が困難になると音声の出力（発音発語）も困難となる。そのため，聴覚障害児教育諸機関では，学校教育法第 72 条†に定められた「障害による学習上又は生活上の困難を克服し自立を図るために必要な知識技能」の獲得を目指し，「自立活動」という領域の中で発音発語指導を行う

---

† 特別支援学校は，視覚障害者，聴覚障害者，知的障害者，肢体不自由者又は病弱者（身体虚弱者を含む。以下同じ。）に対して，幼稚園，小学校，中学校又は高等学校に準ずる教育を施すとともに，障害による学習上又は生活上の困難を克服し自立を図るために必要な知識技能を授けることを目的とする。

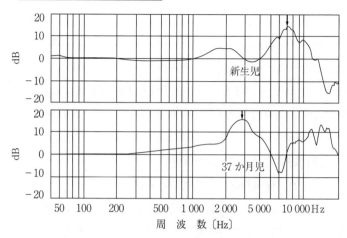

図 5.12 新生児と 37 か月児の外耳道共鳴の違い
（文献 104）をもとに作成）

ことが学習指導要領で定められている．それによれば，「発声・発語器官の微細な動きやそれを調整する力を高め，正しい発音を習得させるようにすることが必要である．そのため，音を弁別したり，自分の発音をフィードバックしたりする力を身に付けさせるとともに，構音運動を調整する力を高めるなどして正しい発音を定着させ，発話の明瞭度を上げるようにすることが大切である．」と記述されている[106]．

音声の聴取と，正しい構音の獲得困難ゆえに発声する音声に明瞭さが欠けると，音声コミュニケーションが困難になる．聴取力の向上のための指導や発音発語指導を行ったとしても，聞き落としや聞き手の聞き誤りが起きることが避けられず，会話場面でコミュニケーションのブレークダウンが起こる．これらを避けるための会話指導法（例えば，選択肢を用いた会話や，相手の話の一部を復唱しつつ会話を進める方法などを指導する）が行われている．会話指導法は音声の明瞭さを補うために，音声コミュニケーション場面においてトップダウン処理を利用しようとする方略として注目されている．

〔2〕 言語獲得上の「つまずき」と言語指導

脇中[107]は，聴覚障害児に見られる日本語獲得上の「つまずき」の例として，

5.2 こどもの聴覚障害と音声

表5.5 聴覚障害児に見られる日本語獲得上の「つまずき」の例[107]

① 語彙量が少ない
② 字面が似ていると混同しやすい，単語の音節が正確に覚えられない
③ 漢字が正確に読めない
④ 漢字に頼りすぎて意味を考える
⑤ 抽象的なことばが少ない，理解しにくい
⑥ 具体的なことばの適用範囲が正しく理解できない
⑦ 具体的なことばであっても覚えにくいものがある
⑧ 活用形の誤り，時制による意味の違いが理解できない
⑨ 助詞の理解が難しい
⑩ やりもらい文，受身文，使役文，比喩文の理解が難しい
⑪ 複文の理解が難しい
⑫ 一つの動詞にいろいろな意味があることが理解できない
⑬ 「辞書的意味」からは合っているが，不自然な文章を書く
⑭ 「仮定」の意味の理解が難しい
⑮ 「部分否定」や「二重否定」の意味の理解が難しい

表5.5に示す①〜⑮を挙げている。

これら日本語獲得上の「つまずき」の例として，「耳たぶ」を「耳ぶた」と誤る（表5.5の②の例），「御礼」の読み方で「御結婚」を「おけっこん」と読んでしまう（③），「黒板に書く」と言えるので，「黒板に消す」と言えるのだろうと考える（⑨），「母に本を読んでもらった」という意味で「母が本を読んでもらった」と書いてしまう（⑩），「2種類の目薬があるので，1本目を指してから，3分間あけて，2本目を指してください」との文で，1本目を指し終わってから，3分間，目を開けていたという事例（⑫），「全部わかるわけではない」を「全部わからない」意味だと受け止めてしまう例（⑮）が挙げられる。

聞こえているこどもであれば，聴覚的に入力される日本語の音声から，こうした日本語の音韻や基本的な文法を自然に学ぶことができる。しかし，聴覚障害児の場合，入力できる言語情報の質と量が不十分になりがちで，母国語の音声を利用した言語獲得のうえで「つまずき」として現れてしまう。

そこで，聴覚障害児教育の現場では，音韻の確認と記憶のために「口声模倣」（こうせい）という指導が行われている。「口声模倣」とは教師が話した語や文をこどもに復唱させる指導で，その際，必ず発話を伴わせることで，意識的に自己音

声フィードバックを行わせる．話すという運動感覚機能と聴覚刺激が伴うことで，多感覚化され，記憶につながると考えられている．また，絵日記指導，話し合い活動といった言語指導の場を設けることで，言語情報の質と量を高める指導法を行っている．

近年，こうした指導に加えて，小学校就学期から日本語の文法をわかりやすく図示しながら教えていく指導法・指導書[108)~110)]や，手話を利用して日本語の深い理解を促す指導書[111)]が開発され，多くの聾学校で採用されている．

〔3〕 心理への影響

聴覚障害児の場合，自らの障害と向き合い，障害を自らのアイデンティティとして認識していく生き方を示し，自尊感情を下げずに生きていく途を指し示す指導が必要となる．

太田[112)]は，聞こえにくいこどもの心理上の課題として，① メンタルヘルス，② 自尊感情，③ アイデンティティ，④ 社会的相互作用の4点を挙げている．十分なコミュニケーションが取れない場合に心理社会的な困難さにつながること，学校での音声コミュニケーションの困難さから「嫌な経験」をすることになり，メンタルヘルス上の問題につながること，聴覚障害児が所属していると意識する集団，つまり聾学校（ろう児たちの中にいる自分）か，通常の学校（聴児たちの中にいる自分）かによってアイデンティティ形成が異なることを指摘し，聴覚障害児の集団形成の必要性，積極的に集団に加われるような支援の必要性を説いている．また，「インクルーシブ教育の流れの中で「聞こえにくい自分」をいかに認識していくか，ロールモデルとなる成人聴覚障害者との交流の中で自尊感情を下げないような支援」[112)]や，聴覚障害児側の問題だけではなく，接触する聴児の問題として認識し，聴覚障害児への関わり方やコミュニケーションの方法について共通の理解を深めること，具体的にはコミュニケーションブレークダウンの場面における具体的な解決方法を提案するなどの介入を行うべきである．

5.2.4 聴覚障害児教育における発音発語指導略史

　140年以上にわたる聴覚障害児教育の歴史を振り返ると，明治時代の手真似（手話）による教育，大正時代から始まる読唇（読話）による口話法教育，戦後の聴覚を利用する聴覚口話法，平成に入ってからの手話の利用，と聴覚障害児の教育手段は変遷を遂げてきた．

　明治時代，アメリカでアレキサンダー・グラハム・ベルの視話法を学んだ伊沢修二は東京盲唖学校において視話法を試み，吉川金造（後に三重聾唖学校で初の聾者の教員となる）は視話法により，他人の話を聞き分けた（見分けた）とされる[113]．

　1919年（大正8年），近江八幡市の豪商，西川吉之助は，その三女，濱子が3歳になっても何も話しはじめない様子を見て，京都府立医科大学耳鼻咽喉科に行き，濱子が聴覚障害であるとの診断を聞く．診断を聞いた吉之助は京都市立盲唖院聾唖部に参観に行き，こどもたちが手真似（手話）を用いている姿を見る．当時，手話が言語であるとの認識はなく，音声を話さないこどもたちを見て，吉之助は「聾たるが故に言語聴習の機を失い為に唖者たるべく余儀なくされた」と考えた[114]．アメリカへの留学経験もある吉之助は，当時のアメリカの聾学校で主流となっていた口話法を知り，私財を投じ，西川聾口話教育研究所を創設，濱子に話すための教育を始めた．90 dB ほどの難聴であった濱子は口話法により音声を話すようになり，また，吉之助により言語指導の成果で日本語の読み・書き能力も高めることができた．吉之助はアメリカの文献にある「no dumb longer」を「もはや唖なし」と翻訳し，口話法教育の成果として濱子とともに全国行脚することで，口話法を全国に拡げた[115]．

　1950年代半ばまでは十分な聴力測定装置や補聴器がなく，聴覚補償を行うことは不可能であった．それゆえ，聴力が重いこどもたちは自己音声のフィードバックがなく，自然な形での発音発語の獲得は困難であった．そうした中で，指導者の唇や舌の動き，息の出し方を具体的に見せ，児童生徒に模倣させる．児童生徒は発音要領を舌の位置，動き，息の出し方などを筋肉運動感覚の記憶によって正しい発音を学ぶ，という指導法が生まれた．

こうした指導法は，1954年に今井によって「発語発音指導体系」として出版され[116]，一つの形となる。その後，熱心な聾学校教師の中で，日本語のさまざまな音について，視覚的に構音方法を指導する方法が編み出され，聾学校の中で受け継がれながら洗練され，発音発語指導体系が構築された。2006年になって，板橋[117]は「聴覚障害児の「発音・発語」学習」として，発音・発語指導の実例を挙げ，集大成とも言える書を完成させた。また，2017年に刊行された永野による「聴覚障害児の発音・発音発語指導」[118]は，おもに指導法を近年の教員にわかりやすいよう書き改め，具体的な指導法を教材とともに紹介している。

工学的なアプローチとしては，1985年頃から，パーソナルコンピュータ（PC）を用いた発音発語訓練装置が開発された。開発は，鎌田，石田，小川らによる「スピーチトレーナー」[119]に始まり，その後に開発された松下通信工業株式会社の「発音発語訓練システム」[120]は，全国の聾学校などに装置が寄付され，松下視聴覚教育財団による指導講習会も開催された。これらは，聴覚障害児自身の発声を視覚化することが主目的であり，正音誘導のための指導法は教員が担っていた。

近年，デジタル補聴器，人工内耳の登場により無理なく聴覚補償ができるようになり，自己音声フィードバックが可能になると，明瞭な発音を獲得する聴覚障害児が増えた。この結果，聾学校内で伝統的に受け継がれてきた発音発語指導は失われてしまい，一部の退職した聾学校教員のみが知る方法となってしまっている。補聴器の高性能化，人工内耳の装用をもっても，聴力正常になることはなく，一部の子音に誤発がある児がいる。適切な発音発語指導ができる指導者がきわめて少なくなってしまったことは，たいへん残念である。

引用・参考文献

1) Kaplan B.J., and Sadock, V.A.：カプラン臨床精神医学テキスト DSM-5 診断基準の臨床への展開 3 版，Chapt.31.5，メディカルサイエンスインターナショナル

(2016)

2) Kanner, L. : Autistic disturbances of affective contact, Nervous Child 2, pp. 217-250 (1943)

3) Asperger, H. : Die Autistischen Psychopathen in Kindesalter, Archivfur Psychiatrie und Nervenkrankheiten, 117, pp. 76-136 (1944)

4) Wing, L., and Gould, J. : Severe impairment of social interaction and associated abnormalities in children : epidemiology and classification, Journal of Autism and Developmental Disorders, 9, 1, pp. 11-29 (1979)

5) Sarah, H. B., Stevenson, R. A., and Wallace, M. T. : Behavioral, perceptual, and neural alterations in sensory and multisensory function in autism spectrum disorder, Progress in Neurobiology, 134, pp. 140-160 (2015)

6) Lin, I. F., Shirama, A., Kato, N., and Kashino, M. : The singular nature of auditory and visual scene analysis in autism, Philosophical Transactions of the Royal Society B : Biological Sciences, 372, 1714, pp. 1-12 (2017)

7) Dankin S., and Frith, U. : Vagaries of visual perception in autism, Neuron, 48, pp. 497-507 (2005)

8) Baron-Cohen, S., L., and Frith, U. : Does the autistic child have a Theory of mind, Cognition, 21, pp. 37-46 (1985)

9) Rizzolatti, G., and Fabbri-Destro, M. : Mirror neurons : from discovery to autism, Experimental Brain Research, 200, 3/4, pp. 223-237 (2010)

10) Kevin, P., Shultz1, S., Hudac, C. M., and Wyk, B. C. V. : Constraining heterogeneity : the social brain and its development in autism spectrum disorder, Journal of Child Psychology and Psychiatry, 52, 6, pp. 631-44 (2011)

11) Happe, F., Booth, R., Charlton, R., and Hughes, C. : Exective function deficits in autism spectrum disorders and atten-deficite/hyperactivity disorders : Examining profiles across domains and ages, Brain Cognition, 61, pp. 25-39 (2006)

12) Schipul, S. E., Keller, T. A., and Just, M. A. : Inter-regional brain communication and its disturbance in autism, Frontiers in Systems Neuroscience, 2011, 5, 10, pp. 1-10 (2011)

13) Fishman, I., C. L. Keown, A. J. Lincoln, J. A. Pineda, and R. A. Müller : Atypical cross talk between mentalizing and mirror neuron networks in autism spectrum disorder, JAMA Psychiatry, 71, 7, pp. 751-760 (2014)

14) Gibbard, C.R., Ren, J., Skuse, D.H., Clayden, J.D., and Clark, C.A. : Structural connectivity of the amygdala in young adults with autism spectrum disorder,

Human Brain Mapping, **39**, 3, pp. 1270-1282（2018）

15) 西村辨作，水野真由美，若林慎一郎：話しことばをもたない自閉症児の言語獲得障害 - 音声の記号化と体制化の欠陥 - 児童精神医学とその近接領域，**21**, 3, pp. 159-177（1980a）

16) 岩田まな，佃　一郎：Speech のない自閉症児群の検討，音声言語医学 **41**, pp. 335-341（2000）

17) 東田直樹：自閉症の僕が跳びはねる理由，角川文庫（2016）

18) 小椋たみ子：自閉性障害児の初期言語発達と認知発達の関係，聴能言語学研究，**9**, 1, pp. 10-20（1992）

19) 近藤綾子，出口利定：自閉症スペクトラム障害児の発話におけるプロソディの特徴，音声言語医学，**42**, 1, pp. 23-30,（2013）

20) 緒方明子：独特な話し方，全日本特殊教育研究連盟 編　自閉症児指導のすべて，日本文化科学社（1998）

21) Nadig, A., and Shaw, H.：Acoustic and perceptual measurement of expressive prosody in high-functioning autism：increased pitch range and what it means to listeners, Journal of Autism and Developmental Disorders, **42**, pp. 499-511（2012）

22) Dunn, M., and Harris, L.：Prosody intervention for high-functioning adolescents and adults with autism spectrum disorder, Jessica Kingsley（2017）

23) 今泉　敏，木下絵梨，山崎和子：感情に関わる発話意図の理解機能，高次脳機能研究，**28**, 3, pp. 296-302（2008）

24) Imaizumi, S., Furuya, I., and Yamasaki, K.：Voice as a tool communicating intentions, Logopedics Phoniatrics Vocology, **34**, 4, pp. 196-199（2009）

25) Bishop, D.V.M., 大井　学，藤野　博，槻舘尚武，神尾陽子，権藤桂子，松井智子：日本版 CCC-2，日本文化科学社（2016）

26) Bishop D.V.M.：Development of the Children's Communication Checklist（CCC）：A method for assessing qualitative aspects of communicative impairment in children, Journal of Child Psychology and Psychiatry, **39**, pp. 879-891（1998）

27) Bishop, D.V.M.：The Children's Communication Checklist, version 2（CCC-2）, Pearson Assesment（2003）

28) 槻舘尚武，大井　学，権藤桂子，松井智子，神尾陽子：Children's Communication Checklist -2 日本語版の標準化の試み：標準化得点の検討，コミュニケーション障害学，**32**, pp. 99-108（2015）

29) Schaeffer, B., Musil, A., and Kollinzas, G.：Total Communication：A signed speech program for nonverbal children, Champaign, Ill., Research Press（1980）

30) Nishimura, B., Watamaki, T., Sato, M., and Wakabayashi, S.：The criteria for early use of nonvocal communication systems with nonspeaking autistic children, Journal of Autism and Developmental Disorders, pp. 243-253（1987）
31) 西村辨作：自閉症児の言語発達障害とその治療，聴能言語学研究，**8**, pp. 209-215（1991）
32) 森つくり，熊井正之：重度知的障害を伴う自閉症高等部生徒への講音指導について―講音練習用デジタル教材を用いた1症例についての検討，音声言語医学，**54**, pp. 259-267（2013）
33) 小寺富子，倉井成子，佐竹恒夫 編：国リハ式（S-S法）言語発達遅滞検査マニュアル改訂第4版，エスコアール（1998）
34) 高橋和子：高機能広汎性発達障害児集団でのコミュニケーション・ソーシャルスキル支援の試み―語用論的視点からのアプローチ―，The Annual Report of Educational Psychology in Japan, **44**, pp. 147-155（2005）
35) Ichikawa, K., Takahashi, Y., Ando, M., Anme, T., Ishizaki, T., Yamaguchi, H., and Nakayama, T.：TEACCH-based group social skills training for children with high-functioning autism：A pilot randomized controlled trial, Biopsychosocial Medicine, **7**, 1, pp. 1-8（2013）
36) 藤田郁代 監修，玉井ふみ，深浦順一 編集：言語発達障害学第2版，医学書院（2016）
37) Andrews, G., Craig, A., Feyer, A.M., Hoddinott, S., Howie, P., and Neilson, M.：Stuttering：a review of research findings and theories circa 1982, The Journal of Speech and Hearing Disorders, **48**, 3, pp. 226-246（1983）
38) Bloodstein, O.：A handbook on stuttering 1995, Singlar Pub.（1995）
39) Yairi, E., and Ambrose, N.G.：Early childhood stuttering Ⅰ：persistency and recovery rates, Journal of Speech Language and Hearing Research. **42**, 5, pp. 1097-1112（1999）
40) Guitar, B.：Stuttering：An integrated approach to its nature and treatment, 4th edition, Wolters Kluwer Health（2014）
41) Kolk, H., and Postma, A.：Stuttering as a covert repair phenomenon, Curlee, R.F., and Siegel, G. M.（Eds.）, Nature and treatment of stuttering：New directions（2nd ed.）Allyn and Bacon, pp. 182-203（1997）
42) Howell, P.：Assessment of some contemporary theories of stuttering that apply to spontaneous speech, Contemporary Issues in Communication Science and Disorders, **31**, pp. 122-139（2004）

43) Starkweather C. W., and Gottwald, S.R. : The demands and capacities model II : Clinical applications, Journal of Fluency Disorders, **15**, 3, pp. 143-157 (1990)
44) Walden, T.A., Frankel, C.B., Buhr, A.P., Johnson, K.N., Conture, E.G., and Karrass, J.M. : Dual diathesis-stressor model of emotional and linguistic contributions to developmental stuttering, Journal of Abnormal Child Psychology, **40**, 4, pp. 633-644 (2012)
45) Van Riper, C. : The nature of stuttering. Second edition, Waveland Press (1982)
46) Healey, E.C. and Kawai, N. : Implications of a multidimensional model of assessment for the treatment of children who stutter, Journal of the Phonetic Society of Japan, **17**, 2, pp. 58-71 (2013)
47) Chang, S.E., Angstadt, M., Chow, H.M., Etchell, A.C., Garnett, E.O., Choo, A.L., Kessler, D., Welsh, R.C., and Sripad, C. : Anomalous network architecture of the resting brain in children who stutter, Journal of Fluency Disorders, **55**, pp. 46-67 (2018)
48) Etchell, A.C., Civier, O., Ballard, K. J., and Sowman, P.F. : A systematic literature review of neuroimaging research on developmental stuttering between 1995 and 2016, Journal of Fluency Disorders, **55**, pp. 6-45 (2018)
49) 小澤恵美, 原　由紀, 鈴木夏枝, 森山晴之, 大橋由紀江, 餅田亜希子, 坂田善政, 酒井奈緒美：吃音検査法 第2版 解説, 学苑社 (2016)
50) 今泉　敏, 本間孝信, 中村　文：吃音生起機構の筋電図学的検討, 第13回認知神経心理学研究会抄録集, 1-1 (2010)
51) Johnson, W., and Knott, J.R. : Studies in the psychology of stuttering I, Journal of Speech Disorders, **2**, pp. 17-19 (1937)
52) Neelley, J.N., and Timmons, R.J. : Adaptation and consistency in the disfluent speech behavior of young stutterers and nonstutterers, Journal of Speech and Hearing Research, **10**, pp. 250-256 (1967)
53) 大橋佳子：吃音児の自由会話における吃音の一貫性とその音声学的特徴, 音声言語医学, **25** pp. 209-223 (1984)
54) Shimamori, S., and Ito, T. : Initial syllable weight and frequency of stuttering in Japanese children, Japanese Journal of Special Education, **43**, 6, pp. 519-527 (2006)
55) 島守幸代, 伊藤友彦：単音節算出課題における軽音節と重音節の吃音頻度の比較-音声移行の視点から, 音声言語医学, **50**, pp. 116-122 (2009)
56) 本間孝信, 今泉　敏, 前新直志, 酒井奈緒美：吃音児の自由会話における言語

学的特徴の検討，第34回コミュニケーション障害学会学術講演会，大阪（2008）
57) 本間孝信，青木（佐々木）晶子，山田　純，今泉　敏：聴取者の有無が主観的不安，母音空間，吃音率に及ぼす影響，音声言語医学，**52**, 1, pp. 19-25（2011）
58) 槙本義正，本間孝信，今泉　敏：不安と吃音－対面発話と電話による差異－，吃音・流暢性障害研究，印刷中，**2**, 1, pp. 1-11（2018）
59) Onslow, M., Menzies, R.G., and Packman, A.：An operant intervention for early stuttering. The development of the Lidcombe program, Behavior Modification, **25**, 1, pp. 116-139（2001）
60) 都筑澄夫：間接法による吃音訓練　自然で無意識な発話への遡及的アプローチ－環境調整法・年表方式のメンタルリハーサル法，三輪書店（2015）
61) 川合紀宗：吃音に対する認知行動療法的アプローチ，音声言語医学，**51**, 3, pp. 269-273（2010）
62) 酒井奈緒美，森　浩一，小澤恵美，餅田亜希子：日常場面における耳掛け型遅延聴覚フィードバック装置の有効性，音声言語医学，**49**, 2, pp. 107-114（2008）
63) 藤田郁代　監修，熊倉勇美，今井智子　編集：発声発語障害学第2版，医学書院（2015）
64) 中川辰雄，大沼直紀：補聴器の評価に関する研究－音声と教室内の環境音の音響学的分析，国立特殊教育総合研究所研究紀要，**14**, pp. 55-62（1987）
65) 大沼直紀：補聴器装用閾値測定，立入　哉，中瀬浩一編　著，教育オーディオロジーハンドブック，pp. 87-93，ジアース教育新社（2017）
66) リオン：補聴器コンサルタントの手引き（第6版），p. 24，リオン（2002）
67) 板橋安人：聴覚障害児の発音技能の形成に関する研究，pp. 10-11，風間書房（1999）
68) 日本聴覚医学会　編：聴覚検査の実際，p. 31，南山堂（2017）
69) American Speech-Language-Hearing Association（ASHA）：Technical Report：(Central) Auditory Processing Disorders：Working Group on Auditory Processing Disorders, ASHA（2005）
70) 麦谷綾子，小林哲生，石塚健太郎，天野成昭：幻の「っ」－日本語促音の知覚発達過程，日本音響学会聴覚研究会資料，**37**, 8, pp. 667-671（2007）
71) 柳澤絵美：韓国語母語話者の日本語発話に見られる促音挿入の傾向，東京外国語大学留学生日本語教育センター論集，**32**, pp. 91-107（2006）
72) 石崎晶子：日本語の音読において学習者はどのようにポーズをおくか－英語・フランス語・中国語・韓国語を母語とする学習者と日本語母語話者の比較－，世界の日本語教育，**15**, pp. 75-89（2005）

73) 西郡仁朗, 黄龍夏, 朴良順：韓国人学習者の日本語促音の知覚に関する研究—学習レベル別特性と母語による説明の効果—, 日本語研究, **22**, pp. 1-13 (2002)
74) 立入　哉：APD (Auditory Processing Disorder) の D は Disorder か Difficulty か, Audiology Japan, **57**, 5, pp. 343-344 (2014)
75) 佐藤正幸：聴覚障害児の聴覚的時間知覚に関する実験的研究, 風間書房 (1996)
76) 69) と同掲書
77) American Academy of Audiology (AAA)：Practice Guidelines for the Diagnosis, Treatment, and Management of Children and Adults with Central Auditory Processing Disorder (CAPD), AAA (2010)
78) Keith, R. W.：SCAN-3, Pearson (2009)
79) Musiek, F., Shinn, J., Jirsa, B., Bamiou, D., Baran, J., and Zaidan, E.：GIN (Gap-In-Noise) test performance in subjects with confirmed central auditory nervous system involvement, Ear and Hearing, **26**, 6, pp608-618 (2005)
80) Hall, J. W.：Moving toward evidence-based diagnosis and management of APD in children, Hearing Journal, **60**, 4, pp10-15 (2007)
81) Moore, D. R., Ferguson, M. A., Edmondson-Jones, A. M., Ratib, S., and Riley, A.：Nature of Auditory Processing Disorder in Children, Pediatrics, **126**, 2, e382 (2010)
82) 立入　哉, 青木弘依：乳児に適用される補聴器の形の選択と入出力特性の設定について, Audiology Japan, **51**, 3, pp. 235-240 (2008)
83) 大沼直紀：補聴器装用閾値測定, 立入　哉, 中瀬浩一 編著, 教育オーディオロジーハンドブック, pp. 87-93, ジアース教育新社 (2017)
84) 三浦種敏, 山口善司：音声情報の知覚, 新版 聴覚と音声, p. 461, コロナ社 (1982)
85) Erber, N. P.：Body-baffle and real-ear effects in the selection of hearing aids for deaf children, Journal of Speech Hearing Disorders, **38**, pp. 224-231 (1973)
86) 舘野　誠：補聴器のマイク位置での自己音声の音圧について, Audiology Japan, **29**, 5, pp. 539-540 (1986)
87) 立入　哉, 清水弘衣：補聴器形による入力音声の違いについて (1)：ポケット形補聴器と耳かけ型補聴器の違いについて, Audiology Japan, **43**, 5, pp. 339-340 (2000)
88) 立入　哉, 清水弘衣：補聴器形による入力音声の違いについて (2)：ポケット形, 耳かけ型, ベビー形補聴器の違いについて, Audiology Japan, **45**, 5, pp. 459-460 (2002)

89) 日本建築学会 編：学校施設の音環境保全規準・設計指針　日本建築学会環境基準，AIJES-S001-2008，日本建築学会（2008）
90) 草山真一：通常学級と通級指導教室の教室騒音の比較分析，聴覚言語障害，**24**，pp. 17-23（1995）
91) 洲脇志麻子：教室における補聴器の雑音抑制効果の評価 —S/Nと残響時間を指標として—，愛媛大学卒業論文（2001）
92) 白石君男：学校教育における音響環境と聴覚補償，Audiology Japan, **55**, 4, pp. 207-217（2012）
93) 立入 哉：集団補聴設備（集団補聴器），音響キーワードブック，pp. 858-860，日本音響学会（2016）
94) 文部科学省：特別支援学校学習指導要領解説 自立活動編，文部科学省，p. 71（2009）
95) 堀田勝俊：ウエファーメソッド（音声言語の直感的開発），第7回全日本聾教育研究大会 研究集録，pp. 152-153（1973）
96) 福田昌子：キュード・スピーチを用いた指導，都築繁幸 編著：聴覚障害児のコミュニケーション指導，教育情報出版，pp. 73-86（1998）
97) 馬場喜美子：京都聾学校幼稚部におけるキュードスピーチ利用による実践，ろう教育科学，**26**, 1, pp. 11-23（1984）
98) 藤根喜美子：全面発達を促す保育を求めて　キュードスピーチを媒介とした奈良校の実践，ろう教育科学，**26**, 1, pp. 25-44（1984）
99) 木村晴美，市田泰弘：ろう文化宣言 言語的少数者としてのろう者，現代思想，**23**, 3, pp. 354-362（1995）
100) 鳥越隆士：バイリンガルろう教育の実践，全日本ろうあ連盟（2003）
101) 草薙進郎：二言語教育の台頭，草薙進郎，齋藤友介 著：アメリカ聴覚障害教育におけるコミュニケーション動向，福村出版，pp. 203-212（2010）
102) http://www.meiseigakuen.ed.jp/（2017年9月閲覧）
103) http://www.sappororo.hokkaido-c.ed.jp/syougakubu.html（2017年9月閲覧）
104) Kruger, B.：An Update on the External Ear Resonance in Infants and Young Children，Ear and Hearing, **8**, 6, pp. 333-336（1987）
105) 高見 観，北村洋子，加藤理恵，田中誠也，山本正彦：小児の構音発達について，愛知学院大学心身科学部紀要，**5**, pp. 59-65（2009）
106) 94）と同掲書
107) 脇中起余子：聴覚障害教育 これまでとこれから，北大路書房，pp. 100-108（2009）

108) 全国聴覚障害教職員協議会：みるみる日本ご　みるくとくるみの大ぼうけん，全国聴覚障害教職員協議会（2015）
109) 全国聴覚障害教職員協議会：みるみる日本ご　MIRUKUとKURIMIの大航海，全国聴覚障害教職員協議会（2017）
110) 木島照夫：きこえない子のための日本語チャレンジ！，難聴児支援教材研究会（2013）
111) 脇中起余子：よく似た日本語とその手話表現，北大路書房（2007）
112) 太田富雄：きこえにくい子どもの心理，立入　哉，中瀬浩一　編著，教育オーディオロジーハンドブック，pp. 68-73，ジアース教育新社（2017）
113) 坂田午二郎：発音発語指導法－その歴史と実際－，横須賀市立ろう学校（1990）
114) 西川吉之助：發音法によって我濱子を教育せし理由，口話式聾教育，1，pp. 46-50（1925），日本図書センターより復刻（1999）
115) 高山弘房：口話教育の父　西川吉之助伝，p. 137，湘南出版社（1982）
116) 今井柳三：発語発音指導体系，愛知県立名古屋聾学校（1954）
117) 板橋安人：聴覚障害児の「発音・発語」学習，聾教育研究会（2006）
118) 永野哲郎：聴覚障害児の発音・発語指導，ジアース教育新社（2017）
119) 鎌田弘之，石田義久，小川康男：幼児，児童を対象とした汎用マイクロコンピュータによる発話訓練機，電子通信学会　信学技報　教育工学研究会 ET84-9, pp. 87-92（1985）
120) 松下通信工業（株）：Panasonic 発声発語訓練システムテレビコマーシャル https://www.youtube.com/watch?v=L_wc5mI1Kkw（2017年9月閲覧）
  ※映像中の母親の「よくできた」にはキューサインが付いている

#　あ と が き

　この本を手にとった方は，「こどもの音声」というタイトルからどのような内容を想像し，なにを得ることを期待したのだろうか。こどもの声そのものの発達に興味があるのだろうか。こどもの音の聞こえが知りたいのだろうか。それともなんらかのこどもの音声にまつわる問題に直面していて，その解決の糸口を探しているのだろうか。そんな多種多様な読者のニーズのすべてにこの本が答えている，とは言い切れないが，少なくとも「こどもの音声」というターゲットに多角的にスポットライトを当て，しかもサイエンスの知見をふんだんに盛り込んだ内容になっているのではないかと思っている。

　「こども」という存在は，発達と切り離せない。生涯発達ということばが示すとおり，大人であっても絶え間なく，時には後退するような形であっても発達していくわけだが，こどもの発達の可塑性と多様性と跳躍性は，私たち大人のあり方とは大きく異なる。さらに，人間が初期値として備えている生得的である程度共通した特性と，個々人で異なる環境との相互作用的な発達過程は，私たちの興味を惹き付けてやまない。音声の場合，母語（これは言語だけでなく，方言や話し方の個人性，そして音楽や感情音声も広い意味では含まれる）という，明確に個別的な環境要素の獲得を目指して発達する。その過程を追うことで，「生まれと育ち」の相互作用とともに，こどもの持つ柔軟で効率的な学習方略が鮮明に浮き彫りになっていく。

　1章では，音声の発達過程を科学的に追跡するために欠かせない研究法について解説されている。計測技術の発展は，計測すること自体が難しい乳幼児との攻防の歴史とも言える。音声知覚については，古典的な行動計測と，（古い歴史を持つ脳波計測を除いては）比較的新しい手法と言える脳機能計測から，またはその複合アプローチによって，2章以降で紹介されている多くの知見が得られてきた。行動計測は長い歴史の中で数え切れないほどの研究が行われて

あとがき

きた一方で，ブレークスルーとなる斬新な知見は 90 年代までにある程度出尽くしていて，以後は細分化された研究が増えているように感じている．脳機能計測は，機器がある程度普及し，メジャーな手法になりつつある．初期は脳内のどの部分が賦活化するか，というトポロジー的なアプローチが主流だったのに比べ，最近では新しい手法が提案され，音声に関わる特定の機能が発達過程の中で脳内にどのように分化していくのか，神経線維束がどのように形成されていくのかといった，処理メカニズムに迫る課題に取り組むようになった．ただし，現時点での脳機能計測は，単一のターゲットニューロンの活動をとることも，すべてのニューロンの活動を観察することもできず，脳機能のすべてを記述できるような万能の道具ではない．生成発達に関する手法については，音声学者の耳やスペクトログラムに頼った解析の限界がある程度見えている．生成に欠かせない調音器官の運動は，乳幼児では実測が難しい．音声から運動を逆推定するにも，これは成人を対象にした場合でも長年取り組まれつつ解のない不良設定問題である．そう考えると，従来手法のある種の手詰まり感は，知覚においても生成においても共通しているのかもしれない．個人的にはビッグデータや機械学習でなんでもすっきり解決，ということはありえないと思っているが，それでも生成や脳機能に関しては，研究数と計算機パワーの増大を利用して，大量のデータから特徴を抽出するアプローチが増えてくるのではないだろうか．行動計測におけるメタ分析が少しずつ隆盛になっているのを見ても，個々の研究を超えた多くのデータから真実を見つけ出す，というのは一つのトレンドとなっていくかもしれない．ただし，それには発達心理学，音声学，データサイエンスなどの領域複合的なアプローチが必要となるだろう．

2 章では，音声知覚と生成の発達過程が解説されている．1 節で扱った知覚の側面では，乳児が自分の環境にある音声から母語を獲得していく過程，なかでも当初の言語普遍的な知覚から，養育環境にある音声に合わせて知覚感度を上げ下げして母語獲得に最適な知覚を獲得する合理的な過程は，生後 1 年という早い時期に起きる．この知見は 1980 年代の Werker と Tees による論文[1]がオリジナルであり，その前後から行動計測を使った乳児実験が盛んになり，音声言語獲得以外の領域でも驚くほどの知識や理解を乳児が示すことがつぎつぎ

と明らかにされ，「無力な乳児」から「有能な乳児」に乳児観が転換した。この頃は特定の音声をほかから弁別できるかどうかを単純に問う研究が多かったが，40年近く経った現在では，バイリンガル研究や音声学習の成否を左右する要素に研究対象が拡大している。また同時に，従来の英語獲得を中心とした研究から，言語個別的な発達過程も注目されるようになっている。こうした音声知覚獲得を説明するモデルは，本書内で紹介されたものを含めいくつも提唱されているが，一つの統一的なモデルに収束されてはいるわけではない。提唱されているモデル自体も，多くは相互排他的ではなく，おそらくどれもある程度の真実を含んでいるのであろう。

続く2章2節と3節では，乳児と幼児に分けて生成発達を概観している。生成発達は知覚の発達と比べて，より顕在的に観察できるように感じる。例えば，子育ての中で親はつねにこどもの声とその変化を実在するものとして耳にしているはずだ。しかし，実際の喃語から言語への遷移はいつの間にかシームレスに起こるため，バブリングドリフトのような現象は，研究として生成される音声を体系的にとらえることで初めて見えてくる。一方で，乳児期の生成発達は知覚に比べても研究数が少なく，これはひとえにデータ取得と解析の煩雑さが影響しているのだろう。より母語に特化する幼児期の生成発達については，特に日本語学の立場からの解説をお願いした。モーラやピッチアクセント，連濁，母音の無声化といった日本語の音声特徴が，こどもの話しことばにどのように現れてくるのかを見ると，4歳から5歳にかけて大きな変化が起きるようだ。文中で言及されているとおり，仮名文字の獲得や非言語的な認知能力や社会能力の発達と，音声生成の母語への最適化がどのように関連しているのかは今後注目すべきトピックである。一方で，メディアの発達などの時代的な背景によって，若い世代の方言使用に変化が見られることも，言語獲得の多様性を考えるうえで興味深い。

3章では，感情音声の発達が解説されている。音声による情報伝達の豊かさの本質は，字面だけでは伝わらないパラ言語情報を含むことにある。LINE®のようなショートメッセージングツールが電子メールに取って代わったのは，このパラ言語情報をスタンプによって効果的に伝達できる魅力に大きく依存して

いるのであろう。私たちは，複雑なコミュニケーションの中で，瞬間的に感情を表出し，臨機応変にその機微を読み取るスキルを備えている。その判定は単一の情報に依存しているのではなく，声の高さや長さ，音圧，そのほかの音響特徴が複雑に絡み合ったうえで，さらに体の動きや表情といった非音声言語情報も併せて総合的に判断される。乳児は，生後半年より前の時期から音声に含まれる情動性への感受性を持ち，声に感情を乗せて発することができる一方で，感情音声の精緻な知覚と生成は，未完成な状態から発達に伴いしだいに洗練されていく。その過程では，レキシカルバイアスに代表されるように，発達段階によって重きを置く情報が異なる。また，本文で指摘されているように，感情理解のタスクにおいて，幼児よりも乳児の優位性を示すようなパラドキシカルな結果が得られている。このことは，問題解決において複数の方略を選手交代させながら使う時期を経て，使用頻度の高い方略に収束していくとするOverlapping Waves 理論[2]や，潜在的，暗黙的なレベルでのみ表象されていた知識が書き換えられて，物体の探索や選択といった明示的なレベルで表象可能になるという Representational Redescription モデル[3]といった，これまでの認知発達研究で指摘されているモデルに照らし合わせて検討するべきかもしれない。感情は長い間，「扱いづらいもの」，「研究に値しないもの」として科学のスコープの外に置かれ，その有効性が指摘されるようになったのは比較的最近になってからである。しかし，自分自身の内的な感情が認知や行動選択に大きな影響を与え，他者の感情を知ることで互いを調節することは，人間のコミュニケーションを支える根幹とも言える。さらに，本文中で指摘されているように，感情の発露や認識が文化経験によって異なるという点は，感情の普遍性と個別性を考えるうえで重要な示唆を与えている。

　4章のテーマは，音楽である。音楽は子育てや発達と親和性が高い。子守歌や遊び歌はどの文化にも存在しかつ古くから伝わっている。音楽の特徴は，他者と共有が可能な規則性，再現性と，そこに現れるわずかなゆらぎやアレンジである。再現性の高さはすなわち伝承のしやすさであり，アレンジのしやすさはすなわちこどもの状態に応じたあやしを可能にする。また，本文にも紹介されているとおり，乳児はかなり早い時期から音楽の種々の要素への感受性を示

す。さらに，母子相互作用としての音楽性は非常に早い時期から観察され，母子の絆の形成や情動の調整に寄与していると考えられる。この「コミュニカティヴミュージカリティ（コラム13参照）」こそが，音楽の起源だと考える研究者もいる[4]。母子間の音楽性の持つ相互作用的な性質が，集団で声やリズムを合わせる行動のうえでも同様に連帯を強める方向に働き，私たちが通常「音楽」と呼ぶものにつながっていったと考えることもできる。一方で，音楽は性選択における高コストなディスプレイ行動として進化してきたという説[5]や，音楽は言語の単なる副産物であり，進化的適応の結果ではなく，特定の機能を持つものではないとする説[6]もあり，音楽の起源や言語との連続性，相互関係については，いまだに多くの謎が残されている。音楽と発達を考える場合も言語や感情と同様に，学習や文化の影響を無視することはできない。平均律や西洋音階は必ずしも音楽の普遍的な性質ではないことに注意する必要がある。また，音楽に対する感受性や選好に大きな個人差があることは，今後の興味深い研究課題だと考えている。

　5章では，音声言語の獲得に難しさを抱えるこどもたちを取り上げた。1節で扱ったASD（自閉症スペクトラム障害）と発達性吃音のうち，ASDの音声発達は定型発達とは異なることが指摘されながら，これまであまりまとまったレビューがなかったように思う。ASDの場合，単一のモダリティでとらえた場合は表立った問題がなくても，往々にして音声情報と表情や，字義とプロソディといった統合的な理解の側面での弱さがあったり，「どの場面でなにを使うか」という言語運用面で問題を抱えている。その背景にはASD特有の認知や知覚処理があることが垣間見える。一方で，個別に見たときに，困難を持つ対象やその程度が多種多様であることは，まさに「連続体（スペクトラム）」という名前の示すとおりである。ASDも発達性吃音もともに，種々の原因仮説が提案されたうえでどれにも収束していないことから，複合的な要因を背景としていることを感じる。発達性吃音については，発症率が5％と決して稀な障害ではないわりに，発症後の回復率が80％程度と高いことから，なんとなく知ってはいるけども専門的な知識はないまま，ということが多いのではないだろうか。しかし，小学校中学年以降の吃音は自己肯定感の低下や社会的不安

のような情緒的にネガティブな反応を引き起こし，それがまた症状を強めるという悪循環を考えると，周囲には症状や対応ついての正しい理解が求められる．こうした二次障害へのケアの必要性は，2節で扱った聴覚障害でも同様に強調されている．一方で，聴覚障害のメカニズムや症状，補聴の仕方などは，実際にその指導に関わることがないかぎり体系的な知識を持たないことが多く，本節はこの点を具体的に解説しながら，日本の聴覚障害教育の歴史も含めた包括的な理解を促す内容となっている．また，末梢の聴力ではなく，中枢の音情報処理に問題を持つAPD（聴覚情報処理障害）は近年注目を集めているトピックであり，今後の研究動向に注目したい．

　本書ではこどもの音声に焦点を当て，各分野で精力的に活動をしている研究者に執筆をお願いした．原稿が一つ，また一つと手もとに届くたびに，「この方に執筆をお願いして本当によかった…」としみじみと感動したことを覚えている．基礎研究者だけではなく，学生を含めた初学者や臨床・教育現場の方が手に取っても，領域を網羅的にカバーし，科学的でありながらわかりやすく，示唆に富んだ内容にしたいという編者の欲張りな願いをくんで，すばらしい原稿を寄せてくださった執筆者の皆様に，紙面を借りて心からの御礼を申し上げる．同時に，こどもの音声という，かなり守備範囲が限られそうなタイトルに対して，ここまで多種多様で知的好奇心をくすぐるトピックが揃ったことにも，この分野の研究者の一人として深い感銘を受けた．

　本書は，音響サイエンスシリーズの編集委員であり，NTTコミュニケーション科学基礎研究所の同僚でもある廣谷定男 氏によってもたらされた企画である．頼りない編者を時に優しく，時に発破をかけながら的確にガイドしてくれた彼なくして，この本は存在しなかった．ここに記して感謝したい．

2019年1月

麦谷綾子

引用・参考文献

1) Werker, J. F., and Tees, R. C. : Cross-language speech perception : evidence for perceptual reorganization during the first year of life, Infant Behavior and Development, **7**, pp. 49-63 (1984)
2) Siegler, R. S. : Emerging minds : The process of change in children's thinking, Oxford University Press (1996)
3) Karmiloff-Smith, A. : Beyond modularity : A developmental perspective on cognitive science, MIT Press (1992)
4) Dissanayake, E. E. : Root, leaf, blossom or burl : Concerning the origin and adaptive function of music. In Malloch, S., and Trevarthen, C. (Eds.), Communicative musicality : Exploring the basis of human companionship, Oxford University Press (2009)
5) Miller, G. : Evolution of human music through sexual selection. In Wallin, N. L., Merker, B., and Brown, S. (Eds.), The origins of music, MIT Press (2000)
6) Pinker, S. : How the mind works, Norton (1997)

索　　　　引

あ
アイストラッカー　　　11
アスペルガー症候群　　190
遊び歌　　　153, 158
アメリカ精神医学会（APA）
　　　　188

い
韻律（プロソディ）
　　　14, 43, 119, 135
　　知覚発達　　41, 49, 123
　　生成発達　　　69
　　感　情　　　　119

う
ウィリアムズ症候群　76, 190

お
オージオグラム　　206, 212
音象徴　　　　　　59
オノマトペ　　　　58
オープンサイエンス　12
音韻（音素）　　　42
　　意　識　　　　93
　　ラベリング　　25
音　楽　　　　　152
　　経　験　　　173
　　感情価　　　166, 172
　　起　源　　　152, 235
　　身　体　　　174, 176
　　メディア　　160
　　メロディ
　　　　記　憶　　165
　　　　再　生　　171
　　　　輪　郭　　159, 171
音源-フィルタ理論　26, 28
音声信号の不確実性　13
音　節　　12, 50, 66, 90
音場増幅装置　　　215

か
拡散テンソル画像法（DTI）
　　　　23
活動電位　　　16, 40
カテゴリ（範ちゅう）知覚
　　　9, 43, 44, 51, 56
慣　化　　　　　5
感　情　　　　117
音　声　　　　122
　　ASDの——　　136
　　演　技
　　　　121, 141, 143
　　ネガティブと
　　　　ポジティブ　124
　　言語情報　　132
　　身体表現　　126

き
吃音（小児期発症流暢障害）
　　　81, 188, 197
　　中核症状と関連指標
　　　　199
　　治療・訓練　　204
　　原因仮説　　　198
　　不　安　198, 201, 203
機能的結合　　　　21
基本6感情　　　　121
基本周波数（f_0）
　　　26, 28, 120, 158
吸　啜　　　　　　3
キュードスピーチ　216
協和音と不協和音　164
近赤外光脳機能計測（fNIRS）
　　　18, 127

く
クーイング（グーイング）
　　　65, 168

け
原会話　　　　　74

こ
言語リズム　　50, 71, 90
構音（調音）　　49
高機能自閉症　　190
口声模倣　　　　219
口話法　　　　　221
声遊び　　　　　168
国際音声字母　25, 86
心の理論　　　　135
個人差　　71, 77, 162
コミュニカティヴ
　　ミュージカリティ　169
子守歌　　　153, 158
コンピュータ断層撮影（CT）
　　　　62

さ
サインドスピーチ　195

し
子　音　　　　46, 86
磁気共鳴画像法（MRI）
　　　23, 62
　　機能的——（fMRI）　17
事象関連電位（ERP）
　　　118, 127, 161, 174
自声フィードバック　210
視聴覚　　　　84, 177
実行機能　　　　138
疾病および関連保健問題の
　　国際統計分類（ICD）188
質問紙法　　　　194
シナプス　　　　16
　　刈り込み　　40
自閉症スペクトラム障害
　（ASD）
　　　75, 76, 136, 187, 189
　　反響言語　　192
　　治療・訓練　195
　　原因仮説　　191

索引

シ
シミュレーション　　30, 68, 89
周波数弁別　　41
手話　　76, 216
馴化-脱馴化法　　3
条件付け振り向き法　　3, 6
情動調節　　155
初語　　67, 70, 80, 210
女性ホルモン　　77
自立拍（モーラ）　　54, 91
尻取り　　92, 93
神経発達障害群　　187
人工内耳　　211
心拍　　12, 41, 156, 160, 162

す
髄鞘化　　40
スピーチバナナ
　（スピーチレンジ）　　206
スペクトログラム　　25, 154

せ
声区　　156
性差　　77
精神疾患の診断分類体系
　（DSH）　　136, 188
世界保健機関（WHO）　　188
線形予測符号化　　26
選好　　2, 3, 5

そ
早産児　　21, 41
促音　　47, 55, 91, 208

た
対成人歌唱　　153
対成人発話　　49
対乳児歌唱　　153
対乳児発話　　49, 153
ダウン症候群　　76
男女差　　195

ち
知覚的再構造化　　46
チャンツ　　170
注意欠如・多動性障害
　（ADHD）　　193
注視法　　154, 164
調音位置と調音様式　　68, 86, 89

超音波　　20, 31
聴覚閾値　　41
聴覚器官　　38
聴覚検査　　7
聴覚障害　　75, 79, 142, 204
聴覚情報処理障害（APD）　　208
聴覚フィードバック　　31, 76, 142
長母音　　54, 91
聴力レベル　　206

て
定常状態誘発電位　　162
テンポ　　158, 162

と
統計学習　　51
統頂機能　　96
動物
　音声知覚　　44, 50
　音声生成　　78
特殊拍（モーラ）　　54, 91, 208
トーンアクセント　　99

な
泣き声　　69, 140, 168
ナラティヴ　　169
喃語　　65, 70, 210
　ASD　　75
　音楽的――　　168
　過渡期――　　66
　基準――　　66
　手指による――　　76
　反復――　　66

に
二重母音　　57
ニューロン（神経細胞）　　16

ね
音色　　153

の
脳活動の信号　　16
脳機能計測　　13
脳磁図（MEG）　　14
脳神経回路網　　191
脳波（EEG）　　13

は
バイリンガル　　59, 216
撥音　　56, 91
発咜　　197
発語運動能力　　199
発声重複　　169
バブリングドリフト仮説　　68
パラ言語情報　　118, 132
反響言語　　192

ひ
ピッチ　　164
　アクセント　　49, 52, 95, 99
ひとり発声　　173
表情　　124, 133

ふ
フォルマント周波数　　26, 28, 63, 84
不正構音　　88
普遍性　　121, 142
普遍的な言語処理能力　　45
文化差　　121, 138

へ
ヘモグロビン　　18
変化　　153
弁別　　2, 43, 45

ほ
母音　　46, 81
　挿入　　57
　伸長　　170
　無声化　　58, 100
母音様音声　　65, 168
方言　　95, 98
補聴援助システム（ALD）　　214, 215
補聴器　　75, 211
　集団――（GHA）　　215
補聴デバイス　　209, 212
　種類　　211
　評価　　212

め
メタ分析　　12
メロディ　　159, 170

も

モーツアルト効果	175
模倣	170
モーラ	50, 90

ゆ

有声開始時間（VOT）	44, 68

よ

幼児語・育児語	58

ら

予測的眼球運動	12
ライマンの法則	100
ラウドネス	211
快適レベル（MCL）	211
ラベリング	12

り

リクルートメント現象	211

れ

レキシカルバイアス	133
連濁	100

ろ

聾児声	206

わ

笑い声	140

―――◇――― ――◇―――

ADHD	194
ALD	214, 215
APA	188
APD	209
ASD	75, 76, 136, 187, 189
AX 課題	8
BGM	175
CCC-2	194
change-no-change 課題	9
CHILDES	25
CT	62
DCCS 課題	138
DIVA モデル	30
DTI	23
EEG	13
ERP	118, 127, 161, 174
fMRI	18
fNIRS	18, 127
frame-then-content（F/C）理論	67
GHA	215
GCC	195
GIN テスト	209
ICD	188
Maeda モデル	30
MCL	211
MEG	14
MRI	23, 62
native language magnet model（NLM）	48
ooddity 課題	9
perceptual assimilation model（PAM）	47
praat	26
SCAN-3	209
SIDC	195
SII	213

―― 編著者・著者略歴 ――

麦谷　綾子（むぎたに　りょうこ）
1999 年　東京大学教育学部教育心理学コース卒業
2001 年　東京大学大学院医学系研究科修士課程修了（健康科学・看護学専攻）
2004 年　東京大学大学院総合文化研究科博士課程修了（広域科学専攻），博士（学術）
2004 年　日本電信電話株式会社リサーチアソシエイト
2007 年　日本学術振興会特別研究員（PD）
2008 年　日本電信電話株式会社勤務
2012 年　日本電信電話株式会社 NTT コミュニケーション科学基礎研究所主任研究員
　　　　現在に至る

保前　文高（ほまえ　ふみたか）
1998 年　東京大学教養学部基礎科学科第一卒業
2000 年　東京大学大学院総合文化研究科修士課程修了（広域科学専攻）
2003 年　東京大学大学院総合文化研究科博士課程修了（広域科学専攻），博士（学術）
2003 年　東京大学学術研究支援員
2004 年　科学技術振興機構戦略的創造研究推進事業研究員
2008 年　日本学術振興会特別研究員（PD）
2008 年　首都大学東京助教
2011 年　首都大学東京准教授
　　　　現在に至る
2014 年　首都大学東京言語の脳遺伝学研究センター（兼務）

廣谷　定男（ひろや　さだお）
1999 年　東京理科大学理学部第一部応用数学科卒業
2001 年　東京工業大学大学院総合理工学研究科修士課程修了（知能システム科学専攻）
2001 年　日本電信電話株式会社勤務
2006 年　東京工業大学大学院総合理工学研究科博士課程修了（物理情報システム専攻），博士（工学）
2007 年　ボストン大学客員研究員
〜08 年
2017 年　日本電信電話株式会社 NTT コミュニケーション科学基礎研究所主任研究員（特別研究員）
　　　　現在に至る

佐藤　裕（さとう　ゆたか）
1998 年　東京学芸大学教育学部人間科学課程卒業
2000 年　東京学芸大学大学院教育学研究科修士課程修了（学校教育専攻）
2001 年　国立身体障害者リハビリテーションセンター研究所流動研究員
2003 年　名古屋大学大学院人間情報学研究科博士課程単位取得満期退学（社会情報学専攻）
2005 年　理化学研究所リサーチアソシエイト
2006 年　博士（学術）（名古屋大学）
2006 年　理化学研究所研究員
2013 年　徳島大学准教授
2017 年　徳島大学教授
　　　　現在に至る

白勢　彩子（しろせ　あやこ）
1991 年　青山学院女子短期大学国文学科卒業
1993 年　早稲田大学第二文学部日本文学専修卒業
1996 年　早稲田大学大学院文学研究科修士課程修了（日本文学専攻）
2000 年　東京大学大学院医学系研究科博士課程修了（脳神経医学専攻），博士（医学）
2000 年　日本学術振興会特別研究員（PD）
2003 年　名古屋大学研究員
2004 年　理化学研究所研究員
2005 年　早稲田大学助手
2008 年　東京学芸大学講師
2014 年　東京学芸大学准教授
　　　　　現在に至る

田中　章浩（たなか　あきひろ）
1997 年　早稲田大学第一文学部心理学専修卒業
1999 年　東京大学大学院人文社会系研究科修士課程修了（心理学専門分野）
2002 年　国立身体障害者リハビリテーションセンターリサーチレジデント
2004 年　東京大学大学院人文社会系研究科博士課程修了（心理学専門分野），博士（心理学）
2004 年　東北大学研究員
2005 年　東京大学助手
2007 年　東京大学助教
2008 年　ティルブルフ大学客員研究員
2010 年　早稲田大学助教
2012 年　東京女子大学准教授
2017 年　東京女子大学教授
　　　　　現在に至る

山本　寿子（やまもと　ひさこ）
2008 年　早稲田大学第一文学部心理学専修卒業
2010 年　東京大学大学院教育学研究科修士課程修了（教育心理学コース）
2016 年　東京女子大学研究員
2017 年　東京大学大学院教育学研究科博士課程修了（教育心理学コース），博士（教育学）
2017 年　東京女子大学特任研究員
　　　　　現在に至る

梶川　祥世（かじかわ　さちよ）
1995 年　東京大学文学部心理学専修課程卒業
1997 年　東京大学大学院総合文化研究科修士課程修了（広域科学専攻）
2001 年　東京大学大学院総合文化研究科博士課程修了（広域科学専攻），博士（学術）
2001 年　日本電信電話株式会社リサーチアソシエイト
2004 年　玉川大学研究員
2007 年　玉川大学助教
2010 年　玉川大学准教授
2015 年　玉川大学教授
　　　　　現在に至る

今泉　敏（いまいずみ　さとし）
1972 年　山梨大学工学部電気工学科卒業
1975 年　東北大学大学院工学研究科修士課程修了（電気及通信工学専攻）
1977 年　東北大学大学院工学研究科博士課程修了（電気及通信工学専攻），工学博士
1978 年　近畿大学助手
1983 年　スウェーデン王立工科大学客員研究員
1984 年　東京大学助教授
2001 年　広島県立保健福祉大学（現　県立広島大学）教授
2015 年　県立広島大学名誉教授
現在，東京医療学院大学客員教授，千葉大学フロンティア医工学センター特別研究教授，理化学研究所脳科学総合研究センター客員研究員，滋慶学園東京医薬専門学校顧問

立入　哉（たちいり　はじめ）
1985 年　愛媛大学教育学部聾学校教員養成課程卒業
1985 年～92 年　徳島県立聾学校教諭（現　徳島県立徳島聴覚支援学校）
1994 年　筑波大学大学院教育学研究科修士課程修了（障害児教育専攻）
1995 年　筑波大学大学院心身障害学研究科博士課程中退
1995 年　筑波大学文部技官
1997 年　筑波大学助手
1997 年　愛媛大学助教授
2005 年　コロラド大学研究員
2007 年　愛媛大学准教授
2010 年　愛媛大学教授
現在に至る

こどもの音声
Child Speech Development

Ⓒ 一般社団法人　日本音響学会 2019

2019 年 3 月 22 日　初版第 1 刷発行

検印省略

編　者	一般社団法人　日本音響学会	
発行者	株式会社　コロナ社	
	代表者　牛来真也	
印刷所	萩原印刷株式会社	
製本所	有限会社　愛千製本所	

112-0011　東京都文京区千石 4-46-10
発行所　株式会社　コロナ社
CORONA PUBLISHING CO., LTD.
Tokyo Japan
振替 00140-8-14844・電話(03)3941-3131(代)
ホームページ　http://www.coronasha.co.jp

ISBN 978-4-339-01341-2　C3355　Printed in Japan　　　　（新宅）

本書のコピー，スキャン，デジタル化等の無断複製・転載は著作権法上での例外を除き禁じられています。
購入者以外の第三者による本書の電子データ化及び電子書籍化は，いかなる場合も認めていません。
落丁・乱丁はお取替えいたします。

音響入門シリーズ

(各巻A5判, CD-ROM付)

■日本音響学会編

	配本順			頁	本体
A-1	(4回)	音響学入門	鈴木・赤木・伊藤 佐藤・菅木・中村 共著	256	3200円
A-2	(3回)	音の物理	東山 三樹夫著	208	2800円
A-3	(6回)	音と人間	平原・宮坂 蘆原・小澤 共著	270	3500円
A-4	(7回)	音と生活	橘・田中・上野 横山・船場 共著	192	2600円
A		音声・音楽とコンピュータ	誉田・足立・小林 小坂・後藤 共著		
A		楽器の音	柳田 益造編著		
B-1	(1回)	ディジタルフーリエ解析(I) ―基礎編―	城戸 健一著	240	3400円
B-2	(2回)	ディジタルフーリエ解析(II) ―上級編―	城戸 健一著	220	3200円
B-3	(5回)	電気の回路と音の回路	大賀 寿郎 梶川 嘉延 共著	240	3400円

(注:Aは音響学にかかわる分野・事象解説の内容、Bは音響学的な方法にかかわる内容です)

音響工学講座

(各巻A5判、欠番は品切です)

■日本音響学会編

	配本順			頁	本体
1.	(7回)	基礎音響工学	城戸 健一編著	300	4200円
3.	(6回)	建築音響	永田 穂編著	290	4000円
4.	(2回)	騒音・振動(上)	子安 勝編	290	4400円
5.	(5回)	騒音・振動(下)	子安 勝編著	250	3800円
6.	(3回)	聴覚と音響心理	境 久雄編著	326	4600円

定価は本体価格+税です。
定価は変更されることがありますのでご了承下さい。

図書目録進呈◆

音響テクノロジーシリーズ

(各巻A5判，欠番は品切です)

■日本音響学会編

			頁	本体
1.	音のコミュニケーション工学 ―マルチメディア時代の音声・音響技術―	北脇信彦編著	268	3700円
3.	音の福祉工学	伊福部達著	252	3500円
4.	音の評価のための心理学的測定法	難波精一郎 桑野園子 共著	238	3500円
5.	音・振動のスペクトル解析	金井浩著	346	5000円
7.	音・音場のディジタル処理	山﨑芳男 金田豊 編著	222	3300円
8.	改訂 環境騒音・建築音響の測定	橘秀樹 矢野博夫 共著	198	3000円
9.	新版 アクティブノイズコントロール	西村正治・宇佐川毅 伊勢史郎・梶川嘉延 共著	238	3600円
10.	音源の流体音響学 ―CD-ROM付―	吉川茂 和田仁 編著	280	4000円
11.	聴覚診断と聴覚補償	舩坂宗太郎著	208	3000円
12.	音環境デザイン	桑野園子編著	260	3600円
13.	音楽と楽器の音響測定 ―CD-ROM付―	吉川茂 鈴木英男 編著	304	4600円
14.	音声生成の計算モデルと可視化	鏑木時彦編著	274	4000円
15.	アコースティックイメージング	秋山いわき編著	254	3800円
16.	音のアレイ信号処理 ―音源の定位・追跡と分離―	浅野太著	288	4200円
17.	オーディオトランスデューサ工学 ―マイクロホン，スピーカ，イヤホンの基本と現代技術―	大賀寿郎著	294	4400円
18.	非線形音響 ―基礎と応用―	鎌倉友男編著	286	4200円
19.	頭部伝達関数の基礎と 3次元音響システムへの応用	飯田一博著	254	3800円
20.	音響情報ハイディング技術	鵜木祐史・西村竜一 伊藤彰則・西村明 共著 近藤和弘・薗田光太郎	172	2700円
21.	熱音響デバイス	琵琶哲志著	296	4400円
22.	音声分析合成	森勢将雅著	272	4000円

以下続刊

物理と心理から見る音楽の音響	三浦雅展編著	超音波モータ	青柳学 黒澤実 中村健太郎 共著	
建築におけるスピーチプライバシー ―その評価と音空間設計―	清水寧編著	弾性波・圧電型センサ	近藤淳 工藤すばる 共著	
聴覚の支援技術	中川誠司編著	聴覚・発話に関する脳活動観測	今泉敏編著	
機械学習による音声認識	久保陽太郎著			

定価は本体価格+税です。
定価は変更されることがありますのでご了承下さい。

図書目録進呈◆

音響サイエンスシリーズ

(各巻A5判)

■日本音響学会編

			頁	本体
1.	音色の感性学 ─音色・音質の評価と創造─ ─CD-ROM付─	岩宮眞一郎編著	240	3400円
2.	空間音響学	飯田一博・森本政之編著	176	2400円
3.	聴覚モデル	森 周司・香田 徹編	248	3400円
4.	音楽はなぜ心に響くのか ─音楽音響学と音楽を解き明かす諸科学─	山田真司・西口磯春編著	232	3200円
5.	サイン音の科学 ─メッセージを伝える音のデザイン論─	岩宮眞一郎著	208	2800円
6.	コンサートホールの科学 ─形と音のハーモニー─	上野佳奈子編著	214	2900円
7.	音響バブルとソノケミストリー	崔 博坤・榎本尚也 原田久志・興津健二編著	242	3400円
8.	聴覚の文法 ─CD-ROM付─	中島祥好・佐々木隆之 上田和夫・G.B.レメイン共著	176	2500円
9.	ピアノの音響学	西口磯春編著	234	3200円
10.	音場再現	安藤彰男著	224	3100円
11.	視聴覚融合の科学	岩宮眞一郎編著	224	3100円
12.	音声は何を伝えているか ─感情・パラ言語情報・個人性の音声科学─	森 大毅 前川喜久雄 共著 粕谷英樹	222	3100円
13.	音と時間	難波精一郎編著	264	3600円
14.	FDTD法で視る音の世界 ─DVD付─	豊田政弘編著	258	3600円
15.	音のピッチ知覚	大串健吾著	222	3000円
16.	低周波音 ─低い音の知られざる世界─	土肥哲也編著	208	2800円
17.	聞くと話すの脳科学	廣谷定男編著	256	3500円
18.	音声言語の自動翻訳 ─コンピュータによる自動翻訳を目指して─	中村 哲編著	192	2600円
19.	実験音声科学 ─音声事象の成立過程を探る─	本多清志著	200	2700円
20.	水中生物音響学 ─声で探る行動と生態─	赤松友成 木村里子共著 市川光太郎	192	2600円
21.	こどもの音声	麦谷綾子編著	254	3500円

以下続刊

笛はなぜ鳴るのか 足立整治著
─CD-ROM付─

補聴器 山口信昭編著
─知られざるウェアラブルマシンの世界─

生体組織の超音波計測 松川真美編著

骨伝導の基礎と応用 中川誠司編著

定価は本体価格+税です。
定価は変更されることがありますのでご了承下さい。

図書目録進呈◆